全国高等职业教育规划教材

实用电路基础

袁明波　高　霞　刘　青　杨立峰　编著

机 械 工 业 出 版 社

本书共分为 7 个单元，系统讲述了电路的基本概念、基本理论、基本分析和计算方法。主要内容包括电路的基本知识和简单直流电路的分析、复杂直流电路的分析、动态电路的分析、正弦交流电路的分析、谐振电路的分析、互感耦合电路的分析和 Multisim 简介。每个单元都以情景导入方式展开，且融入了现代计算机仿真软件 Multisim 的使用，可以增强学生的感性认识。

本书内容条理清晰、详尽实用、叙述简练、浅显易懂，注重对典型电路的分析计算，方法得当、步骤清楚、讲解通俗易懂。

本书可作为高等职业院校电子类、电气类、通信类、机电类、自控类、自动化类等专业的电路课程教材，也可供其他专业学生以及职业技术教育、技术培训和工程技术人员学习参考。

本书配套授课电子教案，需要的教师可登录 www.cmpedu.com 免费注册、审核通过后下载，或联系编辑索取（QQ：1239258369，电话：010-88379739）。

图书在版编目（CIP）数据

实用电路基础/袁明波等编著 . —北京：机械工业出版社，2012. 12
（2019.10 重印）
全国高等职业教育规划教材
ISBN 978-7-111-41070-6

Ⅰ.①实…　Ⅱ.①袁…　Ⅲ.①电路理论-高等职业教育-教材
Ⅳ.①TM13

中国版本图书馆 CIP 数据核字（2012）第 318990 号

机械工业出版社（北京市百万庄大街 22 号　邮政编码 100037）
责任编辑：王　颖　　版式设计：张　薇
责任校对：肖　琳　　责任印制：郜　敏
涿州市京南印刷厂印刷
2019 年 10 月第 1 版·第 6 次印刷
184mm×260mm·13.25 印张·326 千字
8401–9200 册
标准书号：ISBN 978-7-111-41070-6
定价：29.90 元

凡购本书，如有缺页、倒页、脱页，由本社发行部调换

电话服务　　　　　　　　　　　网络服务

社 服 务 中 心：（010）88361066　　教材网：http://www.cmpedu.com

销 售 一 部：（010）68326294　　机工官网：http://www.cmpbook.com

销 售 二 部：（010）88379649　　机工官博：http://weibo.com/cmp1952

读者购书热线：（010）88379203　　**封面无防伪标均为盗版**

全国高等职业教育规划教材
电子类专业编委会成员名单

出 版 说 明

根据《教育部关于以就业为导向深化高等职业教育改革的若干意见》中提出的高等职业院校必须把培养学生动手能力、实践能力和可持续发展能力放在突出的地位，促进学生技能的培养，以及教材内容要紧密结合生产实际，并注意及时跟踪先进技术的发展等指导精神，机械工业出版社组织全国近 60 所高等职业院校的骨干教师对在 2001 年出版的"面向21 世纪高职高专系列教材"进行了全面的修订和增补，并更名为"全国高等职业教育规划教材"。

本系列教材是由高职高专计算机专业、电子技术专业和机电专业教材编委会分别会同各高职高专院校的一线骨干教师，针对相关专业的课程设置，融合教学中的实践经验，同时吸收高等职业教育改革的成果而编写完成的，具有"定位准确、注重能力、内容创新、结构合理和叙述通俗"的编写特色。在几年的教学实践中，本系列教材获得了较高的评价，并有多个品种被评为普通高等教育"十一五"国家级规划教材。在修订和增补过程中，除了保持原有特色外，针对课程的不同性质采取了不同的优化措施。其中，核心基础课的教材在保持扎实的理论基础的同时，增加实训和习题；实践性较强的课程强调理论与实训紧密结合；涉及实用技术的课程则在教材中引入了最新的知识、技术、工艺和方法。同时，根据实际教学的需要对部分课程进行了整合。

归纳起来，本系列教材具有以下特点：

1）围绕培养学生的职业技能这条主线来设计教材的结构、内容和形式。

2）合理安排基础知识和实践知识的比例。基础知识以"必需、够用"为度，强调专业技术应用能力的训练，适当增加实训环节。

3）符合高职学生的学习特点和认知规律。对基本理论和方法的论述要容易理解、清晰简洁，多用图表来表达信息；增加相关技术在生产中的应用实例，引导学生主动学习。

4）教材内容紧随技术和经济的发展而更新，及时将新知识、新技术、新工艺和新案例等引入教材。同时注重吸收最新的教学理念，并积极支持新专业的教材建设。

5）注重立体化教材建设。通过主教材、电子教案、配套素材光盘、实训指导和习题及解答等教学资源的有机结合，提高教学服务水平，为高素质技能型人才的培养创造良好的条件。

由于我国高等职业教育改革和发展的速度很快，加之我们的水平和经验有限，因此在教材的编写和出版过程中难免出现问题和错误。我们恳请使用这套教材的师生及时向我们反馈质量信息，以利于我们今后不断提高教材的出版质量，为广大师生提供更多、更适用的教材。

机械工业出版社

前　言

　　"实用电路基础"是高等职业院校为电子类、自动化类等相关专业开设的一门重要的技术基础课程。它的主要任务是为学生掌握基本专业知识和从事相关工程技术工作打好电路理论基础，为后续技术基础课和专业课的学习准备必要的基础知识。为此，编者在本书中着重加强电路基本概念、基本定理定律和基本分析方法的系统阐述，并精选传统基本内容，适度反映科技新内容，讲究教学方法，具有专业适用面宽、适用自学和教学等特色和风格。

　　目前，电子类专业基础课已面临教学课时压缩、但讲授内容基本不变的新情况，这就意味着在教学中应给予学生更多的思考空间，而不是简单地简化讲述。为了使学生在有限的学时内掌握该课程的基本结构和主要内容，应使学生从被动学习转变为主动学习，教师也应顺应这一变化转变为学习过程的引导者、促进者、支持者。为了适应这种变革，编者从工程应用和课程体系完整的角度出发，坚持贯彻"保证基础、精选内容、推陈出新、利于教学"的方针，以删繁就简、易学够用为原则，在多年教学实践的基础上，经过反复修改后编写完成本书。

　　本书在编写过程中对课程的结构进行了优化和精选，合理划分了各章节的前后顺序和所包含的内容，尽量避免了相同内容在不同章节中重复出现，弱化定理、定律的数学推导，强化定理的具体应用，加强与基本概念和原理相关的例题和习题，增加了 Multisim 仿真软件的使用，让学生更能感性地认识电路性能、验证定理和定律，减少电路分析中的计算量，以助于学生熟悉相关的电路实验。

　　本书内容阐述详尽、条理清晰、浅显易懂。每个单元的开头都以情景导入方式引出本单元所涉及的主要内容，从而激发学生的学习兴趣；而每一节的开头则将本节所介绍的知识要点、重点和难点以学习任务的形式列写出来，便于学生掌握；每单元后面配有单元回顾、思考与练习，便于学生复习。本书共由 7 个单元组成，系统讲述了电路的基本知识和简单直流电路的分析、复杂直流电路的分析、动态电路的分析、正弦交流电路的分析、谐振电路的分析、互感耦合电路的分析和 Multisim 的简介。本书基本涵盖了电子、自控、自动化、通信、计算机等各类高职专业所需要的内容。各类专业可根据学时多少灵活选用，建议讲授课时为 64 ~ 70 学时。

　　本书由袁明波、高霞、刘青、杨立峰编著。袁明波编写了第 3、6 单元，并负责全书的修改补充与统稿，高霞编写了第 1、4 单元，刘青编写了第 2、7 单元，杨立峰编写了第 5 单元。

　　在本书的编写过程中得到了许多专家、学者、朋友的帮助与支持，在此深表感谢。

　　由于编者水平有限以及各种原因，书中疏漏和不妥之处在所难免，恳请同行和广大读者给予批评指正，以便以后修订提高。

编　者

目　　录

第1单元　电路的基本知识和简单直流电路的分析

情景导入

电路是实际电气系统的近似数学模型，它为理论分析实际电路，并给出定量的分析结果提供了重要的依据。电路通常是指实际的电气系统以及它的模型。电路分析就是给定电路结构、元器件的特性，然后求解电路中各部分的电压、电流和功率等。

下面以手电筒为例来简单说明如何构建电路模型。手电筒作为一个实际的电气系统，其主要组件是电池、白炽灯、连接器和开关。为了方便分析手电筒的工作原理，通常要画出它的电路模型，而在画出它的电路模型之前，首先要考虑每一个部件的电路模型。

如果要求的电流不太大，就可以认为干电池具有恒定的端电压，可以用理想电压源来模拟它。白炽灯最终输出光能，消耗电能，可以用一个理想的电阻器来模拟灯泡，并标记为 R_L；连接器被制成弹簧卷，既为电池和白炽灯之间接触提供了机械压力，又为电池和容器之间提供了一条导电通道，可以用理想电阻器来模拟连接器，并标记为 R_1；最后是开关，它有两种状态，即接通或是断开。通过分析，可以画出手电筒的电路模型，如图 1-1 所示。

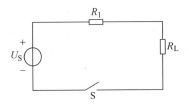

图 1-1　手电筒的电路模型

由上述描述可知，基本电路元器件是构造实际电路系统模型的基础。创建一个元器件或电路系统模型所需的技巧，与求解一个分支电路所需的技巧同样重要。无论是电路模型的建立，还是电路的分析，都需要了解相关的电路知识。本单元主要介绍电路的基本理论知识，重点介绍电路模型、电路变量、电路元器件和电路定理等基础知识。

1.1　电路的基本概念

学习任务

1）理解电路与电路模型的概念。

2）掌握电路的工作状态及其主要特点。

1.1.1　电路的基本组成

1. 电路的作用

在现代电气化、信息化的社会里，电得到了广泛的应用。在电视机、计算机、手机、通信系统和电力网中，可以看到各种各样的实际电路。简单地说，电路是电流流通的路径，它是为实现某种功能由电气设备或元器件按照一定方式连接而成的。这里的电气元器件泛指实际的电路元器件，如电阻器、电容器、晶体管、电感器、变压器等。电路的作用主要有以下几方面：一是进行能量的传输、分配与转换，例如电力系统中的输电线路；二是传输、处理和存储电信号，例如计算机通信电路、扬声器电路。

2. 电路的组成

实际电路组成的方式多种多样。不管电路简单还是复杂，一个完整的电路都是由3部分组成，即电源或信号源、负载和中间环节。电源或信号源是向电路提供电能或电信号的装置，其作用是可以将其他形式的能量转换成电能，例如干电池是将化学能转换成电能；负载是消耗电能的装置，例如电灯、电视机等，它们将电能转换成其他形式的能量，如光能、热能、机械能等；中间环节是利用各种元器件将电源和负载连接起来构成的闭合电路，它对整个电路起着传输和分配能量、控制和保护的作用，如电路中常用的导线、开关、熔断器等器件。图1-2a所示是前面所提到的手电筒的实际电路。

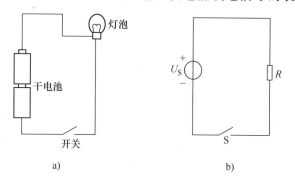

图1-2　手电筒的实际电路和电路模型
a）手电筒的实际电路　b）手电筒的电路模型

电路按元器件性质可分为集中参数电路和分布参数电路。集中参数电路是指电路本身的几何尺寸相对于电路工作频率所对应的波长 λ 小得多，因此在分析电路时可以忽略元器件和电路本身的几何尺寸。例如，我国电力工程的电源频率是50Hz（对应的波长为6000km），在这种低频电路中，几何尺寸为几米、几百米甚至几千米的电路都可被视为集中参数电路。分布参数电路是指电路本身的几何尺寸相对于工作波长不可忽略的电路。下面重点学习集中参数线性电路的分析方法。

1.1.2　电路模型

1. 电路的理想元器件

在实际电路中会使用各种各样的电气元器件，这些元器件在电路工作时会表现出非常复杂的电气特性，故直接对实际的元器件或设备构成的电路进行分析和研究往往比较困难。因此，需要对各种实际元器件按其在电路中表现出来的电磁特性进行分类，并加以理想化，即在一定的条件下忽略其次要特性，突出其主要特性，用一个能表征其主要电磁特性的"模型"——理想元器件来表示。例如，一个白炽灯，当有电流通过时主要消耗电能，即具有电阻的性质；其次还会产生磁场，因此兼有电感的性质，但白炽灯的电感是很微小的，可以把它看做一个理想电阻元器件。

2. 电路模型

在引入理想元器件的概念后，实际的电路元器件都可以用能够反映其主要电磁特性的理想元器件来代替，即实际电路都可用理想元器件构成的抽象电路来表示，这样的电路称为电路的"电路模型"。电路模型反映了各种理想元器件在电路中的作用和相互之间的连接方式，并不表示元器件之间的真实几何关系和实际位置。通常对电路的分析和计算是对电路模型而言的。另外，在电路模型中，连接各元器件的导线也被认为是理想元器件，其电阻可忽略不计。图1-2b所示是手电筒的电路模型。

将实际电路中的各个元器件用其模型符号画出的图称为实际电路的电路模型图，也称为电路原理图，简称为电路图。电路图是用来说明电气设备之间连接方式的图，用统一规定的符号来表示。电路图部分常用元器件图形符号如表 1-1 所示。

表 1-1 电路图部分常用元器件图形符号

名　称	图形符号	文字符号	名　称	图形符号	文字符号	名　称	图形符号	文字符号
电阻		R	可变电容		C	电池		E
可调电阻		R	电灯		HL	电压源		U_S
电位器		RP	开关		S	电流源		I_S
空心线圈		L	熔断器		FU	发电机		
铁心线圈		L	接地		GND	电压表		
电容器		C	接机壳		GND	电流表		

需要注意的是，将一个电气元器件理想化是有条件的。在不同的条件下，如果电气元器件表现出不同的特性，那么它的模型也不一样，构成的电路模型也就不同。本书后面提到的电路，除特别说明外，都指电路模型，其中的元器件都为理想元器件。

1.1.3 电路的工作状态

电源与负载相连接。根据所接负载的情况，电路有 3 种工作状态，即有载状态、开路状态和短路状态，电路的 3 种工作状态如图 1-3 所示。

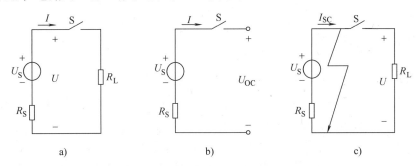

图 1-3 电路的 3 种工作状态
a) 有载状态 b) 开路状态 c) 短路状态

1. 有载状态

电路的有载状态又称为通路或闭路状态。当将图 1-3a 电路中的开关 S 闭合时，电源与负载形成闭合回路，电路处于有载工作状态，电路中有电流流过。

在实际的工作中，电路元器件和电气设备均会标注额定值。额定值是指其在电路正常运行状态下所能承受的电压、允许通过的电流以及它们吸收或产生功率的限度。额定电压、额定电流和额定功率分别用 U_N、I_N、P_N 表示。一般来说，电气设备在额定状态工作时是最经济合理和安全可靠的，并能保证电气设备有一定的使用寿命。

电气设备的铭牌以及说明书中所标注的电压、电流及功率的值，都是指设备的额定值。如一个电烙铁上标注的电压为 220V，功率为 45W，就是指它的额定电压为 220V，额定功率为 45W。

由于电路电源往往是恒压源，所以人们常常根据电流的大小判断负载的情况。当电源输出的电压为额定值时，电流等于额定电流，称为满载；当电流小于额定电流时，称为轻载；当电流超过额定电流时，称为过载。

2. 开路状态

电路的开路状态也称为断路状态。在图 1-3b 所示的电路中，当开关 S 断开或电路中某处断开时，电路处于开路状态。此时的电路中没有电流流过；电源端电压等于理想电压源电压，即 $U_{oc} = U_s$，U_{oc} 称为开路电压。同时，电源不提供功率，负载也不消耗功率。

当开关处于断开状态时，电路开路是正常状态；但当开关处于闭合状态时，电路仍然开路，就属于故障状态，需要尽快加以处理。

3. 短路状态

短路是指电路中元器件两端由于某种原因而短接在一起的现象。图 1-3c 所示为电源短路。此时电源的电压会全部落在电源的内阻上，因为电源内阻一般都很小，所以电源中的电流最大，其值为 $I_{sc} = U_s / R_s$，此电流称为短路电流 I_{sc}。同时，负载不吸收功率，电源的功率全部消耗在电源内部。

电路中可以出现短路，有时还可以利用短路现象解决一些实际问题，但是电源是绝对不允许短路的，由于短路电流过大，会使电源温度迅速上升，从而使其烧毁，所以，在实际工作中应该检查电气设备和线路的绝缘情况，尽量防止短路事故的发生。通常应在电路中接入熔断器等保护装置，以便在发生短路时能迅速分断故障，达到保护电源及电路元器件的目的。

1.2 电路的基本变量

学习任务

1）掌握基本物理量（电流、电压、电功率）的定义式、物理含义及相互关系。

2）掌握电流、电压的实际方向和参考方向之间的关系。

3）掌握电流、电压参考方向与功率释放、吸收的联系。

电流、电压、电位、电功率等是电路的基本物理量，只有真正理解和掌握它们，才能真正学会分析电路。在电路分析中，还要在电路图中标出电路基本物理量的方向，正确地列写方程，求解电路。本节将对这些物理量及其相关概念进行简要说明。

1.2.1 电流

电荷的定向运动形成电流。电流有大小之分，衡量电流大小或强弱的物理量叫做电流强度，简称为电流。

单位时间内通过导体横截面的电荷量定义为电流强度，用符号 i 或 I 表示，其数学表达式为

$$i = \frac{dq}{dt} \tag{1-1}$$

式中，dq 为时间 dt 内通过导体横截面的电荷量。

如果电流的大小和方向都不随时间而变化，就称为恒定电流，简称为直流，文字符号用字母"DC"或"dc"表示，一般用符号 I 表示。直流电流示意图如图 1-4a 所示。

$$I = \frac{q}{t} \tag{1-2}$$

若电流的大小和方向都随时间变化，则称为时变电流，一般用符号 i 表示。电流的大小和方向作周期性变化，且一个周期内平均值为零的时变电流，称为交变电流，简称为交流，文字符号用字母"AC"或"ac"表示。交变电流示意图如图 1-4b 所示。

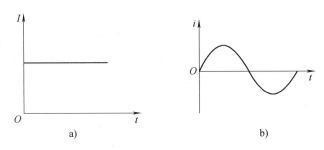

a)   b)

图 1-4 直流电流和交变电流示意图

a）直流电流示意图 b）交变电流示意图

在国际单位制中，电荷［量］的单位为库［仑］（C）；时间单位为秒（s）；电流单位为安［培］，简称为安（A）。有时也会用到千安（kA）、毫安（mA）、微安（μA）等单位。它们之间的换算关系是

$$1kA = 10^3 A, \quad 1mA = 10^{-3} A, \quad 1\mu A = 10^{-6} A$$

电流的方向习惯上规定为正电荷定向移动的方向，与电子流的方向正好相反。一段电路中电流的方向是客观存在的，但在具体分析电路时，有时很难判断出电流的实际方向，甚至电流的实际方向还在不断改变，因此在电路中很难标出电流的实际方向。为了解决这一问题，常常事先假设一个电流方向，这个假设的电流方向称为参考方向。如果计算的结果电流为正值，那么电流的实际方向与参考方向一致；如果计算的结果电流为负值，那么电流的实际方向与参考方向相反。这样，就可以在选定的电流参考方向下，根据电流的正负值来确定出某一时刻电流的实际方向。电流参考方向与实际方向的关系如图 1-5 所示。

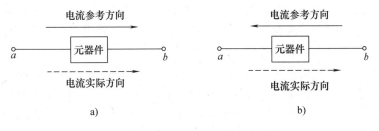

a)   b)

图 1-5 电流参考方向与实际方向的关系

a）$i > 0$ b）$i < 0$

在电路中，元器件的电流参考方向用实线箭头表示。电流参考方向的表示方法如图 1-6 所示。在文字叙述时也可用电流符号加双下标表示，如 I_{ab}，它表示电流的参考方向由 a 流向 b，并有 $I_{ab} = -I_{ba}$。

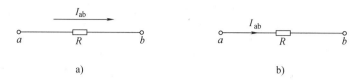

图 1-6　电流参考方向的表示方法

应当注意的是，在实际计算中，若不选定电流的参考方向，则电流的正负是无意义的。因此，在分析电路时，一定要先假设电流的参考方向。电流参考方向可以任意选定，但参考方向一经选定，在电路分析和计算过程中，不能随意更改；当然所选定的电流参考方向并不一定就是电流的实际方向。电流的值有正有负，它是一个代数量，其正负表示电流的实际方向与参考方向的关系。

【例 1-1】　在图 1-7 所示的电路中，电流参考方向已被选定。已知 $I_1 = 2\text{A}$，$I_2 = -6\text{A}$，试确定通过电阻 R 上的电流的实际方向。

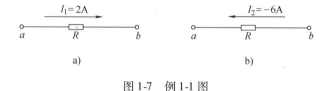

图 1-7　例 1-1 图

解：由图 1-7a 可知，电流的参考方向由 a 到 b，$I_1 = 2\text{A} > 0$，为正值，说明电流 I_1 的实际方向与参考方向相同，即从 a 到 b。

由图 1-7b 可知，电流的参考方向由 b 到 a，$I_2 = -6\text{A} < 0$，为负值，说明电流 I_2 的实际方向与参考方向相反，即从 a 到 b。

1.2.2　电压和电位

1. 电压

水在管中之所以能流动，是因为有着高水位和低水位之间的差别，这种差别会产生一种压力，使水从高处流向低处。在这个过程中，水会做功。电也是如此，电流之所以能够在导线中流动，也是因为在电流中有着高电位和低电位之间的差别，这种差别叫做电位差，也叫做电压。在这个过程中，电流也会做功，即电荷在电场中受到电场力的作用而做功。电压就是衡量电场力做功能力大小的物理量。

如果电压的大小及方向都不随时间变化，就称为稳恒电压或恒定电压，简称为直流电压，用大写字母 U 表示。如果电压的大小及方向随时间变化，就称为交变电压。对电路分析来说，一种最为重要的交变电压是正弦交流电压（简称为交流电压），其大小及方向均随时间按正弦规律作周期性变化。交流电压的瞬时值用小写字母 u 表示。

在电场中，电场力将单位正电荷 q 从 A 点移动到 B 点，若电场力所做的功为 W_{AB}，则 W_{AB} 与 q 的比值就称为该两点之间的电压，用公式表示为

$$U_{AB} = \frac{W_{AB}}{q} \tag{1-3}$$

$$u_{AB} = \frac{\mathrm{d}W_{AB}}{\mathrm{d}q} \qquad (1\text{-}4)$$

在国际单位制中,功的单位为焦〔耳〕(J);电荷〔量〕的单位为库〔仑〕(C);电压的单位为伏〔特〕(V),有时也用到千伏(kV)、毫伏(mV)、微伏(μV)。它们之间的换算关系是

$$1\mathrm{kV} = 10^3\mathrm{V}, \quad 1\mathrm{mV} = 10^{-3}\mathrm{V}, \quad 1\mu\mathrm{V} = 10^{-6}\mathrm{V}$$

与电流相似,在电路计算时,事先无法确定电压的实际方向,常先选定参考方向。电压的参考方向也是任意选定的。在分析电路时,先选定某一方向作为电压的参考方向,若计算结果为正值($u > 0$),则电压的参考方向与实际方向一致;若计算结果为负值($u < 0$),则电压的参考方向与实际方向相反。电压参考方向与实际方向的关系如图1-8所示。

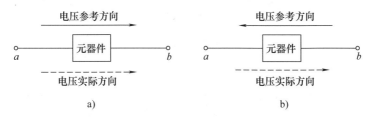

图1-8　电压参考方向与实际方向的关系

a) $u > 0$　b) $u < 0$

电压参考方向的表示方法如图1-9所示。可用从高电位指向低电位的箭头表示,如图1-9a所示;也可用高电位标"+",低电位标"-"来表示,即参考极性表示法,如图1-9b所示;也可用电压符号加双下标表示,如图1-9c所示,U_{ab}表示电压的参考方向由a指向b,并有$U_{ab} = -U_{ba}$。在电路中习惯用参考极性表示电压的参考方向。

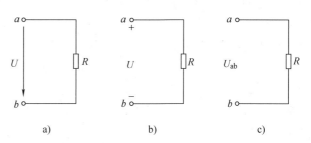

图1-9　电压参考方向的表示方法

a) 用从高电位指向低电位的箭头表示　b) 参考极性表示法

c) 用电压符号加双下标表示

在实际计算中,若不选定电压的参考方向,则电压的正负是无意义的。因此,在分析电路时,一定要先假设参考方向。电压的参考方向可以任意选定,但一经选定,在电路分析和计算过程中,就不能随意更改。同理,电压的值也有正有负,它也是一个代数量,其正负表示电压的实际方向与参考方向的关系。

【例1-2】　在图1-10所示的电路中,电压参考方向已被选定。已知$U_1 = 5\mathrm{V}$,$U_2 = -2\mathrm{V}$,试确定电阻两端电压的实际方向。

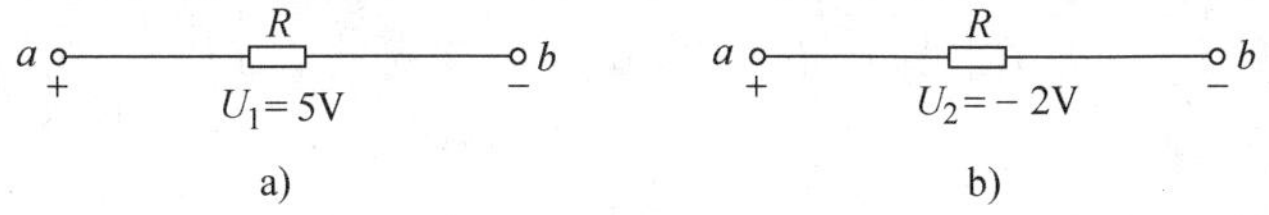

图1-10　例1-2图

解： 由图 1-10a 所示可知，电压的参考方向由 a 到 b，$U_1 = 5V > 0$，为正值，说明电压 U_1 的实际方向与参考方向相同，即由 a 到 b。

由图 1-10b 所示可知，电流的参考方向由 a 到 b，$U_2 = -2V < 0$，为负值，说明电压 U_2 的实际方向与参考方向相反，即由 b 到 a。

在任意电路中，某一支路或某一元器件上的电流参考方向与电压参考方向可以分别被独立选定。但为了分析方便，常使同一元器件的电流参考方向与电压参考方向一致，即电流从元器件电压的正极性端流入，而从它的负极性端流出，此时该元器件的电流参考方向与电压参考方向是一致的，称为关联参考方向，如图 1-11a 所示。若电流的参考方向与电压的参考方向选择不一致，则称为非关联参考方向，如图 1-11b 所示。

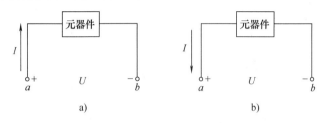

图 1-11 电压和电流的参考方向

a) 关联参考方向 b) 非关联参考方向

当选取电压和电流方向为关联参考方向时，在电路图上只需标出电流的参考方向或电压的参考方向即可。图 1-12 所示的是电压和电流为关联参考方向的表示方法。在本书中若未特别说明，均采用关联参考方向。

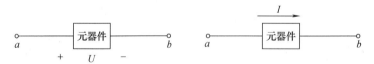

图 1-12 电压和电流为关联参考方向的表示方法

2. 电位

如同水路中的每一处都有水位一样，电路中的每一点也都有电位。电位是用于表征电场（电路）中不同位置电荷所具有能量大小的物理量。讲水位首先要确定一个基准面（即参考面），电位也一样，先要确定一个基准，这个基准称为参考点，通常规定参考点的电位为零，因此参考点又称为零电位点。原则上参考点是可以任意被选定的，在实际电路中常选取公共接点处或机壳作为参考点，工程上则常选取大地为参考点。零电位可以用"⏚"的符号表示接大地，"⏚"表示接机壳或公共接点。

在电路中任选一点为参考点，则某一点 a 到参考点的电压就称为 a 点的电位，用 V_a 表示。根据电位定义有 $V_a = U_{ao}$。电位的实质上就是电压，其单位也用伏［特］（V）表示。

电位表示图如图 1-13 所示。以电路中的 o 点为参考点，则有 $V_a = U_{ao}$，$V_b = U_{bo}$，则

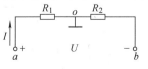

$$U_{ab} = U_{ao} + U_{ob} = U_{ao} - U_{bo} = V_a - V_b \qquad (1-5)$$

由此可见，两点间的电压就是该两点之间的电位差。当 a 点

图 1-13 电位表示图

电位高于 b 点电位时，$U_{ab}>0$；当 a 点电位低于 b 点电位时，$U_{ab}<0$。一般规定电压的实际方向由高电位指向低电位。

【例1-3】 电路如图1-14所示。已知当选定 o 点为参考点时，$V_a=8V$，$V_b=4V$，$V_c=-4V$。求：（1）U_{ab}、U_{bc}、U_{ac}；（2）以 b 点为参考点，求各点电位和电压U'_{ab}、U'_{bc}、U'_{ac}。

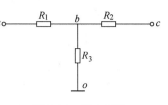

图 1-14　例 1-3 图

解：（1）$U_{ab}=V_a-V_b=(8-4)V=4V$

$$U_{bc}=V_b-V_c=[4-(-4)]V=8V$$

$$U_{ac}=V_a-V_c=[8-(-4)]V=12V$$

（2）若以 b 点位参考点，则 $V'_b=0V$，有

$$V'_a=U_{ab}=4V$$

$$V'_c=U_{cb}=-U_{bc}=-8V$$

$$U'_{ab}=V'_a-V'_b=(4-0)V=4V$$

$$U'_{bc}=V'_b-V'_c=[0-(-8)]V=8V$$

$$U'_{ac}=V'_a-V'_c=[4-(-8)]V=12V$$

由以上计算可以看出，若参考点选择不同，则电路中的各点电位将随参考点的变化而变化，但任意两点间的电压是不变的，即在电路中，电位是相对的，而电压是绝对的。

在电路分析中，讨论没有指明参考点的电位是没有任何意义的。在电路中各点的电位值与参考点的选择有关，当所选的参考点变动时，各点的电位值将随之变动。因此，参考点一经被选定，在电路分析和计算过程中，就不能随意更改。

1.2.3　电能和电功率

1. 电能

当电流流过电路元器件时，电能将转换为其他形式的能量，如热能、化学能、磁能、机械能等，此时元器件消耗电能。电能在转化为其他形式能的过程，就是电场力做功的过程，因此消耗多少电能，可以用电场力所做的功来度量，用符号 W 表示。

对于直流电，由式（1-2）和式（1-3）可得

$$W=Uq=UIt \tag{1-6}$$

式（1-6）表明，电流在一段电路上所做的功，与这段电路两端的电压、电路中的电流和通电时间成正比。

对于交流电，由式（1-1）和式（1-4）可得

$$dW=uidt \tag{1-7}$$

电能的单位为焦［耳］（J）。在实际应用中，电能的另一个常用单位是千瓦时（$1kW\cdot h$），1千瓦时就是常说的1度电。

$$1度电=1kW\cdot h=3.6\times10^6J$$

2. 电功率

为了描述电路中各部分能量的消耗或提供电能的快慢，引入了电功率这一物理量。单位时间内电能的变化率称为电功率，简称为功率，并用字母 p 表示，即

$$p=\frac{dW}{dt}=\frac{uidt}{dt}=ui \tag{1-8}$$

对于直流电，有
$$P = \frac{W}{t} = \frac{UIt}{t} = UI \qquad (1\text{-}9)$$

电功率的国际单位是瓦［特］（W）。若电场力在 1s 内所做的功为 1J，则电功率就是 1W。常用的电功率单位还有千瓦（kW）、毫瓦（mW）等，它们之间的换算关系为
$$1\text{kW} = 10^{3}\text{W}, \quad 1\text{mW} = 10^{-3}\text{W}$$

由式（1-6）和式（1-9）可知，当已知设备的功率为 P 时，则在 t 秒内消耗的电能为
$$W = Pt \qquad (1\text{-}10)$$

在电路中，电源产生的功率与负载、导线及电源内阻上消耗的功率总是平衡的，遵循能量守恒和转换定律。在进行电路分析时，不但需要计算功率的大小，而且有时还需要判断功率的性质，即该元器件是产生能量还是消耗能量。

通常在电压和电流为关联参考方向时，用公式 $p = ui$ 或 $P = UI$ 计算功率；在电压和电流为非关联参考方向时，用公式 $p = -ui$ 或 $P = -UI$ 计算功率。当计算出的功率 $P > 0$（$p > 0$）时，表示该部分电路吸收或消耗功率，即消耗能量；若计算得出的功率 $P < 0$（$p < 0$），则表示该部分电路发出或提供功率，即产生能量。

【例 1-4】 电路如图 1-15 所示。已知元器件 1 的 $U_1 = -6$V，$I_1 = 2$A；元器件 2 的 $U_2 = 4$V，$I_2 = -3$A，求各元器件的功率，并说明是吸收还是发出功率。

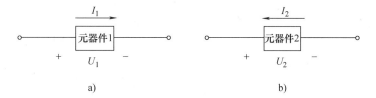

图 1-15　例 1-4 图

解：（1）对于元器件 1，由图 1-15a 所示可知，电流与电压为关联参考方向，则
$$P_1 = U_1 I_1 = \left[(-6) \times 2 \right] \text{W} = -12\text{W}$$
由于计算出的功率 $P_1 = -12\text{W} < 0$，所以表示元器件 1 发出功率。

（2）对于元器件 2，由图 1-15b 所示可知，电流与电压为非关联参考方向，则
$$P_2 = -U_2 I_2 = -\left[4 \times (-3) \right] \text{W} = 12\text{W}$$
由于计算出的功率 $P_2 = 12\text{W} > 0$，所以表示元器件 2 吸收功率。

1.3　电路的基本元器件

学习任务

1）掌握电阻元件的伏安特性及欧姆定律。

2）了解电源的分类，掌握独立电源的特性。

1.3.1　电阻元件

1. 电阻

运动的物体在运动中受到的各种不同的阻碍作用，称为阻力。当自由电荷在导体中做定

向移动形成电流时所遇到的阻碍，与物体在运动中遇到的阻碍相类似。电荷在导体中运动时，会受到分子和原子的碰撞与摩擦，碰撞和摩擦表现为导体对电流的阻碍作用，这种阻碍作用最明显的特征是导体消耗电能而发热（或发光）。导体对电流的这种阻碍作用，称为导体的电阻，用符号 R 表示。

在国际单位制中，电阻的单位是欧［姆］（Ω）。在实际使用时，还会用到千欧（kΩ）和兆欧（MΩ）等较大的单位，它们之间的换算关系是

$$1k\Omega = 10^3\Omega，1M\Omega = 10^6\Omega$$

自然界的任何物质都有电阻，就像水管的水流总是受到阻力一样，水管的粗细、长短以及水管内壁的粗糙程度都会产生对水流的阻力。同样，导体电阻大小不仅与导体的材料有关，而且与导体的长度、横截面积以及所处的温度有关。

在温度不变时，一定材料的导体的电阻与其长度成正比，与其截面积成反比，可用公式表示为

$$R = \rho\frac{l}{S} \tag{1-11}$$

电阻的倒数称为电导，它是表示材料导电能力的一个参数，用符号 G 表示。在国际单位制中，电导的单位是西［门子］（S）。

$$G = \frac{1}{R} \tag{1-12}$$

2. 电阻元件

电阻元件是从实际电阻器抽象出来的理想化模型，是代表电路中消耗电能这一物理现象的理想二端元件。电阻元件简称为电阻，这样，"电阻"一方面表示电阻元件，另一方面表示该电阻元件的参数。

从电路分析的角度来看，需要关注的重点并非是其内部构造而是其外部特性，即该元件两端的电压与通过该元件电流之间的关系。实验表明，通过电阻元件的电流与元件两端的电压成正比，这就是欧姆定律。其示意图如图 1-16 所示。

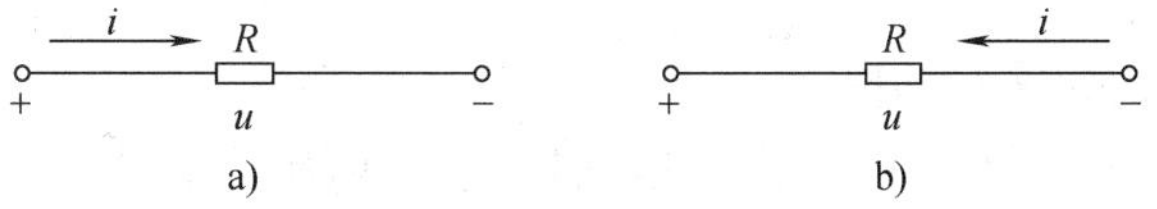

图 1-16　欧姆定律示意图

在电压与电流为关联参考方向的情况下（如图 1-16a 所示），欧姆定律写为

$$u = iR \tag{1-13}$$

对于直流电路则有 $\qquad U = IR$

若电阻元件上的电压与电流为非关联参考方向（如图 1-16b 所示）时，欧姆定律写为

$$u = -iR \tag{1-14}$$

对于直流电路则有 $\qquad U = -IR$

欧姆定律反映了电阻元件上电压与电流之间的约束关系。电压与电流之间的约束关系还常用伏安特性曲线来表示。一个二端元件，在任一时刻的 u 和 i 之间的关系称为元件的伏安关系，简记为 VCR。可由 u-i 平面上的一条曲线来表征，该曲线称为伏安特性曲线。

如果以电压为横坐标，电流为纵坐标，就可画出一个直角坐标，该坐标平面称为 u-i 平面。电阻元件的电压与电流关系可以用 u-i 平面上的一条曲线来表示，称为电阻元件的伏安特性曲线，如图 1-17 所示。

如果电阻元件的伏安特性呈一条直线，如图 1-17a 所示，那么该电阻元件称为线性电阻元件。欧姆定律只适用于线性电阻。反之，若伏安特性是一条曲线，

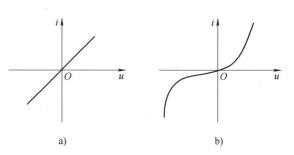

图 1-17　电阻元件的伏安特性曲线
a）线性电阻元件　b）非线性电阻元件

如图 1-17b 所示，则称为非线性电阻元件。线性电阻元件的电阻值是个常数，与元件两端电压或流过的电流无关，只与元件本身的材料、尺寸有关。若未加说明，则本书中所有电阻元件均指线性电阻元件。

【例1-5】　电路如图 1-18 所示。求电压 U 或电流 I。

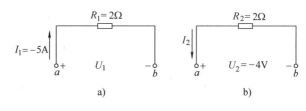

图 1-18　例 1-5 图

解：（1）在图 1-18a 中，由于电流与电压为关联参考方向，所以欧姆定律表示为

$$U_1 = I_1 R_1 = -5 \times 2\text{V} = -10\text{V}$$

（2）在图 1-18b 中，由于电流与电压为非关联参考方向，所以欧姆定律表示为 $U_2 = -I_2 R$

$$I_2 = -\frac{U_2}{R_2} = -\frac{-4}{2}\text{A} = 2\text{A}$$

3. 电阻元件消耗的能量及功率

在电压与电流为关联参考方向下，由式（1-6）和欧姆定律式（1-13）可以得到电阻元件消耗的电能为

$$W = UIt = I^2 Rt = \frac{U^2}{R}t \tag{1-15}$$

由式（1-9）和欧姆定律式（1-13）可以得到电阻元件消耗的电功率为

$$P = UI = I^2 R = \frac{U^2}{R} \tag{1-16}$$

在电压与电流为非关联参考方向下，通过推导仍能得到上面两式。由式（1-16）可以看出，电阻元件上的电功率 $P \geqslant 0$，说明电阻元件消耗电能，是耗能元件；并且加在电阻元件两端的电压越高或通过的电流越大，说明电阻元件消耗的电功率就越大。

1.3.2　电源

电路中供给电能的装置称为电源。直流稳压电源、干电池、交流发电机、太阳能电池、

蓄电池及各种信号发生器等都属于电源之列。根据这些电源的作用，在电路分析中常可将其抽象为所谓的电压源或电流源。电源中能够独立向外提供电能的电源称为独立电源，它包括电压源和电流源；不能独立向外提供电能的电源称为非独立电源，又称为受控源。

1. 电压源

（1）理想电压源

理想电压源是两端电压与通过其电流大小无关的理想元器件。理想电压源的电路符号如图 1-19a 所示，其伏安特性如图 1-19b 所示。

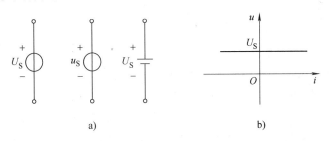

图 1-19　理想电压源的电路符号及其伏安特性

a）理想电压源的电路符号　b）理想电压源的伏安特性

理想电压源具有如下几个特点。

1）无论外电路如何，理想电压源的端电压都是常数 U_S 或是一定时间函数 $u_S(t)$，与流过它的电流无关。

2）理想电压源的电压是由其本身决定的，而流过理想电压源的电流大小和方向都由外电路决定。

由于流经电压源的电流由外电路决定，所以电流可以从不同方向流经电压源，因此，电压源可能对外电路提供能量，也可能从外电路吸收能量。

（2）实际电压源模型

理想电压源是从实际电源中抽象出来的理想化元器件，在实际中是不存在的。实际上，电源内部总存在一定的内阻。例如，电池是一个实际的直流电压源，当带上负载有电流流过时，内阻就会有能量消耗，使得电池的端电压 U 低于定值电压 U_S。电流越大，损耗越大，端电压也就越低。这样，电池就不具有端电压恒定的特点。因此，这样的实际电源可以用一个理想电压源和一个电阻串联来模拟，此模型称为实际直流电压源模型，如图 1-20a 所示。电阻 R_S 叫做电源的内阻，有时又称为输出电阻。

设电压、电流参考方向如图 1-20a 所示，则有

$$U = U_S - IR_S \qquad (1-17)$$

上式说明，在接通负载后，实际电压源的端电压 U 是低于理想电压源 U_S 的，实际直流电压源的外特性如图 1-20b 所示。可见，实际电压源的内阻越小，其特性越接近于理想电压源。工程中常用的稳压电源以及大型电网在工作时的输出电压基本不随外电路变化，都可近

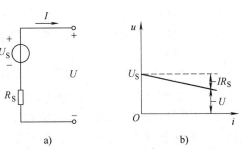

图 1-20　实际直流电压源模型及外特性

a）实际直流电压源模型　b）实际直流电压源的外特性

似看做是理想电压源。

如果负载被短路，实际电压源就会处于短路状态。由于实际电压源的内阻一般很小，所以短路电流很大，以至于会损坏电源，这是不允许的。

2. 电流源

（1）理想电流源

输出电流不受外电路影响，只依照自己固有的随时间变化的规律变化的电源，称为理想电流源。理想电流源的电路符号如图1-21a所示，其伏安特性如图1-21b所示。

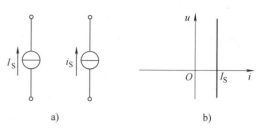

图1-21　理想电流源的电路符号及其伏安特性
a）理想电流源的电路符号　b）理想电流源的伏安特性

理想电流源具有如下几个特点。

1）无论外电路如何，理想电流源的输出电流都是常数 I_S 或是一定的时间函数 $i_S(t)$，与理想电流源的端电压无关。

2）理想电流源的电流是由其本身决定的，理想电流源的端电压的大小和极性都由外电路决定。

由于电流源的端电压由外电路决定，其两端的电压可以有不同的真实极性，所以电流源既可能对外电路提供能量，也可能从外电路吸收能量。

（2）实际电流源模型

理想电流源是从实际电源中抽象出来的理想化元器件，在实际中也是不存在的。由于电源内部存在损耗，所以在接通负载后会使输出电流降低。这样的实际电流源，可以用一个理想电流源和一个电阻并联来模拟，此模型称为实际直流电流源模型，如图1-22a所示。

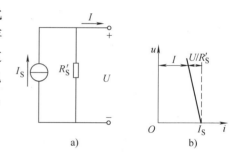

由图1-22a所示可知

$$I = I_S - \frac{U}{R_S'} \qquad (1\text{-}18)$$

图1-22　实际直流电流源模型及外特性
a）实际直流电流源模型
b）实际直流电流源外特性

由式（1-18）及图1-22b所示可以看出，实际直流电流源的内阻越大，内部分流越小，其特性就越接近理想电流源。

应当注意的是，在实际应用中，不能将电压源短路，电流源开路。前者会因短路电流过大而烧毁电源；后者会因开路电压过高而损毁电源。

3. 受控源

前面介绍的电压源与电流源都是独立电源。在电路中除了独立电源外，还有另一种电源模型，叫做受控源，它们的电压或电流值受到电路中其他支路电压或电流的控制。受控源实际上是晶体管、场效应晶体管、电子管等电压或电流控件的电路模型。受控源表示的主要是电路中一部分电路对另一部分电路的控制作用。在电路中，为了区别受控源与独立电源，受控源用菱形符号表示。

描述受控源需要两对端钮：一对为输入端钮，另一对为输出端钮。输入端用来控制输出电压或输出电流的大小,其输入量可以是电压或电流;输出端则输出受控的电压或电流。因此,根据输入与输出的控制量的不同,理想受控源可分为 4 种类型,即电压控制电压源(VCVS)、电压控制电流源(VCCS)、电流控制电压源(CCVS)、电流控制电流源(CCCS)。理想受控源的 4 种电路模型如图 1-23 所示。

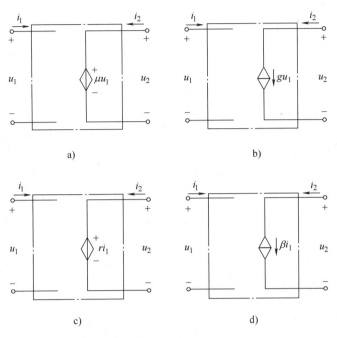

图 1-23 理想受控源的 4 种电路模型

a) VCVS b) VCCS c) CCVS d) CCCS

图 1-23 中的 μ、g、r、β 分别为各受控源的控制系数,当这些系数为常数时,被控制量和控制量成正比,这种受控源称为线性受控源。表示线性受控源输出特性的数学方程分别为

$$\text{VCVS：} u_2 = \mu u_1 \text{————} \mu \text{ 为电压放大系数}$$

$$\text{VCCS：} i_2 = g u_1 \text{————} g \text{ 为转移电导}$$

$$\text{CCVS：} u_2 = r i_1 \text{————} r \text{ 为转移电阻}$$

$$\text{CCCS：} i_2 = \beta i_1 \text{————} \beta \text{ 为电流放大系数}$$

其中,μ 和 β 是无量纲的系数,g 和 r 分别为具有电导和电阻的量纲。

1.4 串联电路

学习任务

1)理解基尔霍夫电压定律,并能熟练应用基尔霍夫电压定律和欧姆定律分析电路。

2)掌握电阻串联电路的计算及分压原理的应用。

1.4.1 基尔霍夫电压定律

前面介绍的电阻元件、电压源、电流源的电压和电流关系,是这些元器件的电流和电压应该遵从的规律。当这些元器件连接成一个电路时，电路中的电压、电流还应该服从什么规律？基尔霍夫定律就是反映这方面规律的重要电路定律。基尔霍夫定律包括基尔霍夫电流定律和基尔霍夫电压定律两方面的内容。

电路中各个元器件的相互连接可以有多种样式。要进行电路分析，首先需要了解相关方面的基本概念。

1. 电路的几个名词

1）支路。电路中通过同一电流的几个元器件互相连接起来组成的分支称为支路。电路名词定义用图如图 1-24 所示。在图中，acb、adb、ab 均为支路。

2）节点。3 条或 3 条以上支路的连接点称为节点。在图 1-24 中，a 点和 b 点都是节点，c 点和 d 点不是节点。

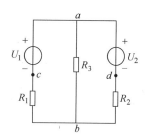

3）回路。电路中任何一条闭合的路径称为回路。在图 1-24 中，$abca$、$adba$、$adbca$ 都是回路。

4）网孔。内部不含支路的回路称为网孔。在图 1-24 中，$abca$、$adba$ 是网孔。

5）网络。网络就是电路，但一般把较复杂的电路称为网络。

图 1-24　电路名词定义用图

2. 基尔霍夫电压定律

基尔霍夫电压定律反映了电路中任一回路各支路电压间的相互约束关系，简称为 KVL，具体表述如下。

在集中参数电路中，任一时刻，对电路中的任一闭合回路，沿回路绕行方向上各段电压的代数和等于零。其数学表达式为

$$\sum u = 0 \text{ 或} \sum U = 0 \tag{1-19}$$

式（1-19）称为回路电压方程或 KVL 方程。在应用基尔霍夫电压定律列写回路方程时，首先要选定回路的绕行方向，而绕行方向是任意选定的。当回路内电压的参考方向与回路绕行方向一致时，该电压取正号，反之取负号，列写方程可参照如下步骤。

1）确定各支路电流的参考方向。

2）确定回路的绕行方向（顺时针或逆时针）。

3）沿绕行方向确定回路上元器件（除电源外）两端电压的参考方向，一般情况下取电压与电流为关联参考方向。如果元器件两端电压的参考方向与回路绕行方向一致，就取正号，否则取负号。

4）确定电源电压的方向。如果电源电压的方向与回路绕行方向一致，就取正号，否则取负号。也可沿绕行方向，如果先碰到电源的正极就取正，先碰到负极就取负。在电路中，对于电流源往往需要先设定其上的电压的参考方向，再列电压方程。

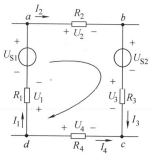

例如，图 1-25 所示为复杂电路的一部分，若选定顺时针的绕行方向，则根据式（1-19）可列出该回路的电压方程为

$$U_1 - U_{S1} + U_2 + U_{S2} + U_3 - U_4 = 0$$

或

图 1-25　复杂电路的一部分

$$I_1R_1 - U_{S1} + I_2R_2 + U_{S2} + I_3R_3 - I_4R_4 = 0$$

整理后有

$$I_1R_1 + I_2R_2 + I_3R_3 - I_4R_4 = U_{S1} - U_{S2}$$

写成一般形式为

$$\sum IR = \sum U_S \tag{1-20}$$

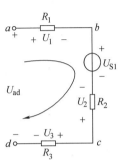

式（1-20）表明对于电阻电路，KVL 的另一种表述是：任一时刻，在任一闭合回路中，所有电阻的电压代数和等于所有电压源电压的代数和。

KVL 定律不仅适用于闭合回路，而且可以推广到任意非闭合回路，但列写电压方程时，必须将开路处的电压也列入方程中。KVL 的推广与应用如图 1-26 所示。由于 ad 处开路，abcda 构不成闭合回路。如果添上开路电压 U_{ad}，就形成一个"闭合"回路，所以此时，沿 abcda 绕行一周，列出的回路电压方程为

$$U_1 + U_{S1} - U_2 + U_3 - U_{ad} = 0$$

整理得

$$U_{ad} = U_1 + U_{S1} - U_2 + U_3$$

图 1-26　KVL 的
推广与应用

有了 KVL 这个推论，就可以很方便地求电路中任意两点间的电压了。

基尔霍夫电压定律的实质是能量守恒定律在集中参数电路中的体现。从电压变量的定义容易理解 KVL 的正确性。如果单位正电荷从 a 点移动，沿着构成回路的各支路又回到 a 点，相当于求电压 U_{aa}，显然 $U_{aa} = 0$，即该正电荷既没有得到能量，又没有失去能量。

【例 1-6】 图 1-27 所示直流电路是单回路电路，电路中各元器件参数均已给定，试求流经各元器件的电流 I 及电压 U_{ab}。

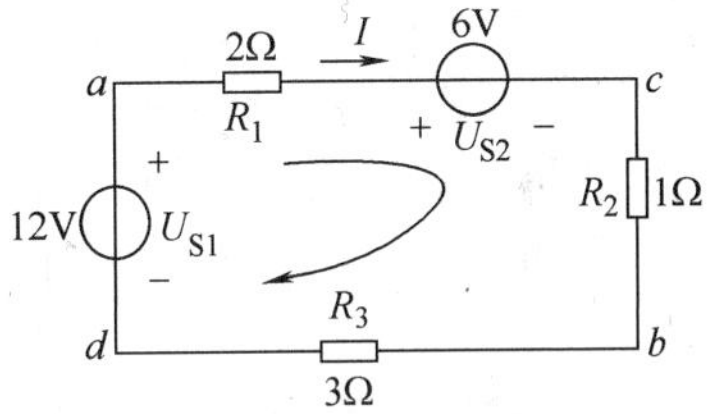

解： 由 KVL 可知，回路中各元器件流过的是同一电流 I，对回路沿顺指针绕行方向列写 KVL 方程，得

$$U_{R1} + U_{S2} + U_{R2} + U_{R3} - U_{S1} = 0$$

将电流 I 代入上式，得

$$IR_1 + U_{S2} + IR_2 + IR_3 - U_{S1} = 0$$

即

$$I = \frac{U_{S1} - U_{S2}}{R_1 + R_2 + R_3} = \frac{12 - 6}{2 + 1 + 3}\text{A} = 1\text{A}$$

图 1-27　例 1-6 图

再求 U_{ab}。在图 1-27 中，acba 和 adba 均为广义回路，对其任一回路列写 KVL 方程，便可求出 U_{ab}。对 acba 广义回路列写 KVL 方程如下：

$$IR_1 + U_{S2} + IR_2 - U_{ab} = 0$$

$$U_{ab} = IR_1 + U_{S2} + IR_2 = (1 \times 2 + 6 + 1 \times 1)\text{V} = 9\text{V}$$

或对 adba 广义回路列写 KVL 方程：

$$U_{ab} = U_{S1} - IR_3 = (12 - 1 \times 3)\text{V} = 9\text{V}$$

可见，两点间的电压与路径无关。

1.4.2　电阻的串联和分压

在电路中，将若干电阻元件依次首尾连接起来，中间没有分支，在电源的作用下流过各电阻的是同一电流，这种连接方式称为电阻的串联。电阻串联电路及其等效电路如图1-28所示。图1-28b所示电路是图1-28a所示电阻串联电路的串联等效电路。

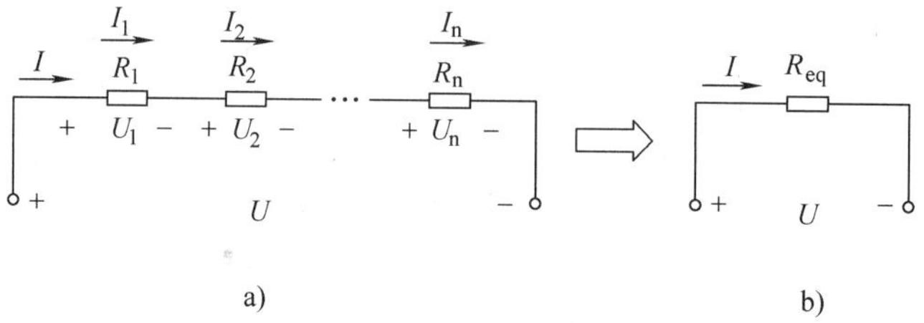

图 1-28　电阻串联电路及其等效电路

a）电阻串联电路　b）电阻串联等效电路

（1）电流的特点

串联电阻电路的电流处处相等，即

$$I = I_1 = I_2 = \cdots = I_n \tag{1-21}$$

（2）电压的特点

根据 KVL 可知，串联电阻电路的总电压等于各电阻上的分电压之和，即

$$U = U_1 + U_2 + \cdots + U_n = \sum_{i=1}^{n} U_i \tag{1-22}$$

（3）电阻的特点

串联电阻电路的总电阻等于各个串联电阻之和。通常将总电阻称为这个串联电阻电路的等效电阻，用 R_{eq} 表示，即

$$R_{eq} = R_1 + R_2 + \cdots + R_n = \sum_{i=1}^{n} R_i \tag{1-23}$$

（4）电压分配

在串联电阻电路中，各电阻的电压与各电阻的阻值成正比，即

$$I = \frac{U_1}{R_1} = \frac{U_2}{R_2} = \cdots = \frac{U_n}{R_n} \tag{1-24}$$

串联电阻电路具有分压效应。这个结论可以用来扩大电压表的量程。为了扩大电压表量程，需要串联阻值较大的电阻。因此，电压表的内阻较大。在实际测量中，电压表应并联在被测电路中，其内阻可以看做是无穷大。

根据串联电阻电路的分压特点，可以推导出分压公式，即在串联电阻电路中第 n 个电阻上的电压为

$$U_n = \frac{R_n}{R_{eq}} U \tag{1-25}$$

根据式（1-25）可知，如果两个电阻 R_1 和 R_2 串联，那么它们的分压公式为

$$U_1 = \frac{R_1}{R_1 + R_2} U, \quad U_2 = \frac{R_2}{R_1 + R_2} U$$

（5）功率的特点

串联电阻电路的总功率等于各电阻的分功率之和，即

$$P = P_1 + P_2 + \cdots + P_n = \sum_{i=1}^{n} P_i \qquad (1\text{-}26)$$

又因为

$$I = I_1 = I_2 = \cdots = I_n$$

所以

$$I^2 = \frac{P_1}{R_1} = \frac{P_2}{R_2} = \cdots = \frac{P_n}{R_n} \qquad (1\text{-}27)$$

即串联电阻电路中各电阻消耗的功率与各电阻的阻值成正比。

电阻串联的应用很多。例如，为了扩大电压表的量程，就需要以电压表与电阻串联的方式来实现；为了调节电路中的电流，通常可在电路中串联一个变阻器；当负载的额定电压低于电源电压时，可以通过串联一个电阻来分压，以使负载工作在额定电压情况下。

【例1-7】 图1-29所示为某万用表直流电压档等效电路，其表头内阻 $R_g = 10\text{k}\Omega$，满偏电流 $I_g = 50\mu\text{A}$，各档电压量程分别为 $U_1 = 5\text{V}$，$U_2 = 25\text{V}$，$U_3 = 100\text{V}$，试求各分压电阻 R_1、R_2、R_3 的大小。

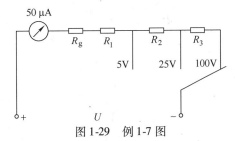

图1-29 例1-7图

解： 由于 $U_{R_1} = U_1 - U_g = U_1 - I_g R_g$，$I_{R_1} = I_g = I$

所以

$$R_1 = \frac{U_{R_1}}{I_{R_1}} = \frac{U_1 - I_g R_g}{I_g} = \frac{5 - 10 \times 10^3 \times 50 \times 10^{-6}}{50 \times 10^{-6}}\text{k}\Omega = 90\text{k}\Omega$$

同理可得

$$R_2 = \frac{U_{R_2}}{I_{R_2}} = \frac{U_2 - U_1}{I_g} = \frac{25 - 5}{50 \times 10^{-6}}\text{k}\Omega = 400\text{k}\Omega$$

$$R_3 = \frac{U_{R_3}}{I_{R_3}} = \frac{U_3 - U_2}{I_g} = \frac{100 - 25}{50 \times 10^{-6}}\text{M}\Omega = 1.5\text{M}\Omega$$

1.5 并联电路

学习任务

1）理解基尔霍夫电流定律，并能熟练应用基尔霍夫电流定律和欧姆定律分析电路。

2）掌握电阻并联电路的计算及分流原理的应用。

1.5.1 基尔霍夫电流定律

基尔霍夫电流定律反映了电路中任一节点上各支路电流间的相互约束关系，它被简称为

KCL，具体表述如下。

在集中参数电路中，任一时刻，对电路中的任一节点，所有支路电流的代数和恒等于零。其数学表达式为

$$\sum i = 0 \qquad \text{或} \qquad \sum I = 0 \qquad (1\text{-}28)$$

式（1-28）称为节点电流方程或节点的 KCL 方程。电流的"代数和"是根据电流是流出节点还是流入节点来判断的。若流入节点的电流前面取"+"号，则流出节点的电流前面取"−"号（也可进行相反的规定，结果是等价的），电流是流出节点还是流入节点，均根据电流的参考方向判断。以图 1-30 所示的 KCL 应用图为例，对于节点 a 列写 KCL 方程有

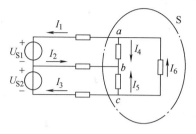

图 1-30　KCL 应用图

$$I_6 - I_1 - I_4 = 0$$

上式可写为

$$I_6 = I_1 + I_4$$

上式表明，流出节点 a 的支路电流之和等于流入该节点的支路电流之和。故 KCL 也可以表述为：任一时刻，流出任一节点的支路电流之和等于流入该节点的支路电流之和，即

$$\sum i_{出} = \sum i_{入} \qquad \text{或} \qquad \sum I_{出} = \sum I_{入} \qquad (1\text{-}29)$$

这是基尔霍夫电流定律的另一种表示形式。

KCL 通常用于节点，但对包围几个节点的闭合面也是适用的。在图 1-30 所示电路中，虚线所示的闭合面 S 内有 3 个节点，这 3 个节点的 KCL 方程分别为

a 节点　　　　　　　　$I_6 - I_1 - I_4 = 0$

b 节点　　　　　　　　$I_2 + I_4 + I_5 = 0$

c 节点　　　　　　　　$-I_3 - I_5 - I_6 = 0$

将以上 3 式相加，即得图虚线闭合面 S 的 KCL 方程为

$$I_2 - I_1 - I_3 = 0$$

式中，I_2 流入闭合面 S，I_1 和 I_3 流出闭合面 S。

该式表明，在集中参数电路中，通过任一闭合面的支路电流的代数和为零。这种假想的闭合面又称为广义节点，这是基尔霍夫电流定律的推广，如图 1-31 所示。

图 1-31a 所示为电子电路中常用的晶体管符号，其 b、c、e 三极的电流分别为 I_b、I_c、I_e。用假想的闭合面把晶体管包围起来，根据 KCL 有

$$I_b + I_c - I_e = 0$$

图 1-31b 所示电路表示两个网络之间只有一根导线相连。用假想的闭合面把其中一个网络包围起来，根据 KCL 可得 $i = 0$，这说明该导线中无电流。同理，若某电路只有一个接地点，则该接地线中没有电流。

基尔霍夫电流定律的实质是电流连续性原理，是电荷守恒定律在电路中的体现。

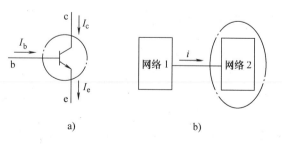

a)　　　　　　　　　b)

图 1-31　KCL 定律的推广

a）晶体管符号　b）两个网络之间只有一根导线相连

电荷既不能创造，也不能消失，在任一时刻流入节点的电荷等于流出该节点的电荷。

【例1-8】 电路如图 1-32 所示。图中所示方框代表电路元器件，已知 $I_2 = 3A$，$I_4 = -2A$，$I_5 = 4A$，求 I_3。

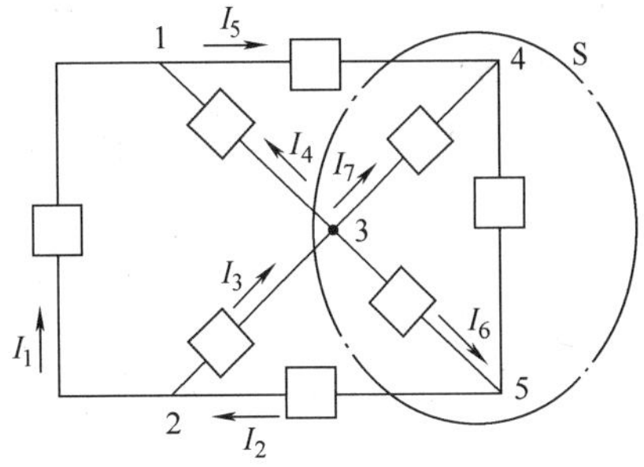

解： 根据已知条件，先对节点 1 列写 KCL 方程，可求出 I_1。

对节点 1，有 $I_1 + I_4 - I_5 = 0$

得 $I_1 = I_5 - I_4 = [4 - (-2)]A = 6A$

再对节点 2 列写 KCL 方程，即求得 I_3。

对节点 2，有 $I_2 - I_1 - I_3 = 0$

得 $I_3 = I_2 - I_1 = (3 - 6)A = -3A$

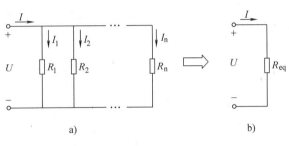

图 1-32 例 1-8 图

该题也可以直接选虚线闭合面作为广义节点 S，只需列一个 KCL 方程即可。

对广义节点 S，有 $I_3 + I_5 - I_2 - I_4 = 0$

可得 $I_3 = I_2 + I_4 - I_5 = [3 + (-2) - 4]A = -3A$

当应用 KCL 分析计算电路时，要注意区分两套正负符号。在 KCL 方程中，电流变量前所取的正、负号，取决于电流参考方向的选择，而电流变量本身可能为正，也可能为负。

1.5.2 电阻的并联和分流

在电路中，若干电阻首尾分别相连，使各电阻处于同一电压下的连接方式，称为电阻的并联。电阻并联电路如图 1-33a 所示。并联电路也可以用一个等效电阻 R_{eq} 来代替。电阻并联等效电路如图 1-33b 所示。

（1）电压的特点

电阻并联电路两端的电压相等，即

$$U = U_1 = U_2 = \cdots = U_n \qquad (1\text{-}30)$$

（2）电流的特点

图 1-33 电阻并联电路及其等效电路

a）电阻并联电路　b）电阻并联等效电路

电阻并联电路的总电流等于通过各电阻的分电流之和，即

$$I = I_1 + I_2 + \cdots + I_n = \sum_{i=1}^{n} I_i \qquad (1\text{-}31)$$

（3）电阻的特点

电阻并联电路等效电阻的倒数等于各电阻的倒数之和，即

$$\frac{1}{R_{eq}} = \frac{1}{R_1} + \frac{1}{R_2} + \cdots + \frac{1}{R_n} = \sum_{i=1}^{n} \frac{1}{R_i} \qquad (1\text{-}32)$$

通过上式可知，电阻的阻值越"并"越小。当 n 个等值电阻并联时，其等效电阻为

$$R_{eq} = \frac{R_0}{n} \qquad (1\text{-}33)$$

当两个电阻并联时，其等效电阻为

$$R_{eq} = \frac{R_1 R_2}{R_1 + R_2} \tag{1-34}$$

若以电导表示，则有

$$G_{eq} = G_1 + G_2 + \cdots + G_n = \sum_{i=1}^{n} G_i \tag{1-35}$$

式（1-35）表明，当 n 个电导并联时，其等效电导等于各电导之和。

（4）电流分配

在电阻并联电路中，流过各并联电阻的电流与它们各自的阻值呈反比，即

$$I_1 : I_2 : \cdots : I_n = \frac{1}{R_1} : \frac{1}{R_2} : \cdots : \frac{1}{R_n} \tag{1-36}$$

式（1-36）表明，在电阻并联电路中，阻值越大的电阻分配得到的电流越小，阻值越小的电阻分配得到的电流越大，这就是并联电阻电路的分流原理。电阻并联电路的分流特性在实际电路中得到了广泛应用，如扩大电流表量程等。为了扩大电流表的量程，要并联阻值较小的电阻，因此，电流表的内阻较小。在实际测量中，电流表应串联在被测电路中，其内阻可以忽略不计。

根据电阻并联电路的分流特性，可以推导出分流公式，即在并联电路中第 n 个电阻上的电流为

$$I_n = \frac{R_{eq}}{R_n} I = \frac{G_n}{G_{eq}} I \tag{1-37}$$

根据式（1-37）可知，如果两个电阻 R_1 和 R_2 并联，它们的分流公式为

$$I_1 = \frac{R_2}{R_1 + R_2} I, \quad I_2 = \frac{R_1}{R_1 + R_2} I$$

（5）功率的特点

电阻并联电路的总功率等于各电阻的分功率之和，即

$$P = P_1 + P_2 + \cdots + P_n = \sum_{i=1}^{n} P_i \tag{1-38}$$

当电阻并联时，各电阻上的功率与其阻值的倒数成正比，或与其电导成正比。

$$P_1 : P_2 : \cdots : P_n = \frac{1}{R_1} : \frac{1}{R_2} : \cdots : \frac{1}{R_n} = G_1 : G_2 : \cdots : G_n \tag{1-39}$$

电阻并联电路的应用十分广泛。在工程上，常利用并联电阻的分流来实现某些要求，如用于扩大仪表测量电流范围的分流器。同时，额定电压相同的负载几乎都采用并联，这样，既可以保证用电器在额定电压下正常工作，又能在断开或闭合某个用电器时，不影响其他用电器的正常工作。

【例 1-9】 有一个电流表，其量程 $I_g = 500\mu A$，表头内阻 $R_g = 1\Omega$，如图 1-34 所示。若将量程扩大到 1mA，则并联电阻 R 应多大？

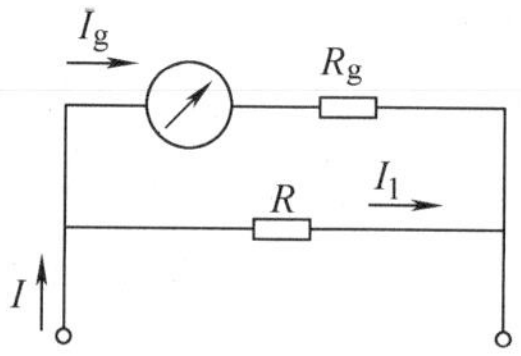

解： 可以利用电阻并联电路的分流特性，由分流公式可得

$$I_g = \frac{R}{R + R_g} I$$

那么 $\quad R = \dfrac{I_g R_g}{I - I_g} = \dfrac{500 \times 10^{-6} \times 1}{1 \times 10^{-3} - 500 \times 10^{-6}} \Omega = 1\Omega$

图 1-34 例 1-9 图

当选用电阻时，应注意电阻的功率容量能否允许所通过的电流，以免电阻过热引起阻值变化，甚至烧坏电阻。

1.6 串并联组合电路

学习任务

1）掌握电阻混联电路的一般分析方法。

2）掌握混联电路等效电阻的求法。

当电阻的连接中既有串联又有并联时，称为电阻的串、并联，简称为混联。混联电路如图1-35所示。逐个运用串联等效和并联等效以及分压和分流公式，可以很方便地解决混联电路的计算问题。

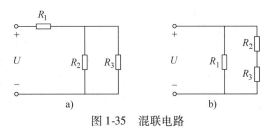

图 1-35　混联电路

1.6.1　混联电路的一般分析方法

混联电路的一般分析方法如下所述。

1）求混联电路的等效电阻。根据混联电路电阻的连接关系求出电路的等效电阻。

2）求混联电路的总电流。根据欧姆定律求出电路的总电流。

3）求各部分的电压、电流和功率。根据欧姆定律，电阻的串联、并联特点和功率的计算公式求出相关未知量。

【例1-10】　电路如图1-35a所示。电源电压为400V，输电线上的等效电阻 $R_1 = 10\Omega$，外电路的负载 $R_2 = R_3 = 380\Omega$。求：（1）电路的等效电阻；（2）电路的总电流；（3）负载两端的电压；（4）在负载 R_2 上消耗的功率。

解：（1）电路的等效电阻为

$$R_{eq} = R_1 + \frac{R_3}{2} = \left(10 + \frac{380}{2}\right)\Omega = (10 + 190)\Omega = 200\Omega$$

（2）电路的总电流为

$$I = \frac{U}{R_{eq}} = \frac{400}{200}A = 2A$$

（3）负载两端的电压为

$$U_{23} = U - IR_1 = (400 - 2 \times 10)V = (400 - 20)V = 380V$$

（4）负载 R_2 消耗的功率为

$$P_2 = \frac{U_{23}^2}{R_2} = \frac{380^2}{380}W = 380W$$

1.6.2　混联电路等效电阻的求法

混联电路求解的关键是等效电阻的计算，而等效电阻的计算是根据电路的结构，把串联、并联关系不易分清的电路整理成串联、并联关系直观清晰的电路，其实质是进行电路的等效变换。等效电阻的计算常用等电位法。用等电位法求解混联电路等效电阻的方法如下所述。

1）将所有无阻导线连接点用节点表示。

2）确定电路中的等电位点。导线的电阻和理想电流表的电阻可忽略不计。对于等电位点之间的电阻支路，必然没有电流通过，所以既可将它看做开路，也可将它看做短路。

3）确定电阻的连接关系。从电路的一端（a 点）出发，沿一定的路径到达电路的另一端（b 点），在不改变电路连接关系的前提下，可根据需要改画电路，以便更清楚地表示出各电阻的串、并联关系。

4）求解等效电阻。根据电阻的连接关系列出表达式，求出等效电阻。

【例 1-11】　在图 1-36a 所示的电路中，$R_1 = R_2 = R_3 = R_4 = 6\Omega$，$R_5 = 2\Omega$，求 ab 两端的等效电阻。

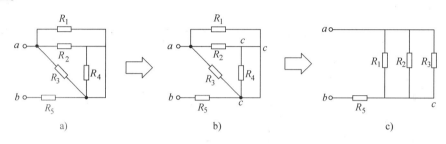

a)　　　　　　b)　　　　　　c)

图 1-36　例 1-11 图

解：由图 1-36b 可以看出，电阻 R_4 两端都与 c 点相连，说明电阻 R_4 两端等电位，没有电流流过电阻 R_4，因此可以将电阻 R_4 所在支路看做短路。由此可以看出，电阻 R_1、R_2、R_3 一端连接 a 点，一端连接 c 点，这 3 个电阻相并联。电阻 R_5 一端连接 b 点，一端连接 c 点，即可画成如图 1-36c 所示的形式，其电路结构并没改变，则

$$R_{ab} = R_5 + R_1 // R_2 // R_3 = (2 + 2)\Omega = 4\Omega$$

在电阻电路中，有时候电阻的连接既不是串联也不是并联。电阻的连接形式还有星形（Y）联结和三角形（△）联结，其示意图如图 1-37 所示。上述对电阻电路的等效变换都没有改变电阻的阻值，但是，星形与三角形联结的电阻电路只有在改变电阻阻值的前提下，才能将其等效变换成简单的串联和并联的组合。

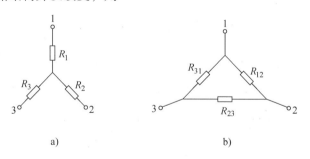

a)　　　　　　b)

图 1-37　电阻星形联结与三角形联结示意图
a）星形联结　b）三角形联结

1.7　电子习惯电路

在电子电路中，为了简化电路图，经常用标注电位的方法表示电压源，即不画出电源来，而改用相应的电位极性和数值表示，如图 1-38a 所示。这是因为电源的另一端是与接地点相连的。图 1-38a 所示电路称为图 1-38b 所示电路的电子习惯电路，而图 1-38b 所示的电路则称为一般性电路。

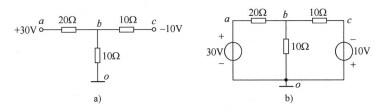

a)   b)

图1-38 电子习惯电路与一般性电路

a) 图1-38b 所示电路的电子习惯电路   b) 一般性电路

【例1-12】 将图1-39a 和图1-39b 所示的一般电路改画成电子习惯电路。

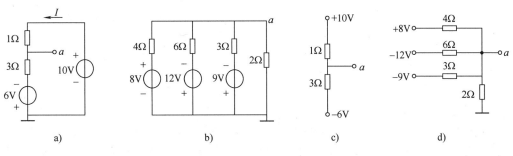

a)   b)   c)   d)

图1-39 例1-12图

解：图1-39a 所示电路对应的电子习惯电路如图1-39c 所示，图1-39b 所示电路对应的电子习惯电路如图1-39d 所示。

【例1-13】 电路如图1-39c 所示。求电路中 a 点的电位 V_a。

解：可将图1-39c 所示的电子习惯电路改画成如图1-39a 所示的一般性电路，于是根据图1-39a 所示电路得

$$I = \frac{10 + 6}{1 + 3}A = 4A$$

故

$$V_a = 3I - 6 = (3 \times 4 - 6)V = 6V$$

1.8 Multisim 对电路基本规律的仿真分析

1.8.1 欧姆定律的仿真分析

欧姆定律仿真电路如图1-40 所示。电源电压为12V，电阻 R_1 为10Ω，根据欧姆定律 $I = U/R$ 可得，流过电阻 R_1 的电流为1.2A。在 Multisim 电路窗口中创建图1-40 所示的电路，启动仿真，仿真结果如图1-40 中所示的电压表、电流表读数。可见，理论计算与电路仿真结果相同。

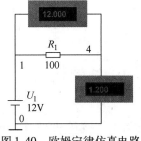

图1-40 欧姆定律仿真电路

1.8.2 基尔霍夫电压定律的仿真分析

基尔霍夫电压定律仿真电路如图 1-41 所示。电源电压为 12V，电阻 $R_1 = 120\Omega$，$R_2 = 40\Omega$，$R_3 = 80\Omega$，这 3 个电阻串联在一起。

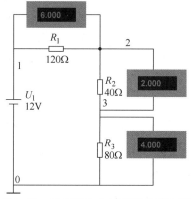

图 1-41　基尔霍夫电压定律仿真电路

根据电路给定的参数，3 个电阻 $R = R_1 + R_2 + R_3 = 240\Omega$，然后根据欧姆定律 $I = U/R$ 求出电路中的电流 $I = 12/240 = 0.05\mathrm{A}$，再由欧姆定律 $U = IR$ 求出各电阻上的电压，$U_1 = IR_1 = 0.05 \times 120\mathrm{V} = 6\mathrm{V}$，$U_2 = IR_2 = 0.05 \times 40\mathrm{V} = 2\mathrm{V}$，$U_3 = IR_3 = 0.05 \times 80\mathrm{V} = 4\mathrm{V}$。可见计算结果（见图 1-41 所示的电压表读数）相同，并且 $U_1 + U_2 + U_3 = 12\mathrm{V}$，这就验证了 KVL 定律。

1.8.3 基尔霍夫电流定律的仿真分析

图 1-42 所示电路中有两个节点，4 条支路。根据欧姆定律可分别求得各支路电流：$I_1 = 0.6\mathrm{A}$、$I_2 = 0.3\mathrm{A}$、$I_3 = 0.2\mathrm{A}$。由 KCL 定律可得：$I = I_1 + I_2 + I_3 = 1.1\mathrm{A}$。可见，该结果与图 1-42 所示的基尔霍夫电流定律仿真电路结果相同。

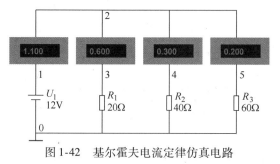

图 1-42　基尔霍夫电流定律仿真电路

1.9 技能训练

1.9.1 技能训练 1　电位、电压的测定及电路电位图的绘制

1. 设计目的

1）学会电路连接与测试的基本方法。

2）学会使用万用表测量电流、电压及电位。

3）验证电路中电位的相对性和电压的绝对性。

4）掌握电路电位图的绘制方法。

2. 原理说明

在一个闭合电路中，各点电位的高低视所选电位参考点的不同而变，但任意两点间的电位差（即电压）则是绝对的，它不因参考点的变动而改变。

电位图是一种平面坐标一、四两象限内的折线图。其纵坐标为电位值，横坐标为各被测点。要制作某一电路的电位图，先要以一定的顺序对电路中各被测点进行编号。以图 1-43 所示的电路为例，如图中的 A ~ F，并在坐标横轴上按顺序、均匀间隔标上 A、B、C、D、E、F、A；再根据测得的各点电位值，在各点所在的垂直线上描点；用直线依次连接相邻两个电位点，即得该电路的电位图。

在电位图中，任意两个被测点的纵坐标值之差即为该两点之间的电压值。

在电路中，电位参考点可任意被选定。对于不同的参考点，所绘出的电位图形是不同的，但其各点电位变化的规律却是一样的。

3. 实训设备（见表 1-2）

表 1-2　实训设备

序　号	名　称	型号与规格	数　量
1	直流可调稳压电源	0 ~ 30V	二路
2	万用表		1
3	直流数字电压表	0 ~ 200V	1
4	电位、电压测定实训电路板元器件	$R = 510\Omega$，$1k\Omega$，330Ω	

4. 实训内容

按图 1-43 所示的电位、电压测定电路图连接成实训电路。

1）分别将两路直流稳压电源接入电路，令 $U_1 = 6V$，$U_2 = 12V$。先调准输出电压值，再接入实训电路中。

2）以图 1-43 中的 A 点作为电位的参考点，分别测量 B、C、D、E、F 各点的电位值 V 及相邻两点之间的电压值 U_{AB}、U_{BC}、U_{CD}、U_{DE}、U_{EF} 及 U_{FA}，将数据列于表 1-3 中。

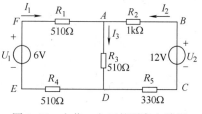

图 1-43　电位、电压的测定电路图

3）以 D 点作为参考点，重复实训内容 2 的测量，将测得的数据列于表 1-3 中。

表 1-3　电位与电压记录表

电位参考点	V 与 U	V_A	V_B	V_C	V_D	V_E	V_F	U_{AB}	U_{BC}	U_{CD}	U_{DE}	U_{EF}	U_{FA}
A	计算值												
	测量值												
	相对误差												
D	计算值												
	测量值												
	相对误差												

5. 注意事项

1) 所有需要测量的电压值，均以电压表测量的读数为准。对 U_1、U_2 也需进行测量，不应取电源本身的显示值。

2) 防止稳压电源两个输出端碰线短路。

3) 当用指针式电压表或电流表测量电压或电流时，如果仪表指针反偏，就必须调换仪表极性，重新测量。此时指针正偏，可读得电压或电流值。若用数显电压表或电流表测量，则可直接读出电压或电流值。但应注意的是，所读得的电压或电流值的正确正、负号，应根据设定的电流参考方向来判断。

6. 预习思考

以 F 点为参考电位点，实训测得各点的电位值。现令 E 点作为参考电位点，试问此时各点的电位值应有何变化?

7. 实训报告

1) 根据实训数据，绘制两个电位图形，并对照观察各对应两点间的电压情况。两个电位图的参考点不同，但各点的相对顺序应一致，以便对照。

2) 完成数据表格中的计算，对误差作必要的分析。

3) 给出电位相对性和电压绝对性的结论。

4) 心得体会及其他。

1.9.2 技能训练2 基尔霍夫定律的验证

1. 设计目的

1) 验证基尔霍夫定律的正确性。

2) 加深对基尔霍夫定律的理解。

2. 原理说明

基尔霍夫定律是电路的基本定律。测量某电路的各支路电流及每个元器件两端的电压，应能分别满足基尔霍夫电流定律（KCL）和电压定律（KVL），即对电路中的任何一个节点而言，应有 $\Sigma I = 0$；对任何一个闭合回路而言，应有 $\Sigma U = 0$。

在运用上述定律时，必须注意各支路或闭合回路中电流的正方向，此方向可预先任意设定。

3. 实训设备（见表1-4）

表1-4 实训设备

序 号	名 称	型号与规格	数 量
1	直流可调稳压电源	0～30V	二路
2	万用表		1
3	直流数字电压表	0～200V	1
4	电位、电压测定实训电路板	$R = 510\Omega$，$1k\Omega$，330Ω	

4. 实训内容

实训电路如图1-43所示。

1）实训前先任意设定 3 条支路和 3 个闭合电路的电流正方向。图 1-43 中的 I_1、I_2、I_3 的方向已被设定。3 个闭合电路的电流正方向可设为 ADEFA、BADCB 和 FBCEF。

2）分别将两路直流稳压源接入电路，令 $U_1 = 6V$，$U_2 = 12V$。

3）用电流表测量 3 条支路的 3 个电流值，读出并记入到表 1-5 中。

4）用直流数字电压表分别测量两路电源及电阻元件上的电压值，记录到表 1-5 中。

表 1-5　当 $U_1 = 6V$ 和 $U_2 = 12V$ 时的记录表

被测量	I_1/mA	I_2/mA	I_3/mA	U_1/V	U_2/V	U_{FA}/V	U_{AB}/V	U_{AD}/V	U_{CD}/V	U_{DE}/V
计算值										
测量值										
相对误差										

5. 注意事项

1）所有需要测量的电压值，均以电压表测量的读数为准。对 U_1、U_2 也需进行测量，不应取电源本身的显示值。

2）防止稳压电源两个输出端碰线短路。

3）当用指针式电压表或电流表测量电压或电流时，如果仪表指针反偏，就必须调换仪表极性，重新测量。此时指针正偏，可读得电压或电流值。若用数显电压表或电流表测量，则可直接读出电压或电流值。但应注意的是，所读得的电压或电流值的正确正、负号，应根据设定的电流参考方向来判断。

6. 预习思考

1）根据图 1-43 所示的电路参数，计算出待测的电流 I_1、I_2、I_3 和各电阻上的电压值，记入表中，以便在实训测量时，可正确地选定毫安表和电压表的量程。

2）在实训中，当用指针式万用表直流毫安档测各支路电流时，在什么情况下可能出现指针反偏？应如何处理？在记录数据时应注意什么事项？

7. 实训报告

1）根据实训数据，选定节点 A，验证 KCL 的正确性。

2）根据实训数据，选定实训电路中的任一个闭合回路，验证 KVL 的正确性。

3）误差原因分析。

4）心得体会及其他。

单元回顾

1. 电路的组成与作用

任何一个完整的电路都是由电源、负载和中间环节 3 部分按照一定方式连接而成的。其作用是能量的转换和传输以及信号的传递和处理。

2. 电路模型

电路模型是实际电路结构及功能的抽象化表示，是用理想化元器件的组合模拟实际电路。

3. 电路的工作状态

电路一般有 3 种工作状态，即有载状态、短路状态和开路状态。

4. 电路的基本变量

在电路中常用电压、电流、电位、功率等物理量。在分析电路时，只有首先标定电压、电流的参考方向，才能对电路进行计算，得出的电压和电流的正、负号才有意义。

5. 电阻与电源元器件

电阻是耗能元器件。描述电阻元器件电压与电流关系的表达式称为欧姆定律，即当元器件上的电压与电流为关联参考方向时，对电阻有 $u = Ri$；当电压与电流为非关联参考方向时，对电阻有 $u = -Ri$。

理想电压源的电压是常数 U_S 或是一定时间函数 $u_S(t)$，电流随外电路而变化。

理想电流源的电流是常数 I_S 或是一定时间函数 $i_S(t)$，电压随外电路而变化。

实际电源的电路模型有两种：实际的电压源模型、实际的电流源模型，分别为理想电压源和电阻串联组成、理想电流源和电阻并联组成。

受控电源的电压或电流不是独立的，而是受电路中的某个电压或电流控制的。

6. 串联电路

基尔霍夫电压定律（KVL）不仅适用于闭合回路，而且可以推广到任意非闭合回路，其表现形式为

$$\sum u = 0 \qquad \text{或} \qquad \sum iR = \sum u_S$$

串联电路的等效电阻等于各电阻之和，总电压按各个串联电阻的阻值进行分配。

$$R_{eq} = \sum_{i=1}^{n} R_i \qquad U_n = \frac{R_n}{R_{eq}} U$$

7. 并联电路

基尔霍夫电流定律（KCL）不仅可以应用于具体电路中的某一节点，而且可以推广应用于任一广义节点，其表现形式为

$$\sum i = 0 \qquad \text{或} \qquad \sum i_\text{入} = \sum i_\text{出}$$

并联电路等效电阻的倒数等于各电阻倒数之和，各支路电流反比于该支路的电阻。或并联电路的等效电导等于各电导之和，总电流按各个并联电导的值进行分配。

$$\frac{1}{R_{eq}} = \sum_{i=1}^{n} \frac{1}{R_i} \qquad \text{或} \qquad G_{eq} = \sum_{i=1}^{n} G_i \qquad I_n = \frac{R_{eq}}{R_n} I = \frac{G_n}{G_{eq}} I$$

8. 串并联电路

电路中既有电阻串联又有电阻并联，这样的电路称为电阻混联电路。一般情况下，可以通过已学到的串联和并联电路的分析方法对电阻混联电路进行分析。

9. 电子习惯电路

在电子电路中，为了简化电路图经常用标注电位的方法表示电压源，即电压源不画出来，而改用相应的电位极性和数值表示。

思考与练习

1. 填空题

1）一个完整的电路主要由_____、_____、_____组成。其作用是_____
_____。

2）由_____构成的电路称为实际电路的电路模型。

3）若 $U_{ab} = 12V$，则 U_{ba} = _____，说明 U_{ab} 与 U_{ba} 的关系为_____。

4）家庭中使用的电度表测量的是_____（选电能或电功率），单位是_____
（俗称为"度"）。

5）在电压和电流参考方向非关联时，直流电路功率的计算公式为_____。

6）电阻元器件是一种对电流表现_____作用的电路元器件，它的主要参数是电阻，用字母____表示，单位为_____。

7）如果电阻元器件 R 上的电流、电压的参考方向为非关联，那么 U = _____。

8）$2200M\Omega$ = _____ $k\Omega$ = _____ Ω。

9）一个实际的电压源模型是由_____和_____串联而成的。

10）一个实际的电流源模型是由_____和_____并联而成的。

2. 判断下列说法是否正确，用"√"、"×"表示判断结果，并填入括号内。

1）电路中所标的电压和电流方向一般都是参考方向。（   ）

2）电路中 A 点的电位，就是 A 点与参考点之间的电压。（   ）

3）电流和电压是没有方向的矢量。（   ）

4）电源永远都是向电路提供能量的。（   ）

5）功率和电能之间没有关系。（   ）

6）5 号电池可以看成是理想电压源。（   ）

3. 在图 1-44a 所示电路中，电流参考方向已被选定，已知 $I_2 = -4A$，试确定通过电阻 R 上的电流的实际方向；在图 1-44b 所示电路中，电压参考方向已被选定，已知 $U_2 = -6V$，试确定电阻 R 两端电压的实际方向。

图 1-44　题 3 图

4. 在图 1-45 所示的电路中，已知 $U = -50V$，求 U_{ab} 和 U_{ba} 的值。

5. 求图 1-46 所示电路的电压 U_{ab}。

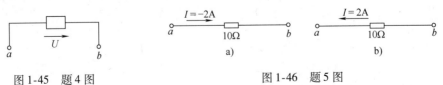

图 1-45　题 4 图

图 1-46　题 5 图

6. 在图 1-47 所示的电路中，若以 "o" 点位参考点时，则 $V_a = 21V$，$V_b = 15V$，$V_c = 5V$。现以 c 点为参考点，求 V_o、V_a、V_b，并计算两种情况下的 U_{ab}。

7. 电路如图 1-48 所示，用方框代表某一电路元器件，其电压、电流如图所示，求图中各元器件的功率，并说明该元器件实际上是吸收功率还是发出功率，并判断元器件的性质。

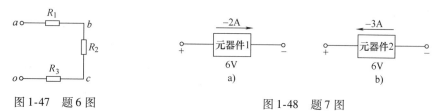

图 1-47 题 6 图　　　　　　　　　图 1-48 题 7 图

8. 电路如图 1-49 所示，（1）元器件 A 吸收功率 20W，试求 U_A；（2）元器件 B 发出功率 20W，试求 I_B。

9. 指出图 1-50 所示电路中的节点数、支路数、回路数、网孔数，并在图中标出各支路中电流的参考方向。

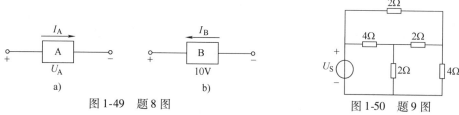

图 1-49 题 8 图　　　　　　　　　图 1-50 题 9 图

10. 在图 1-51 所示的电路中，试列出它的回路电压方程。

11. 求图 1-52 所示的电流 I_5。已知 $I_1 = 4A$，$I_2 = -2A$，$I_3 = 1A$，$I_4 = -3A$。

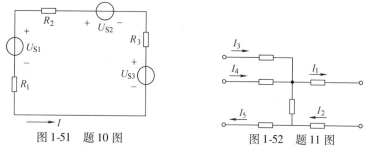

图 1-51 题 10 图　　　　　　　　　图 1-52 题 11 图

12. 电路如图 1-53 所示，试求电流 I_1、I_2、I_3。

13. 在图 1-54 所示电路中，$U_{S1} = 16V$，$U_{S2} = 4V$，$U_{S3} = 12V$，$R_2 = 2\Omega$，$R_3 = 7\Omega$，$I_{S4} = 2A$，应用基尔霍夫定律求电流 I_1、I_2、I_3。

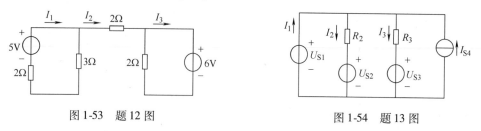

图 1-53 题 12 图　　　　　　　　　图 1-54 题 13 图

14. 已知电路如图 1-55 所示。试求 a、b 两点间的电压 U_{ab}。

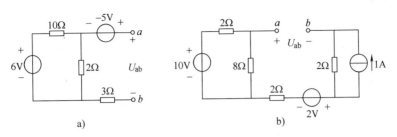

图 1-55　题 14 图

15. 一段有源支路 ab 如图 1-56 所示。已知 $U_{S1} = 5V$，$U_{S2} = 12V$，$U_{ab} = 8V$，$R_1 = 3\Omega$，$R_2 = 2\Omega$，设电流的参考方向如图所示，求电流 I。

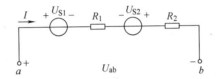

图 1-56　题 15 图

16. 用一个满偏电流 $I_g = 50\mu A$，内阻 $R_g = 2k\Omega$ 的表头，通过串联分压电阻制成 2.5V、10V、25V 三个量程的电压表，如图 1-57 所示。计算各串联电阻的阻值。

17. 电路如图 1-58 所示，要将一个满刻度偏转电流 $I_g = 50\mu A$，内阻 $R_g = 2k\Omega$ 的表头制成量程为 50mA 的直流电流表，试问并联分流电阻 R 应为多大？

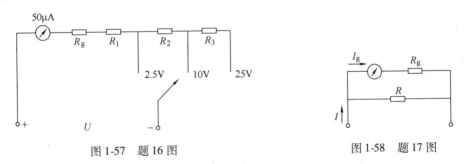

图 1-57　题 16 图　　　　　　　　图 1-58　题 17 图

18. 求图 1-59 所示电路的等效电阻 R_{ab}。

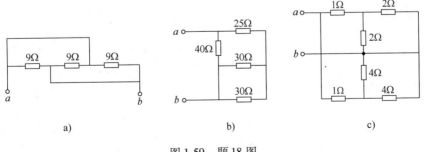

图 1-59　题 18 图

19. 将图 1-60 所示的电路画成电子习惯电路。

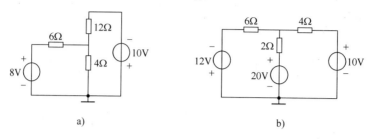

图 1-60　题 19 图

20. 将图 1-61 所示的电路画成一般性电路，并求电压 U_{ab}。

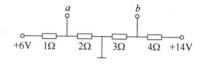

图 1-61　题 20 图

第 2 单元　复杂直流电路的分析

情景导入

在实际的电路中，电路的形式和结构多种多样，有直流的、交流的、有源的、无源的，有只含有一个电源的单回路电路，也有含有多个电源的多回路电路。对于复杂得多的回路电路，需采用系统性和普遍性的方法进行求解。所谓系统性是指求解方法的计算应具有规律性，以便于编程；所谓普遍性是指求解方法应对任一线性电路都适用。汽车电源电路就是一个含有两个电源的多回路电路，其模型如图 2-1 所示。

在分析计算复杂电路时，一般是先选择合适的电压或电流变量，在不改变电路结构的情况下，再利用基尔霍夫电压定律和电流定律以及元器件特性方程，列出电路变量的方程，从方程中解出电路变量。这类方法称为网络方程法。

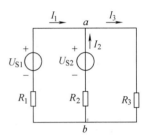

图 2-1　汽车电源电路模型

线性电阻电路的分析方法可以分为两大类：一类是改变电路结构的分析方法，要用到电路的各种等效变换；另一类是电路方程法，这类方法不改变电路结构。本单元主要介绍常用的电路分析方法，即两种实际电源模型的等效变换、支路电流法、节点电压法、网孔电流法、叠加定理和戴维南定理。

2.1　含独立电源网络的等效变换

学习任务

1) 掌握等效的概念。

2) 熟练掌握独立电源的串联与并联的特点。

3) 熟练掌握两种实际电源模型之间的等效变换（注意两者之间的等效变换条件），并能熟练应用电源的等效变换对电路进行化简。

2.1.1　等效的概念

等效在电路分析中是一个重要的基本概念，经常要用到。任何具有两个出线端的部分电路都称为二端网络。若二端网络中含有电源，则称为有源二端网络；若二端网络中不含电源，则称为无源二端网络。有源二端网络和无源二端网络示意图如图 2-2 所示。

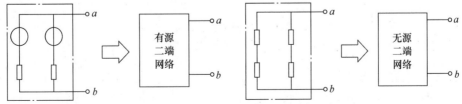

图 2-2　有源二端网络和无源二端网络示意图

二端网络的一对端钮也称为一个端口，因此二端网络又称为单口网络。一个二端网络的特性可由其端钮间电压 U 和端钮电流 I 之间的关系来表征，如图 2-3 所示。如果一个二端网络的端口电压、电流关系与另一个二端网络的端口电压、电流关系相同，则称其为等效二端网络或等效电路。对于两个等效的二端网络总可以用一个去替换另一个，这种替换称为等效变换。等效电路的内部结构虽然不同，但对外部而言，电路影响完全相同，因此，可以用一个简单的等效电路代替原来较复杂的网络，将电路简化。

此外，电路中还有三端网络、四端网络、$\cdots$、n 端网络。对于两个 n 端网络，如果对应各端钮的电压、电流关系相同，则它们是等效的。

二端网络的等效概念如图 2-4 所示。N_1 由两个电阻串联而成，N_2 只有一个电阻。显然 N_1 和 N_2 内部结构不同，如果 $R_{eq} = R_1 + R_2$，则二端网络 N_1 和 N_2 端口的伏安关系完全相同，故 N_1 和 N_2 互为等效二端网络。

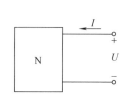

图 2-3　单口网络

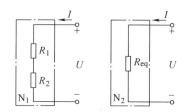

图 2-4　二端网络的等效概念

2.1.2　理想电源的串联和并联

1. 理想电压源的串联

设有 n 个理想电压源串联，电路如图 2-5a 所示。根据 KVL，此有源二端网络的端电压为

$$U = U_{S1} - U_{S2} + \cdots + U_{Sn} = \sum_{k=1}^{n} U_{Sk}$$

$$U_{Seq} = \sum_{k=1}^{n} U_{Sk} \tag{2-1}$$

即在电路中如果有多个理想电压源串联时，就可以等效成一个理想电压源，其电压值是各个电压源的代数和。此二端网络的端电流 I 由外电路决定，其等效电路如图 2-5b 所示。

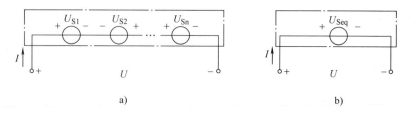

a)　　　　　　　　　　　　　　　　　　b)

图 2-5　理想电压源串联及其等效电路

a）理想电压源串联电路　b）理想电压源串联等效电路

2. 理想电流源的并联

当 n 个理想电流源并联时，如图 2-6a 所示，根据 KCL，此有源二端网络的端口电流为

$$I = I_{S1} - I_{S2} + I_{S3} + \cdots + I_{Sn} = \sum_{k=1}^{n} I_{Sk}$$

$$I_{Seq} = \sum_{k=1}^{n} I_{Sk} \qquad (2\text{-}2)$$

即在电路中如果有多个理想电流源并联时，就可以将其等效成一个理想电流源，其电流值是各个电流源的代数和。此二端网络的端电压 U 由外电路决定，其等效电路如图 2-6b 所示。

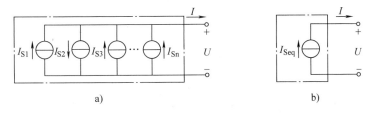

图 2-6　理想电流源并联及其等效电路

a）理想电流源并联电路　b）理想电流源并联等效电路

3. 理想电压源的并联

只有当理想电压源相同且极性一致时才允许并联，否则将违反 KVL。此时，等效的电压源为并联电压源中的一个。理想电压源并联及其等效电路如图 2-7 所示。

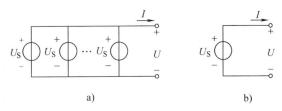

图 2-7　理想电压源并联及其等效电路

4. 理想电流源的串联

只有当理想电流源相同且流向一致时才允许串联，否则将违反 KCL。此时，等效的电流源为串联电流源中的一个。理想电流源串联及其等效电路如图 2-8 所示。

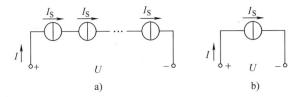

图 2-8　理想电流源串联及其等效电路

5. 理想电压源与二端网络的并联

由理想电压源特点可知，其端电压与流过它的电流无关。所以，理想电压源与任何二端网络（不包括不同值的理想电压源）并联，对外电路而言，都可以等效为该理想电压源。理想电压源与二端网络并联及其等效电路如图 2-9 所示，┈框内部电路对外电路而言是等效的；对于图 2-9a 中的网络 N，可以是任意的二端元器件（例如电阻 R 或电流源 i_s 等），也可以是一个简单或复杂的二端网络。

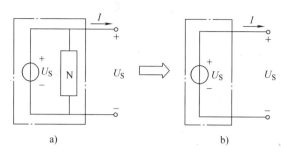

图 2-9　理想电压源与二端网络并联及其等效电路

6. 理想电流源与二端网络的串联

由理想电流源特点可知，其输出电流与它两端的电压无关。所以，理想电流源与任何二端网络（不包括不同值的理想电流源）串联，对外电路而言，这部分电路可以等效为该理想电流源。理想电流源与二端网络串联及其等效电路如图 2-10 所示，虚线框内部电路对外电路而言是等效的。同理想电压源一样，图 2-10a 中网络 N 可以是任意的二端元器件，也可以是一个二端网络。

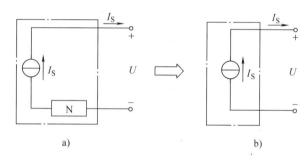

图 2-10　理想电流源与二端网络串联及其等效电路

【例 2-1】　求图 2-11 所示电路的最简等效电路。

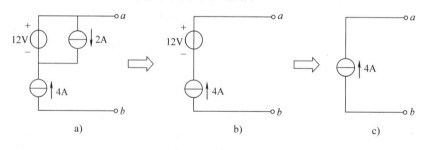

图 2-11　例 2-1 图

解： 在图 2-11a 中，12V 电压源与 2A 电流源并联，可等效为 12V 电压源，如图 2-11b 所示。在图 2-11b 中，12V 电压源与 4A 电流源串联，可等效为 4A 电流源，如图 2-11c 所示。

2.1.3　两种实际电源模型的等效变换

在第 1 章中介绍了实际电压源和实际电流源模型。理论上它们之间可以进行等效变换，这种变换也为电路分析带来了方便。

这里所说的等效是指两种电源模型的外特性相同，即两个电路的端口电压和电流关系相同。实际电源模型之间的等效变换有两种，一种是实际电压源等效变换为实际电流源；另一种是实际电流源等效变换为实际电压源。无论哪种变换，都是为了满足两者外特性相同。由图 2-12 所示的两种实际电源模型的等效变换，可得实际电压源与实际电流源的端口电压电流关系为

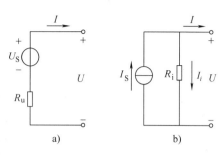

图 2-12　两种实际电源模型的等效变换

$$U = U_S - R_u I$$
$$U = R_i I_S - R_i I$$

不难看出，当 $R_u = R_i$，$U_S = R_i I_S$ 时，可认为它们是互为等效电路。当两种实际电源模型进行等效变换时，存在如下等效变换关系：电源内阻不变，有 $R_u = R_i$；当把图 2-12a 等效变换成图 2-12b 时，电流源 I_S 的大小等于如图 2-12a 所示电路端口的短路电流 $I_S = U_S/R_u$，I_S 的方向指向 U_S 正极；当把图 2-12b 变换为图 2-12a 时，电压 U_S 的大小是如图 2-12b 所示电路端口的开路电压 $U_S = R_i I_S$，电压 U_S 极性与开路电压一致。

实际电源在等效变换时应注意以下几点。

1）实际电源的相互转换，只是对电源的外电路而言，它们吸收或供出的功率总是一样的，但对电源内部则是不等效的。如电流源，当外电路开路时，内阻上仍有功率损耗；当电压源开路时，内阻上并不损耗功率。

2）变换时要注意两种电路模型的极性必须一致，即电流源流出电流的一端与电压源的正极性端相对应。

3）在实际电源的相互转换中，不仅只限于内阻，而且可扩展至任一电阻。凡是理想电压源与电阻 R 串联的有源支路，都可以变换成理想电流源与电阻 R 并联的有源支路，反之亦然。

4）理想电压源与理想电流源不能相互等效变换。理想电压源的电压是恒定不变的，电流取决于外电路负载；理想电流源的电流是恒定的，电压取决于外电路负载，故两者不能等效。

在某些电路的分析计算中，利用实际电源的相互转换可使计算大为简化。

【例 2-2】　求图 2-13a 所示电路的等效电流源模型。求图 2-13b 所示电路的等效电压源模型。

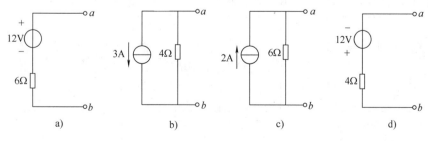

图 2-13　例 2-2 图

解：根据实际电源模型等效变换的条件，可以求出等效电流源参数为

$$I_S = \frac{U_S}{R_u} = \frac{12}{6}A = 2A$$

$$R_u = R_i = 6\Omega$$

其等效电路如图 2-13c 所示。

同理，根据实际电源模型等效变换的条件，可以求出等效电压源参数为

$$U_S = I_S R_i = 3 \times 4V = 12V$$

$$R_u = R_i = 4\Omega$$

其等效电路如图 2-13d 所示。

【例 2-3】　电路如图 2-14 所示。求其最简等效电路。

解：首先，将 32V 实际电压源转换为 8A 实际电流源，如图 2-15a 所示。

第 2 步，合并图 2-15a 中的两个电流源，将两个电阻并联合并成一个电阻，电路简化为如图 2-15b 所示。

第 3 步，将图 2-15b 中的 10A 的实际电流源转换为实际电压源，如图 2-15c 所示。

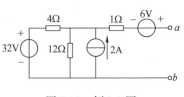

图 2-14　例 2-3 图

最后，将图 2-15c 中的两个电压源合并成一个电压源，将两个电阻合并成一个电阻，电路简化为图 2-15d 所示的实际电压源。

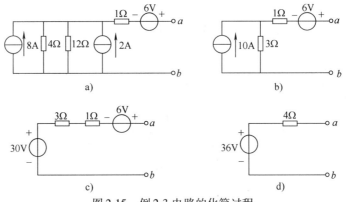

图 2-15　例 2-3 电路的化简过程

【例 2-4】　电路如图 2-16a 所示。已知 $R_1 = 1\Omega$，$R_2 = 2\Omega$，$R_3 = 10\Omega$，$U_{S1} = 18V$，$U_{S2} = 28V$，应用两种实际电源模型的等效变换，求电阻 R_3 所在支路的电流 I。

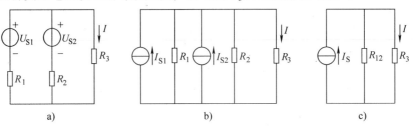

图 2-16　例 2-4 图

解：因电压源与某电阻串联的支路可以变换成电流源与电阻并联的支路，所以先将图 2-16a 所示的电路等效变换成图 2-16b 所示的电路，其中

$$\begin{cases} I_{S1} = \dfrac{U_{S1}}{R_1} = \dfrac{18}{1}A = 18A \\ I_{S2} = \dfrac{U_{S2}}{R_2} = \dfrac{28}{2}A = 14A \end{cases}$$

再将两个电流源合并成一个电流源，电路如图 2-16c 所示，其中

$$I_S = I_{S1} + I_{S2} = (18 + 14)A = 32A$$

并联电阻 R_1、R_2 的等效电阻为

$$R_{12} = \frac{R_1 R_2}{R_1 + R_2} = \frac{1 \times 2}{1 + 2}\Omega = \frac{2}{3}\Omega$$

最后，应用分流公式可求出 R_3 支路电流为

$$I = \frac{R_{12}}{R_{12} + R_3} \times I_S = \frac{\dfrac{2}{3}}{\dfrac{2}{3} + 10} \times 32A = 2A$$

需要注意的是，当利用等效变换求解电路时，待求支路不能参与等效变换，必须始终保留在电路中。

2.2 支路电流法

学习任务

1）理解什么是独立节点和独立回路。

2）熟练掌握支路电流法进行电路分析的步骤。

支路电流法是以支路电流作为未知变量，利用基尔霍夫定律列写方程组，而后联立求解未知的电路电流的方法。

支路电流法求解电路的方法如下所述。

1）首先确定电路中的支路数，假设为 p 条，然后设每个支路电流为未知量，并在相应的支路处标出各个电流的参考方向。

2）然后标出电路中的节点，根据 KCL 列写方程。

注：若在电路中有 n 个节点，根据 KCL 只能列出 $(n-1)$ 个独立的节点方程。

3）确定电路中的所有网孔，设定各网孔的绕行方向，并根据 KVL 列写回路方程。

4）将上述 2）和 3）步中列出的方程组成一个方程组，求解出支路电流。

以图 2-17 所示的电路为例来说明支路电流法的分析步骤。

在该电路中支路数 $p = 3$，节点数 $n = 2$，以支路电流 I_1、I_2、I_3 为变量，设定各支路电流的参考方向如图 2-17 所示，共要列出 3 个独立方程。

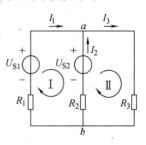

图 2-17 支路电流法举例

首先，根据支路电流的参考方向，流出节点的电流前取"-"号，流入节点的电流前取"+"号，列出 $(n-1)$ 个独立的节点方程。由于该电路中节点数 $n=2$，所以只需列写一个节点方程即可。对于节点 a 列写 KCL 方程

$$I_1 + I_2 - I_3 = 0$$

或以 b 为参考节点，列写 KCL 方程

$$I_3 - I_2 - I_1 = 0$$

其次，选择回路，应用 KVL 列出其余所需的独立方程。通常，可取网孔来列 KVL 方程。在如图 2-17 所示的电路中有两个网孔，按顺时针方向绕行，对网孔回路 I 列写 KVL 方程

$$R_1 I_1 - U_{S1} + U_{S2} - R_2 I_2 = 0$$

按顺时针方向绕行，对网孔回路 II 列写 KVL 方程

$$R_2 I_2 - U_{S2} + R_3 I_3 = 0$$

网孔的数目恰好等于 $p-(n-1)=3-(2-1)=2$。因为每个网孔都包含一条互不相同的支路，所以每个网孔都是一个独立回路，可以列出一个独立的 KVL 方程。

应用 KCL 和 KVL，一共可列出 $(n-1)+[p-(n-1)]=p$ 个独立方程，它们都是以支路电流为变量的方程，因而可以解出 p 个支路电流。

【例 2-5】 在图 2-18 所示的电路中，假设已知 $U_{S1}=36V$，$U_{S2}=24V$，$R_1=8\Omega$，$R_2=4\Omega$，$R_3=8\Omega$，$R_4=4\Omega$，试求各支路电流 I_1、I_2、I_3。

解： 以支路电流为变量，电流参考方向与网孔回路绕行方向如图 2-18 所示，以 a 为节点列写出 KCL 方程为

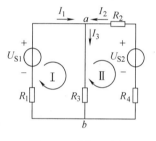

图 2-18 例 2-5 图

$$I_1 + I_2 - I_3 = 0$$

对网孔回路 I 和 II 可列出 KVL 方程为

$$I_1 R_1 + I_3 R_3 - U_{S1} = 0$$

$$-I_2 R_2 + U_{S2} - I_2 R_4 - I_3 R_3 = 0$$

联立方程组为

$$\begin{cases} I_1 + I_2 - I_3 = 0 \\ I_1 R_1 + I_3 R_3 - U_{S1} = 0 \\ -I_2 R_2 + U_{S2} - I_2 R_4 - I_3 R_3 = 0 \end{cases}$$

代入数据，得

$$\begin{cases} I_1 + I_2 - I_3 = 0 \\ 8I_1 + 8I_3 - 36 = 0 \\ -4I_2 + 24 - 4I_2 - 8I_3 = 0 \end{cases}$$

整理为

$$\begin{cases} I_1 + I_2 - I_3 = 0 \\ 8I_1 + 8I_3 = 36 \\ -8I_2 - 8I_3 = -24 \end{cases}$$

解之，得
$$I_1 = 2A，I_2 = 0.5A，I_3 = 2.5A$$

【例2-6】　试用支路电流法求图 2-19 所示电路的支路
电流。

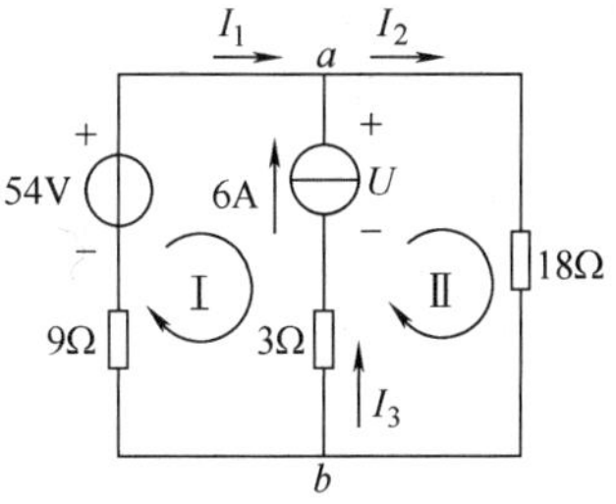

解：此电路的特点是电路中除了有 54V 的独立电压源外，
还有一个 6A 独立电流源。因此，为了用支路电流法求解，就
必须先给 6A 电流源两端设定一个未知的电压 U，参考方向如
图 2-19 所示。该电路有 1 个独立的节点，两个网孔回路。

设定各支路电流和网孔回路绕行方向如图 2-19 所示，选
节点 a 列写 KCL 方程为
$$I_1 + I_3 - I_2 = 0$$

对网孔回路 Ⅰ 和 Ⅱ 可列出 KVL 方程为
$$9I_1 - 54 + U - 3I_3 = 0$$
$$18I_2 + 3I_3 - U = 0$$

又有
$$I_S = I_3 = 6A$$

联立方程组为
$$\begin{cases} I_1 + I_3 - I_2 = 0 \\ 9I_1 - 54 + U - 3I_3 = 0 \\ 18I_2 + 3I_3 - U = 0 \\ I_S = I_3 = 6A \end{cases}$$

解之，得
$$I_1 = -2A，I_2 = 4A，I_3 = 6A，U = 90V$$

图 2-19　例 2-6 图

2.3　节点电压法

学习任务

1）理解节点电压的概念。

2）熟练掌握节点电压法和弥尔曼定理。

在分析计算复杂电路时，经常会遇到一些节点数较少而支路数较多的电路，在这种情况
下用支路电流法就显得很烦琐，而利用节点电压法会十分方便。

节点电压法是以节点电压作为未知变量、对各独立节点列写 KCL 约束方程、而对电路
进行分析的方法。

2.3.1　节点电压方程的一般形式

在电路中任选某一节点作为参考节点，用符号"⊥"表示，把其他节点与此参考节点
之间的电压称为节点电压。节点电压的参考极性一般规定是，参考节点为负，其余独立节点
为正。

节点电压法是在电路的 n 个节点中，选定一个作为参考节点，再以其余各节点电压作为

未知量,应用 KCL 列出（$n-1$）个节点电流方程,联立求解得出各节点电压,借此再计算各支路电流的解题方法。

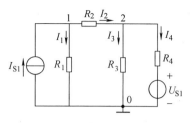

图 2-20　节点电压法举例

以图 2-20 所示的电路为例。电路中有 3 个节点,分别为 0、1、2。设节点 0 为参考节点,节点 1 和节点 2 到参考节点的电压分别为 U_1 和 U_2。根据 KCL,可以列两个独立的电流方程

$$\begin{cases} I_1 + I_2 = I_{S1} \\ I_2 - I_3 - I_4 = 0 \end{cases} \qquad (2\text{-}3)$$

将式（2-3）中各支路电流用节点电压表示为

$$I_1 = \frac{U_1}{R_1}, \quad I_2 = \frac{U_1 - U_2}{R_2}, \quad I_3 = \frac{U_2}{R_3}, \quad I_4 = \frac{U_2 - U_{S1}}{R_4}$$

代入式（2-3）,整理得

$$\begin{cases} \left(\dfrac{1}{R_1} + \dfrac{1}{R_2} \right) U_1 - \dfrac{1}{R_2} U_2 = I_{S1} \\ - \dfrac{1}{R_2} U_1 + \left(\dfrac{1}{R_2} + \dfrac{1}{R_3} + \dfrac{1}{R_4} \right) U_2 = \dfrac{U_{S1}}{R_4} \end{cases} \qquad (2\text{-}4)$$

式（2-4）也可写成

$$\begin{cases} (G_1 + G_2) U_1 - G_2 U_2 = I_{S1} \\ - G_2 U_1 + (G_2 + G_3 + G_4) U_2 = G_4 U_{S1} \end{cases} \qquad (2\text{-}5)$$

为了找出系统化列写节点方程的方法,可将式（2-5）改写为一般形式

$$\begin{cases} G_{11} U_1 + G_{12} U_2 = I_{S11} \\ G_{21} U_1 + G_{22} U_2 = I_{S22} \end{cases} \qquad (2\text{-}6)$$

式（2-6）是当电路具有 3 个节点时电路节点方程的一般形式。式（2-6）中左边的 $G_{11} = (G_1 + G_2)$、$G_{22} = (G_2 + G_3 + G_4)$ 分别是节点 1、节点 2 相连接的各支路电导之和,称为各节点的自电导,自电导总是正的。

$G_{12} = G_{21} = - G_2$ 是连接在节点 1 与节点 2 之间的各公共支路的电导之和的负值,称为两相邻节点的互电导,互电导总是负的。式（2-6）中右边的 $I_{S11} = I_{S1}$、$I_{S22} = U_{S1}/R_4$ 分别是流入节点 1 和节点 2 的各电流源电流的代数和,称为节点电源电流。流入节点的取正号,流出节点取负号。

由上举例,可归纳出列写节点方程有如下格式,即

自电导×本节点的节点电压 + Σ 互电导×相邻节点的节点电压

= 与本节点相连所有电流源电流的代数和

可以得式（2-6）推广到多个节点的电路中。设电路中有 n 个节点,则有 $n-1$ 个节点电压,其方程组形式为

$$\begin{cases} G_{11} U_1 + G_{12} U_2 + \cdots + G_{1(n-1)} U_{(n-1)} = I_{S11} \\ G_{21} U_1 + G_{22} U_2 + \cdots + G_{2(n-1)} U_{(n-1)} = I_{S22} \\ G_{(n-1)1} U_1 + G_{(n-1)2} U_2 + \cdots + G_{(n-1)(n-1)} U_{(n-1)} = I_{S(n-1)(n-1)} \end{cases} \qquad (2\text{-}7)$$

2.3.2 节点电压法的分析步骤

由上面的分析可以得出,应用节点电压法分析计算电路的解题步骤如下所述。

1) 确定参考节点,并设定各独立节点电压的参考极性。为避免麻烦,一般在选取节点电压参考方向时均设参考节点为负极性,其他各节点为正极性。在此情况下列写节点电压方程时,自电导总取正,互电导总取负。

2) 确定各节点的自导和互导,列出节点电压方程。

3) 解方程求各节点电压。

4) 设定各支路电流的参考方向,根据所求得的独立节点电压及 KVL 和 VCR 关系,即可求出各支路电压和支路电流。

当电路中含有电压源和电阻串联组合的支路时,先把电压源和电阻串联组合变换成电流源和电阻的并联组合,然后再依据式(2-7)列方程。

当电路中含有电压源支路时,可以采用以下措施。

1) 尽可能取电压源支路的负极性端作为参考点。这时该支路的另一端电压成为已知量,等于该电压源电压,因而不必再对这个节点列写节点方程。

2) 设流过电压源的电流作为变量列入节点方程,再用辅助方程将该电压源的电压用节点电压表示。

【例2-7】　电路如图 2-20 所示。已知 $R_1 = 3\Omega$,$R_2 = 6\Omega$,$R_3 = 9\Omega$,$R_4 = 18\Omega$,$I_{S1} = 4A$,$U_{S1} = 81V$,试用节点电压法求各支路电流。

解:根据图中的节点电压 U_1 和 U_2,可列出节点电压方程组为

$$\begin{cases} \left(\dfrac{1}{R_1} + \dfrac{1}{R_2}\right)U_1 - \dfrac{1}{R_2}U_2 = I_{S1} \\[2mm] -\dfrac{1}{R_2}U_1 + \left(\dfrac{1}{R_2} + \dfrac{1}{R_3} + \dfrac{1}{R_4}\right)U_2 = \dfrac{U_{S1}}{R_4} \end{cases}$$

代入数据,得

$$\begin{cases} \left(\dfrac{1}{3} + \dfrac{1}{6}\right)U_1 - \dfrac{1}{6}U_2 = 4 \\[2mm] -\dfrac{1}{6}U_1 + \left(\dfrac{1}{6} + \dfrac{1}{9} + \dfrac{1}{18}\right)U_2 = \dfrac{81}{18} \end{cases}$$

解之,得

$$U_1 = 15V, \quad U_2 = 21V$$

设定各支路电流的参考方向,如图 2-20 所示,根据支路电流与节点电压的关系,求得各支路电流分别为

$$\begin{cases} I_1 = \dfrac{U_1}{R_1} = \dfrac{15}{3}A = 5A \\[2mm] I_2 = \dfrac{U_1 - U_2}{R_2} = \left(\dfrac{15 - 21}{6}\right)A = -1A \\[2mm] I_3 = \dfrac{U_2}{R_3} = \dfrac{21}{9}A = \dfrac{7}{3}A = 2.33A \\[2mm] I_4 = \dfrac{U_2 - U_{S1}}{R_4} = \left(\dfrac{21 - 81}{18}\right)A = -\dfrac{10}{3}A = -3.33A \end{cases}$$

【例2-8】 电路如图2-21所示。已知 $R_1 = R_2 = R_3 = R_4 = 1\Omega$，$I_{S1} = 1A$，$U_{S1} = U_{S2} = 2V$，列出电路的节点方程，并求解。

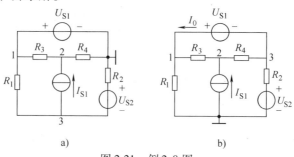

图2-21 例2-8图

解： 该电路的特点是在其中的两个节点之间有一个2V的理想电压源，无法将它等效变换为电流源。对此种电路，若选电压源的一端（例如负端）作为参考节点，如图2-21a所示，则电压源另一端的节点电压即为已知，即

$$U_1 = 2V$$

这样，该电路只有两个未知的节点电压，对应的节点方程为

节点2 $$\left(\frac{1}{R_3} + \frac{1}{R_4}\right)U_2 - \frac{1}{R_3}U_1 = I_{S1}$$

节点3 $$\left(\frac{1}{R_1} + \frac{1}{R_2}\right)U_3 - \frac{1}{R_1}U_1 = -I_{S1} - \frac{U_{S2}}{R_2}$$

代入数据，得

$$\begin{cases} 2U_2 - 2 = 1 \\ 2U_3 - 2 = -3 \end{cases}$$

解之，得

$$U_1 = 2V, \quad U_2 = 1.5V, \quad U_3 = -0.5V$$

但若选参考节点如图2-21b所示，则由于3个独立节点电压均未知，所以必须对3个独立节点均列出方程，且应设定流过电压源 U_{S1} 中的电流大小为 I_0，参考方向如图2-21b所示，于是可列写出方程为

节点1 $$\left(\frac{1}{R_1} + \frac{1}{R_3}\right)U_1 - \frac{1}{R_3}U_2 = I_0$$

节点2 $$\left(\frac{1}{R_4} + \frac{1}{R_3}\right)U_2 - \frac{1}{R_3}U_1 - \frac{1}{R_4}U_3 = I_{S1}$$

节点3 $$\left(\frac{1}{R_2} + \frac{1}{R_4}\right)U_3 - \frac{1}{R_4}U_2 = \frac{U_{S2}}{R_2} - I_0$$

又有 $$U_1 - U_3 = 2V$$

代入数据，得

$$\begin{cases} 2U_1 - U_2 = I_0 \\ 2U_2 - U_1 - U_3 = 1 \\ 2U_3 - U_2 = 2 - I_0 \\ U_1 - U_3 = 2 \end{cases}$$

解之，得
$$U_1 = 2.5\text{V}, \quad U_2 = 2\text{V}, \quad U_3 = 0.5\text{V}, \quad I_0 = 3\text{A}$$

2.3.3 弥尔曼定理

对于图 2-22 所示只有一个独立节点的电路，可用节点电压法直接求出独立节点的电压。

因在图 2-22 所示电路中只有 1 个独立节点，所以可列出 1 个独立的节点电压方程为

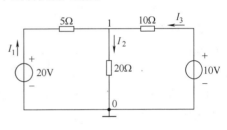

$$U_1 = \frac{\dfrac{U_{S1}}{R_1} - \dfrac{U_{S2}}{R_2} + \dfrac{U_{S3}}{R_3}}{\dfrac{1}{R_1} + \dfrac{1}{R_2} + \dfrac{1}{R_3} + \dfrac{1}{R_4}} = \frac{G_1 U_{S1} - G_2 U_{S2} + G_3 U_{S3}}{G_1 + G_2 + G_3 + G_4}$$

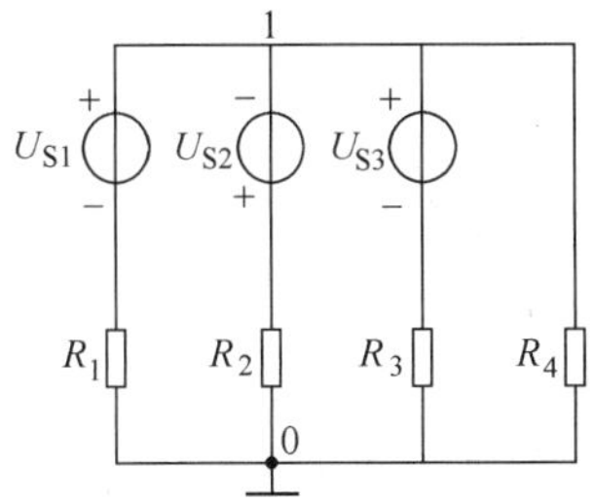

写成一般形式为

$$U_1 = \frac{\sum G_k U_{Sk}}{\sum G_k} \tag{2-8}$$

图 2-22　弥尔曼定理举例

【例 2-9】　应用弥尔曼定理求图 2-23 所示电路中的各支路电流。

解： 本电路只有一个独立节点，设其电压为 U_1，由式（2-8）得

$$U_1 = \left(\frac{\dfrac{20}{5} + \dfrac{10}{10}}{\dfrac{1}{5} + \dfrac{1}{20} + \dfrac{1}{10}} \right) \text{V} = 14.3\text{V}$$

设各支路电流 I_1、I_2、I_3 的参考方向如图 2-23 所示，求得各支路电流分别为

图 2-23　例 2-9 图

$$\begin{cases} I_1 = \dfrac{20 - U_1}{5} = \left(\dfrac{20 - 14.3}{5} \right) \text{A} = 1.14\text{A} \\[2mm] I_2 = \dfrac{U_1}{20} = \left(\dfrac{14.3}{20} \right) \text{A} = 0.72\text{A} \\[2mm] I_3 = \dfrac{10 - U_1}{10} = \left(\dfrac{10 - 14.3}{10} \right) \text{A} = -0.43\text{A} \end{cases}$$

2.4　网孔电流法

学习任务

1）理解网孔电流的概念。

2）熟练掌握网孔电流法。

在支路电流法中，对于具有 p 条支路和 n 个节点的电路，要列 $(n-1)$ 个节点电流方程和 $(p-(n-1))$ 个网孔电压方程，方程较多，求解比较麻烦。为了减少方程数目，可采用网孔电流对电路的未知量列写方程，但该方法只适用于平面电路。

在电路中，以假想的网孔电流为电路变量，通过 KVL 列出用网孔电流表示支路电压的独立回路电压方程，解方程组求出网孔电流，再利用网孔电流求各支路电流及电压的分析方

法，称为网孔电流法（或回路分析法）。

2.4.1 网孔电流方程的一般形式

在图 2-24 所示电路中，共有三条支路，两个网孔。设想在每个网孔中，都有一个电流沿网孔边界环流，其参考方向如图 2-24 所示，这样一个在网孔内环行的假想电流叫做网孔电流，它们的参考方向是任意设定的。

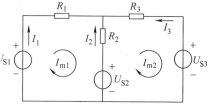

图 2-24　网孔电流法举例

从图中可以看出，各网孔电流与各支路电流之间的关系为

$$\begin{cases} I_1 = I_{m1} \\ I_2 = -I_{m1} + I_{m2} \\ I_3 = -I_{m2} \end{cases}$$

即所有支路电流都可以用网孔电流线性表示。

由于每一个网孔电流当流经电路的某一节点时，在流入该节点之后，又同时从该节点流出，所以各网孔电流都能自动满足 KCL，就不必对各独立节点另列 KCL 方程，省去了 $n-1$ 个方程。这样，只要列出 KVL 方程即可，使方程数目减少为 $p-(n-1)$ 个。电路的变量，即网孔电流也是 $p-(n-1)$ 个。

注意：用网孔电流表示各电阻上的电压降时，有些电阻中会有几个网孔电流同时流过，在列写方程时应该把各网孔电流引起的电压降都计算进去。通常，选取网孔的绕行方向与网孔电流的参考方向一致。对于图 2-24 所示的电路，以网孔电流为变量，应用 KVL 列出方程组为

$$\begin{cases} R_1 I_{m1} + R_2 I_{m1} - R_2 I_{m2} = U_{S1} - U_{S2} \\ R_2 I_{m2} - R_2 I_{m1} + R_3 I_{m2} = U_{S2} - U_{S3} \end{cases}$$

整理得

$$\begin{cases} (R_1 + R_2) I_{m1} - R_2 I_{m2} = U_{S1} - U_{S2} \\ -R_2 I_{m1} + (R_2 + R_3) I_{m2} = U_{S2} - U_{S3} \end{cases} \tag{2-9}$$

这就是以网孔电流为未知量时列写的 KVL 方程，称为网孔方程。

还可以将方程组式（2-9）进一步写成

$$\begin{cases} R_{11} I_{m1} + R_{12} I_{m2} = U_{S11} \\ R_{21} I_{m1} + R_{22} I_{m2} = U_{S22} \end{cases} \tag{2-10}$$

这就是当电路具有两个网孔时网孔方程的一般形式。

其中，$R_{11} = R_1 + R_2$，$R_{22} = R_2 + R_3$ 分别是网孔 1 与网孔 2 的电阻之和，称为各网孔的自电阻。因为选取自电阻的电压与电流为关联参考方向，所以自电阻都取正号。

$R_{12} = R_{21} = -R_2$ 是网孔 1 与网孔 2 公共支路的电阻，称为相邻网孔的互电阻。互电阻可以是正号，也可以是负号。当流过互电阻的两个相邻网孔电流的参考方向一致时，互电阻取正号；反之，取负号。在本例中，由于各网孔电流的参考方向都选取为顺时针方向，即流过各互电阻的两个相邻网孔电流的参考方向都相反，因而它们都被取负号。

$U_{S11} = U_{S1} - U_{S2}$，$U_{S22} = U_{S2} - U_{S3}$ 分别是各网孔中电压源电压的代数和，称为网孔电源电

压。凡参考方向与网孔绕行方向一致的电源电压取负号；反之，取正号。这是因为将电源电压移到等式右边要变号的缘故。

由上举例，可归纳出列写网孔电流方程所具有的如下格式，即

自电阻 × 本网孔的网孔电流 + $\sum$ 互电阻 × 相邻网孔的网孔电流

= 本网孔中所有电压源电压的代数和

也可以将方程组式（2-10）推广到具有 m 个网孔的平面电路，其网孔方程的规范形式为

$$\begin{cases} R_{11}I_{m1} + R_{12}I_{m2} + \cdots + R_{1m}I_{mm} = U_{S11} \\ R_{21}I_{m1} + R_{22}I_{m2} + \cdots + R_{2m}I_{mm} = U_{S22} \\ \vdots \\ R_{m1}I_{m1} + R_{m2}I_{m2} + \cdots + R_{mm}I_{mm} = U_{Smm} \end{cases} \quad (2\text{-}11)$$

2.4.2　网孔电流法的分析步骤

由上面的分析可以得出，应用网孔电流法来分析计算电路的解题步骤如下所述。

1）选定一组独立网孔，并指定各网孔电流的绕行方向。为避免互电阻电压项正、负取值的复杂性，一般设网孔电流都顺时针或都逆时针绕行。在这种情况下，流经互电阻的两个网孔电流为反方向，互电阻电压项都取负号。

2）确定各网孔的自电阻和互电阻，列出网孔电流方程组。

3）解方程求出网孔电流。

4）由网孔电流求出各支路电流。

5）利用已知的网孔电流，根据各支路电流及各支路的 VCR 关系，求出其他所需的电量。

如果电路中有电流源与电阻的并联组合，就先把它们等效变换成电压源与电阻的串联组合，再列写网孔方程；如果电路中有电流源，且没有与其并联的电阻，那么就可根据电路的结构形式采用下面两种方法之一进行处理。

1）当电流源支路仅属一个网孔时，选择该网孔电流等于电流源的电流，这样可减少一个网孔方程，其余网孔方程仍按一般方法列写。

2）若理想电流源出现在公用支路上，则在建立网孔方程时，可将电流源的电压作为一个未知量。每引入这样一个未知量，同时应增加一个网孔电流与该电流源电流之间的约束关系，从而列出一个补充方程。这样一来，独立方程数与未知量仍然相等，可解出各未知量。

【例 2-10】　应用网孔电流法求图 2-25a 所示电路中各支路的电流。已知 $R_1 = 20\Omega$，$R_2 = 2\Omega$，$R_3 = 4\Omega$，$R_4 = 6\Omega$，$I_{S1} = 2A$，$U_{S1} = 26V$，求各支路电流。

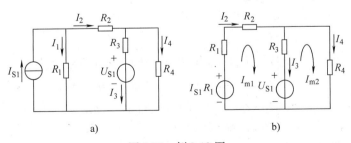

a)　　　　　　　　　　b)

图 2-25　例 2-10 图

解： 先将图 2-25a 所示电路中的电流源与电阻的并联组合等效变换成电压源与电阻的串联组合，如图 2-25b 所示。在图 2-25b 中，假设网孔电流为 I_{m1} 和 I_{m2}，绕行方向如图 2-25b 所示，其网孔电流方程组为

$$\begin{cases} (R_1 + R_2 + R_3)I_{m1} - R_3 I_{m2} = R_1 I_{S1} - U_{S1} \\ -R_3 I_{m1} + (R_3 + R_4)I_{m2} = U_{S1} \end{cases}$$

代入数据，得

$$\begin{cases} (20 + 2 + 4)I_{m1} - 4I_{m2} = 20 \times 2 - 26 \\ -4I_{m1} + (4 + 6)I_{m2} = 26 \end{cases}$$

解之，得

$$\begin{cases} I_{m1} = 1\text{A} \\ I_{m2} = 3\text{A} \end{cases}$$

在图 2-25a 所示的电路中，有

$$\begin{cases} I_1 = I_{S1} - I_2 = (2 - 1)\text{A} = 1\text{A} \\ I_2 = I_{m1} = 1\text{A} \\ I_3 = I_{m1} - I_{m2} = (1 - 3)\text{A} = -2\text{A} \\ I_4 = I_{m2} = 3\text{A} \end{cases}$$

【例 2-11】 电路如图 2-26 所示。已知 $R_1 = R_2 = R_3 = R_4 = R_5 = 2\Omega$，$I_{S1} = 2\text{A}$，$U_{S1} = 4\text{V}$，求各支路电流。

解： 理想电流源支路是网孔 3 独享支路，在图示网孔电流参考方向下，网孔电流 I_{m3} 等于已知电流源电流 I_{S1}。电路只有两个未知网孔电流，故只需列两个网孔电流方程。

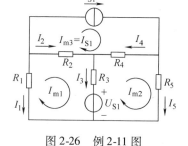

图 2-26　例 2-11 图

网孔 3　　　　　$I_{m3} = I_{S1}$

网孔 1　　$(R_1 + R_2 + R_3)I_{m1} - R_2 I_{S1} - R_3 I_{m2} = -U_{S1}$

网孔 2　　$(R_3 + R_4 + R_5)I_{m2} - R_3 I_{m1} - R_4 I_{S1} = U_{S1}$

代入数据，得

$$\begin{cases} I_{m3} = I_{S1} = 2\text{A} \\ 6I_{m1} - 4 - 2I_{m2} = -4 \\ 6I_{m2} - 2I_{m1} - 4 = 4 \end{cases}$$

通过联立求解可求出未知网孔电流

$$I_{m1} = 0.5\text{A}, \quad I_{m2} = 1.5\text{A}, \quad I_{m3} = 2\text{A}$$

根据网孔电流与各支路电流的关系，可得各支路电流

$$\begin{cases} I_1 = -I_{m1} = -0.5\text{A} \\ I_2 = I_{m1} - I_{m3} = (0.5 - 2)\text{A} = -1.5\text{A} \\ I_3 = I_{m1} - I_{m2} = (0.5 - 1.5)\text{A} = -1\text{A} \\ I_4 = I_{m3} - I_{m2} = (2 - 1.5)\text{A} = 0.5\text{A} \\ I_5 = I_{m2} = 1.5\text{A} \end{cases}$$

【例 2-12】 电路如图 2-27 所示。试列写出所需的网孔电流方程。

解：题中的理想电流源出现在公共支路上，它既不能转换为电压源，又不能作为网孔电流。在列写网络方程时，要考虑电流源两端的电压。因为电流源电压是未知量，所以在列写方程时，要先设电流源两端电压为 U_0，参考方向如图 2-27 所示，3 个网孔电流方程分别为

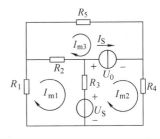

图 2-27　例 2-12 图

网孔 1　　　$(R_1 + R_2 + R_3)I_{m1} - R_3 I_{m2} - R_2 I_{m3} = -U_S$

网孔 2　　　$(R_3 + R_4)I_{m2} - R_3 I_{m1} = U_S - U_0$

网络 3　　　$(R_2 + R_5)I_{m3} - R_2 I_{m1} = U_0$

在以上 3 个独立方程中有 4 个未知量，要得到唯一解，还需补充一个独立方程。增加电流源支路电流与网孔电流的关系式

$$I_{m2} - I_{m3} = I_S$$

联立以上 4 个独立方程，即可解得 4 个未知电量。

2.5　叠加定理

学习任务

1) 掌握叠加定理的具体内容及其适用条件。

2) 学会运用叠加定理进行电路分析的方法。

2.5.1　叠加定理的内容

叠加性是自然界的一条普遍规律，比如在力学中，两个分力可以叠加成为一个合力。同样，在多电源的线性电路中，所有独立电源共同作用所产生的效果，与各独立电源单独作用时所产生的叠加效果是相同的。

叠加定理可以表述为：在线性电路中，当有几个独立电源共同作用时，在任一支路所产生的电流（或电压）等于各独立电源单独作用时在该支路所产生的电流（或电压）的代数和。

所谓独立电源单独作用，是指电路中的某一个独立电源作用，而其他电源不作用。由电压源的定义可知，电压源端的电压与电流无关，除去电压源，就是使电压源的电压为零，即短路；同理，电流源的电流与端电压无关，除去电流源，就是使电流源的电流为零，即开路。因此，如果电压源不作用，就相当于短路；如果电流源不作用，就相当于开路。

在大多数情况下，每组电源单独作用的分电路总是要比原电路简单，从而可以简化电路的分析与计算。应用叠加定理可以将一个复杂的电路，分成几个简单的电路；再将简单电路的计算结果综合起来，便可求得原复杂电路中的电流和电压。

下面在线性电路中来验证叠加定理。求在图 2-28 所示电路中流过 R_2 的支路电流 I。

在图 2-28a 所示电路中含有两个独立电压源，以支路电流为变量，应用 KCL、KVL 列出方程组如下，即

$$\begin{cases} I_1 - I - I_S = 0 \\ I_1 R_1 + I R_2 - U_S = 0 \end{cases}$$

解之，得

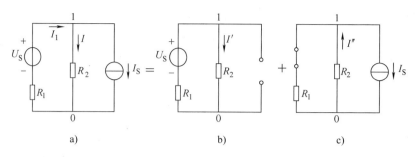

图 2-28　验证叠加定理

$$I = \frac{U_\mathrm{S} - R_1 I_\mathrm{S}}{R_1 + R_2} = \frac{U_\mathrm{S}}{R_1 + R_2} - \frac{R_1}{R_1 + R_2} I_\mathrm{S}$$

图 2-28b 所示电路是电压源 U_S 单独作用下的情况。此时，电流源的作用为零，零电流源相当于无限大电阻（即开路）。在 U_S 单独作用下 R_2 支路电流为

$$I' = \frac{U_\mathrm{S}}{R_1 + R_2}$$

图 2-28c 所示电路是电流源 I_S 单独作用下的情况。此时，电压源的作用为零，零电压源相当于零电阻（即短路）。在 I_S 单独作用下 R_2 支路电流为

$$I'' = \frac{R_1}{R_1 + R_2} I_\mathrm{S}$$

求所有独立源单独作用下 R_2 支路电流的代数和，得

$$I = I' - I'' = \frac{U_\mathrm{S}}{R_1 + R_2} - \frac{R_1}{R_1 + R_2} I_\mathrm{S}$$

上例表明：叠加定理在线性电路中是存在的，可以用它来分析和计算复杂的线性电路。叠加定理的意义在于，它说明了线性电路中电源的独立性。利用叠加定理对线性电路进行分析计算时要注意以下几点。

1）叠加定理只适用于线性电路（即由线性元器件组成的电路），不适用于非线性电路。

2）在应用叠加定理时，必须保持原电路的参数及结构不变。当某一个独立电源单独作用时，其他电源都应取为零值，即电压源用短路代替，电流源用开路代替，电阻的阻值及位置保持不变。

3）叠加时要注意电压和电流的参考方向，若各分电路中的电压和电流的参考方向与原电路中的电压和电流的参考方向一致时，则叠加时取正号，相反时取负号。

4）叠加定理只适用线性电路支路电流或支路电压的计算，不能用它来计算功率。因为功率与电流或电压之间不是线性关系。

5）对于含受控源的电路，当独立源单独作用时，所有的受控源均应保留，因为受控源不是激励，且具有电阻性。

2.5.2　叠加定理的应用

由上面的分析可以得出，应用叠加定理进行电路分析的具体步骤如下所述。

1）将电路分解为各独立电源单独作用的分电路（保留所有电阻及一个电源，其他电源

都取为零值，即电压源用短路代替，电流源用开路代替），标出各分电路中待求分量的参考方向。

2）求解各分电路中的待求分量。

3）叠加合成：求电路中待求分量的代数和。当分电流、分电压与原电路中电流、电压的参考方向相反时，叠加时相应项前要带负号。

在某些电路的分析计算中，利用实际电源的相互转换可使计算大为简化。

【例 2-13】 电路如图 2-29a 所示。已知 $R_1 = 1\Omega$，$R_2 = 2\Omega$，$R_3 = 10\Omega$，$U_{S1} = 18\text{V}$，$U_{S2} = 28\text{V}$，应用叠加定理，求电阻 R_3 所在支路的电流。

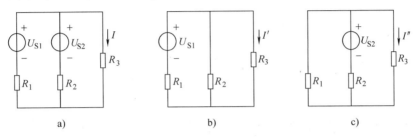

图 2-29 例 2-13 图

解： （1）当电压源 U_{S1} 单独作用时，电压源 U_{S2} 用短路代替，相当于电阻 R_2 和电阻 R_3 并联后再与电阻 R_1 串联，电路如图 2-29b 所示，电阻 R_3 支路电流为

$$I' = \frac{U_{S1}}{R_1 + \dfrac{R_2 R_3}{R_2 + R_3}} \times \frac{R_2}{R_2 + R_3} = \frac{18}{1 + \dfrac{2 \times 10}{2 + 10}} \times \frac{2}{2 + 10}\text{A} = \frac{9}{8}\text{A}$$

（2）当电压源 U_{S2} 单独作用时，电压源 U_{S1} 用短路代替，相当于电阻 R_1 和电阻 R_3 并联后再与电阻 R_2 串联，电路如图 2-29c 所示，电阻 R_3 支路电流为

$$I'' = \frac{U_{S2}}{R_2 + \dfrac{R_1 R_3}{R_1 + R_3}} \times \frac{R_1}{R_1 + R_3} = \frac{28}{2 + \dfrac{1 \times 10}{1 + 10}} \times \frac{1}{1 + 10}\text{A} = \frac{7}{8}\text{A}$$

（3）当两个电压源 U_{S1}、U_{S2} 共同作用时，根据叠加定理，电阻 R_3 支路电流为

$$I = I' + I'' = \left(\frac{9}{8} + \frac{7}{8}\right)\text{A} = 2\text{A}$$

2.6 戴维南定理

学习任务

1）理解并掌握戴维南定理及其适用条件。

2）掌握应用戴维南定理对电路进行分析计算的方法。

3）掌握最大功率传输定理及负载获得最大功率的条件。

2.6.1 戴维南定理的内容

在复杂电路的分析和计算中，有时往往只需要研究某一支路的电流和电压，而不必把所有支路的电流、电压都计算出来，这时应用戴维南定理进行计算，就比较方便快捷。

1883 年，法国工程师戴维南在多年实践的基础上提出：任何一个有源二端网络都可以用一个电压源与电阻相串联的等效电路来代替。戴维南定理示意图如图 2-30 所示。这个电压源电压就是有源二端网络的开路电压 U_{OC}，这个电阻就是该网络中所有电压源短路、电流源开路时的等效电阻 R_o（又称为输出电阻或内阻）。我们称它为戴维南定理或等效电压源定理。

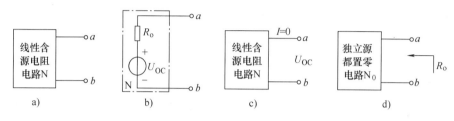

图 2-30　戴维南定理示意图

对于无源二端网络，如果内部是电阻电路，那么总能简化为一个等效电阻；对于有源二端网络，不论它内部是简单电路还是任意复杂的电路，从外电路来看，都相当于一个电源作用，它对接在两端的外电路提供电能。因此，有源二端网络一定可以化简为一个等效电源。在经过这种等效变换后，接在两端的外电路中的电流和其两端的电压没有任何改变。

等效电阻的计算方法有以下 3 种。

1）设二端网络内所有电源为零，用电阻串、并联或三角形与星形网络变换加以化简，计算端口 a、b 的等效电阻。

2）设二端网络内所有电源为零，在端口 a、b 处施加一电压 U，计算或测量输入端口的电流 I，则等效电阻 $R_o = U/I$。

3）用实验方法进行测量，或用计算方法求得该有源二端网络开路电压 U_{OC} 和短路电流 I_{SC}，则等效电阻 $R_o = U_{OC}/I_{SC}$。

戴维南定理的突出优点是实践性强，可以直接测得其等效电路的参数 U_{OC} 与 R_o。

用电压源电阻串联组合等效代替有源二端电阻网络的电路，称为戴维南等效电路。在使用戴维南定理时，应特别注意电压源 U_{OC} 在等效电路中的正确连接。如果等效电路中含有受控源，则应使控制量也在等效电路中；如果外电路中含有受控源，则应使控制量也在外电路中，即应使等效电路与外电路没有耦合。

在图 2-30b 中的电压源与电阻的串联组合又可等效变换为电流源与电阻的并联组合，这就是诺顿定理。诺顿定理在本书中不予以介绍。

2.6.2　戴维南定理的应用

由上面的分析可以得出，应用戴维南定理分析计算电路的具体步骤如下所述。

1）在一个复杂电路中，若只求解其中一条支路的电流或电压时，可将此支路断开去掉，则剩余部分电路可看成为一个有源二端网络。

2）应用戴维南定理，首先求该二端网络的开路电压 U_{OC}。在求解开路电压 U_{OC} 时，前面所介绍的电路分析方法都可以使用。

3）将上述有源二端网络除源（即电压源用短路代替，电流源用开路代替），求所得无源二端网络的等效电阻 R_o。

4）将 U_{OC} 和 R_o 串联组成等值电压源，接在待求支路两端，形成单回路简单电路，求出其中电流或电压，即为所求支路的电流或电压。

5）适用范围：只求一条支路的电流或电压。

【例 2-14】 求图 2-31a 所示电路 a、b 端的戴维南等效电路。

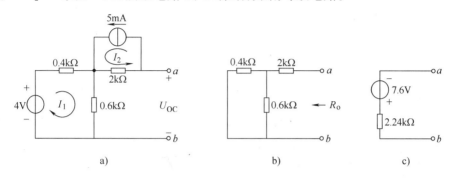

图 2-31 例 2-14 图

解：（1）先求开路电压 U_{OC}。

电路如图 2-31a 所示。根据 KCL 推广可知，在图 2-31a 所示电路中，由于 ab 处开路，端口电流为零，4V 电压源与 0.4 kΩ、0.6 kΩ 电阻组成单一回路，流过电流为 I_1，参考方向如图所示；同理，5mA 电流源与 2kΩ 电阻也组成单一回路，流过电流为 I_2，参考方向也如图所示，则

$$\begin{cases} I_1 = \dfrac{4}{0.4 + 0.6} \text{mA} = 4\text{mA} \\ I_2 = 5\text{mA} \\ U_{OC} = 0.6I_1 - 2I_2 = (0.6 \times 4 - 2 \times 5)\text{V} = -7.6\text{V} \end{cases}$$

（2）然后求等效电阻 R_o，将电路中的电压源短路，电流源开路，电路如图 2-31b 所示，有

$$R_o = \left(2 + \dfrac{0.4 \times 0.6}{0.4 + 0.6}\right)\text{kΩ} = 2.24\text{kΩ}$$

（3）画出戴维南等效电路，如图 2-31c 所示。

【例 2-15】 电路如图 2-32a 所示。试运用戴维南定理求电阻 R_3 所在的支路电流 I。

解： 求一条支路的电量常使用等效化简法。先将图 2-32a 虚线左端的单口电路化简为一个实际电压源，再根据简化电路求 I。

（1）首先，化简图 2-32 所示虚线左端的单口电路。

第 1 步，求戴维南等效电路的开路电压 U_{OC}。

断开图 2-32a 中待求的 3Ω 电阻支路，电路如图 2-32b 所示。设开路电压 U_{OC} 的参考方向如图 2-32b 所示，用电源等效变换的方法可以求出 U_{OC}。将 12V 电流源与 4Ω 电阻串联支路等效成 3A 电流源与 4Ω 电阻并联支路，然后将 1A 与 3A 电流源合并成一个电流源，电路如图 2-32c 所示，从而求出开路电压 U_{OC}。

$$U_{OC} = 2 \times 3\text{V} = 6\text{V}$$

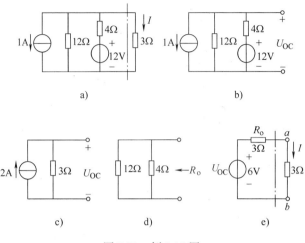

图 2-32　例 2-15 图

第 2 步，求端口的等效电阻 R_o。

将电路中的电压源短路，电流源开路，电路如图 2-32d 所示。利用电阻串并联化简公式可得

$$R_o = \frac{12 \times 4}{12 + 4}\Omega = 3\Omega$$

第 3 步，画出戴维南等效电路，如图 2-33e 所示。

（2）求电路 I。

根据图 2-32e 求得

$$I = \frac{6}{3 + 3}A = 1A$$

在画戴维南等效电路时，要注意电压源的方向。若 $U_{OC} > 0$，则电压源的极性与开路电压的参考极性一致，如例题 2-15 中的图 2-32b 与图 2-32e 所示。若 $U_{OC} < 0$，则电压源的极性与开路电压的参考极性相反，如例 2-14 的图 2-31a 与图 2-31c 所示。

2.6.3　负载获得最大功率的条件

给定一线性有源二端网络，当所接负载不同时，从二端网络传输给负载的功率也不同。通常，前端电路已定，不能改变，负载可以变动。如果前端电路是线性含源电阻电路，就可以用一个实际电压源等效。这就把分析图 2-33a 所示电路的最大功率的传输问题转换为分析图 2-33b 所示电路的问题。因此，讨论最大功率的问题就归结为：在给定参数 U_{OC} 和 R_o 的条件下，当负载 R_L 为何值时能从前端电路获得最大功率？最大功率是多少？

可以证明，当外接电阻 R_L 等于二端网络的戴维南等效电路的电阻 R_o 时，外接电阻获得的功率最大，这就是负载获得最大功率的条件，又称为最大功率传输定理。此时的最大功率为

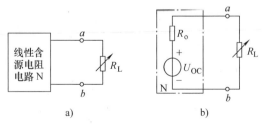

图 2-33　最大功率传输定理示意图

$$P_{\max} = \frac{U_{OC}^2}{4R_o} \qquad (2\text{-}12)$$

当负载电阻与电路的输出阻抗相等（即满足 $R_L = R_o$）时，称为负载与电源阻抗匹配。在电信工程中，由于信号一般很弱，常要求从信号源获得最大功率，所以必须满足匹配条件，但此时传输效率很低；在电力系统中，输送功率很大，效率是第一位的，故应使电源内阻远小于负载电阻，不能要求匹配。

最大功率传输问题是戴维南定理的一个重要应用。分析最大功率传输问题的思路如下：首先从负载处把电路分为两部分，然后将前端电路等效为实际的电压源，从而求出戴维南等效电路的参数 U_{OC} 和 R_o，再依据最大功率传输定理，确定负载电阻 R_L 的值和计算负载获取的最大功率。

【例2-16】 电路如图2-34a所示。试求：（1）电阻 R_L 为何值能从电路获得最大功率？（2）最大功率为多少？

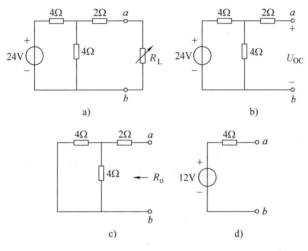

图2-34 例2-16图

解：（1）首先断开负载支路，得到如图2-34b所示电路，化简该电路，得

$$U_{OC} = \frac{4}{4+4} \times 24V = 12V$$

将图2-34b中的电压源短路，得到如图2-34c所示电路，则得

$$R_o = \left(2 + \frac{4 \times 4}{4+4}\right)\Omega = 4\Omega$$

因此，当 $R_L = R_o = 4\Omega$ 时可从电路获得最大功率。
（2）最大功率为

$$P_{\max} = \frac{U_{OC}^2}{4R_o} = \frac{12^2}{4 \times 4}W = 9W$$

【例2-17】 某放大电路若要为8Ω的扬声器提供25W的功率。求此时放大电路应为扬声器提供多少伏的电压？

解：扬声器的阻值为8Ω，并且在设计放大电路时扬声器与其输出阻抗是匹配的。因此，由最大功率传输定理可知

$$P_{max} = \frac{U_{OC}^2}{4R_o} = \frac{U_{OC}^2}{4 \times 8} = 25W$$

解之，得 $\qquad\qquad\qquad\qquad U_{OC} = 28.3V$

则扬声器两端的电压为 $\quad U = U_{OC} \times \dfrac{R_L}{R_o + R_L} = 28.3 \times \dfrac{8}{8+8}V = 14.15V$

2.7 Multisim 对电路基本定理的仿真分析

2.7.1 叠加定理的仿真分析

叠加定理仿真电路如图 2-35 所示。用叠加定理求流过电阻 R_1 的电流 I 和电阻 R_3 两端的电压 U。根据叠加定理，首先求出各个激励单独作用于电路的响应。

当独立电压源单独作用时，将独立电流源置为零。根据欧姆定律、KCL 定律和 KVL 定律，可计算出：$I' = 4.8A$，$U' = 2.4V$。可见，计算结果与图 2-36 所示的电压源单独作用仿真电路的仿真结果相同。

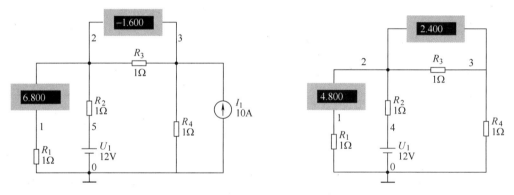

图 2-35 叠加定理仿真电路　　　　　　图 2-36 电压源单独作用仿真电路

当电流源单独作用时，将独立电压源置为零。根据欧姆定律、KCL 定律和 KVL 定律，可计算出：$I'' = 2A$，$U'' = -4V$。可见，计算结果与图 2-37 所示的电流源单独作用仿真电路的仿真结果相同。

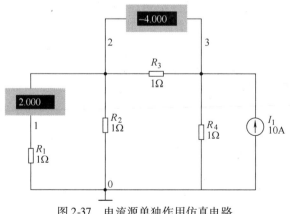

图 2-37 电流源单独作用仿真电路

最后根据叠加定理可得：$I = I' + I'' = (4.8 + 2)A = 6.8A, U = U' + U'' = [2.4 + (-4)]V = -1.6V$。可见，该结果与图 2-35 所示电路的仿真结果相同。

2.7.2 戴维南定理的仿真分析

对如图 2-38 所示的线性有源二端网络的测量电路进行戴维南等效变换。选用 Multisim10 仿真软件进行测试分析，分别测得 a、b 的开路电压 $U_{OC} = 7.82V$，如图 2-39 所示；短路电流 $I_{SC} = 78.909mA$，如图 2-40 所示。将上述有源二端网络除源（即电压源用短路代替，电流源用开路代替），等效电阻的测量电路如图 2-41 所示，等效电阻 $R_0 = 99.099\Omega$，测量结果如图 2-42 所示。根据测量结果，得到该线性有源二端网络的戴维南等效电路，如图 2-43 所示。

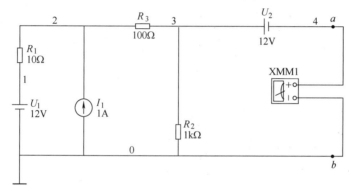

图 2-38 线性有源二端网络的测量电路

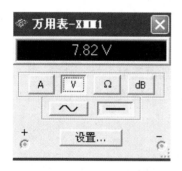

图 2-39 开路电压的测量结果

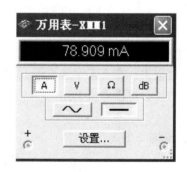

图 2-40 短路电流的测量结果

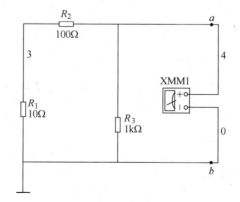

图 2-41 等效电阻的测量电路

59

图 2-42 等效电阻的测量结果

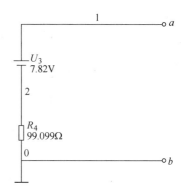

图 2-43 戴维南等效电路

若分别在原线性有源二端网络和戴维南等效电路的端口处加同一电阻,对该电阻上的电压、电流进行测量,则数值完全相同。这说明原线性有源二端网络可以用戴维南等效电路来代替。

2.8 技能训练

2.8.1 技能训练1 叠加定理的验证

1. 实训目的

1)验证线性电路叠加原理的正确性。

2)加深对线性电路叠加性的认识和理解。

2. 原理说明

叠加定理指出:在有多个独立源共同作用下的线性电路中,对通过每一个元器件的电流或其两端的电压,可以看成是由每一个独立源单独作用时在该元器件上所产生的电流或电压的代数和。

3. 实训设备(见表2-1)

表2-1 实训设备

序 号	名 称	型号与规格	数 量
1	直流稳压电源	0~30V 可调	二路
2	万用表		1
3	直流数字电压表	0~200V	1
4	直流数字毫安表	0~200mA	1
5	叠加定理实训电路板元器件	R 分别为510Ω、1kΩ 和330Ω IN4007 型号二极管	

4. 实训内容

叠加定理验证电路如图2-44所示。

1)将两路稳压源的输出分别调节为12V 和6V,接入 U_1 和 U_2 处。

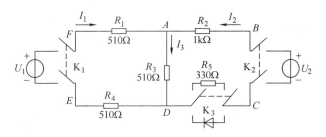

图 2-44 叠加定理验证电路图

2）令 U_1 电源单独作用（将开关 K_1 投向 U_1 侧，开关 K_2 投向短路侧）。用直流数字电压表和毫安表测量各支路电流及各电阻元件两端的电压，将数据记入表 2-2 中。

表 2-2　叠加定理测试数据记录表 1

测量项目 实训内容	U_1/V	U_2/V	I_1/mA	I_2/mA	I_3/mA	U_{AB}/V	U_{CD}/V	U_{AD}/V	U_{DE}/V	U_{FA}/V
U_1 单独作用										
U_2 单独作用										
U_1、U_2 共同作用										

3）令 U_2 电源单独作用（将开关 K_1 投向短路侧，开关 K_2 投向 U_2 侧），重复实训步骤 2）的测量和记录，将数据记入表 2-2 中。

4）令 U_1 和 U_2 共同作用（将开关 K_1 和 K_2 分别投向 U_1 和 U_2 侧），重复上述的测量和记录，将数据记入表 2-2 中。

5）将 R_5（330Ω）换成二极管 IN4007（即将开关 K_3 投向二极管 IN4007 侧），重复 1）~4) 的测量过程，将数据记入表 2-3 中。

表 2-3　叠加定理测试数据记录表 2

测量项目 实训内容	U_1/V	U_2/V	I_1/mA	I_2/mA	I_3/mA	U_{AB}/V	U_{CD}/V	U_{AD}/V	U_{DE}/V	U_{FA}/V
U_1 单独作用										
U_2 单独作用										
U_1、U_2 共同作用										

5. 注意事项

1）当用电压表测量电压降时，应注意仪表的极性，在正确判断测得值的"＋"、"－"号后，将数据记入数据表格中。

2）注意仪表量程的及时更换。

6. 预习思考

1）在叠加原理实训中，要令 U_1、U_2 分别单独作用，应如何操作？可否直接将不作用的电源（U_1 或 U_2）短接置零？

2）在实验电路中，若将一个电阻器改为二极管，则试问叠加原理的叠加性还成立吗？为什么？

7. 实训报告

1）根据实训数据表格，进行分析、比较，归纳、总结实训结论，即验证线性电路的叠加性。

2）各电阻器所消耗的功率能否用叠加原理计算得出？试用上述实训数据进行计算，并给出结论。

3）通过实训步骤5及分析表2-2所示的数据，你能得出什么样的结论？

4）心得体会及其他。

2.8.2 技能训练2 最大功率传输定理的验证

1. 实训目的

1）验证戴维南定理的正确性，加深对该定理的理解。

2）掌握测量有源二端网络等效电路参数的一般方法。

3）验证负载获得最大功率的条件，掌握最大功率传输定理及其应用范围。

2. 原理说明

1）戴维南定理：任何一个有源二端网络都可以用一个电压源与电阻相串联的等效电路来代替，其中电压源电压就是有源二端网络的开路电压 U_{OC}，而电阻则是该网络中当所有电压源短路、电流源开路时的等效电阻 R_0。

① 开路电压的测量。当有源二端网络的等效电阻 R_0 与电压表的内阻相比可以忽略不计时，可以用电压表直接测量有源二端口网络的开路电压 U_{OC}。

② 等效电阻的测量。

方法1：分别测量该有源二端网络开路电压 U_{OC} 和短路电流 I_{SC}，则等效电阻 $R_0 = U_{OC}/I_{SC}$。

方法2：采用外加电压法，即将有源二端网络内的所有独立电源除去，使被测网络成为无源二端网络，在端口处施加一电压 U，测量输入端口的电流 I，则等效电阻 $R_0 = U/I$。

2）最大功率传输定理：当外接电阻 R_L 等于二端网络的戴维南等效电路的电阻 R_0 时，外接电阻获得的功率最大，此时的最大功率为 $P_{max} = U_{OC}^2/4R_0$。

3. 实训设备 （见表2-4）

表2-4 实训设备

序　号	名　　称	型号与规格	数　量
1	可调直流稳压电源	0~30V	1
2	可调直流恒流源	0~500mA	1
3	直流数字电压表	0~200V	1
4	直流数字毫安表	0~200mA	1
5	万用表		1
6	可调电阻箱	0~99999.9Ω	1
7	电阻	27Ω、100Ω、200Ω、510Ω	各1个

4. 实训内容

（1）测量有源二端网络的伏安特性（等效前）

有源二端的网络伏安特性测量电路如图 2-45 所示。将电路连接好。改变 R_L 值，从开路到短路，测定端口电压 U、电流 I，记录于表 2-5 中。

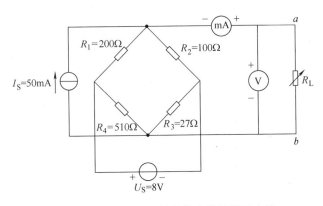

图 2-45　有源二端网络的伏安特性测量电路

表 2-5　有源二端网络的伏安特性（等效前）

	R_L/Ω	∞	500	300	200	…	60	40	20	0
等效前	U/V	U_{OC}								
	I/mA									I_{SC}
	计算 P									

值得注意的是，为了使负载的 $P(I)$ 曲线准确平滑，应在负载 R_L 获得最大功率时，在其附近适当多选一些测量点。

（2）用外加电压法测有源二端网络的等效电阻

将有源二端网络内的所有独立电源除去，用外加电压法测有源二端网络的等效电阻如图 2-46 所示，即视电流源为开路，视电压源为短路，在 a、b 两端口处施加一电压 U，测量输入端口的电流 I，则等效电阻 $R_0 = U/I$。

结论：U = ＿＿＿＿＿＿ ，I = ＿＿＿＿＿＿ ，R_0 = ＿＿＿＿＿＿ 。

（3）验证戴维南定理（等效后）

根据测得的开路电压 U_{OC} 及等效电阻 R_0，构成戴维南等效电路，如图 2-47 所示，将所测得的数据记录于表 2-6 中。

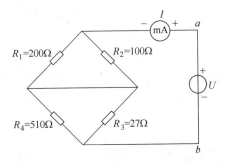

图 2-46　用外加电压法测有源二端网络的等效电阻

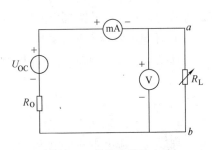

图 2-47　戴维南等效电路

表 2-6 验证戴维南定理（等效后）

	R_L/Ω	∞	500	300	200	...	60	40	20	0
等效后	U/V	U_{OC}								
	I/mA									I_{SC}
	计算 P									

5. 注意事项

1）当用万用表直接测 R_0 时，必须先将二端网络内的独立源置零，以免损坏万用表。其次，必须将欧姆档调零后再进行测量。

2）当电压源置零时，不可将稳压源直接短接。

3）当改接线路前，要关掉电源。

6. 预习思考

1）思考戴维南定理和最大功率传输定理的内容及应用范围。

2）思考测量有源二端网络开路电压及等效内阻的几种方法，并比较其优缺点。

3）实训前对图 2-45 所示电路预先进行计算，估算出 U_{OC}、R_0 的值及 R_L 上的最大功率。

7. 实训报告

1）根据测量数据，填写所列表格，并分别绘制伏安特性曲线和等效前、后的 $P(I)$ 曲线。

2）根据测量数据，验证戴维南定理的正确性，并分析产生误差的原因。

3）根据实训测得的数据，计算负载 R_L 在各点消耗的功率，并与 $R_L = R_0$ 时消耗的功率进行比较，验证最大功率传输定理，并分析产生误差的原因。

4）归纳、总结实训结论。

单元回顾

1. 含独立电源的等效变换

（1）等效

结构和元器件参数完全不相同的两部分电路，若具有完全相同的外特性（端口电压与电流的关系），则相互称为等效电路。等效变换就是把电路的一部分电路用其等效电路来代换；电路等效变换的目的是为了简化电路，方便计算。值得注意的是，等效变换对外电路来讲是等效的，对变换的内部电路则不一定等效。

（2）理想电源的串联和并联

在理想电压源串联时，可以等效成一个理想电压源，其电压值是各个电压源的代数和，即

$$U_{Seq} = \sum_{k=1}^{n} U_{Sk}$$

在理想电流源并联时，可以等效成一个理想电流源，其电流值是各个电流源的代数和，即

$$I_{\mathrm{Seq}} = \sum_{k=1}^{n} I_{\mathrm{Sk}}$$

1）理想电压源并联。只有电压相等、极性一致的电压源才能并联，且等效的电压源为并联电压源中的一个。

2）理想电流源串联。只有电流相等、流向一致的电流源才能串联，且等效的电流源为串联电流源中的一个。

3）理想电压源与二端网络并联。理想电压源与任何二端网络（不包括不同值的理想电压源）并联，对外电路而言，都可以等效为该理想电压源。

4）理想电流源与二端网络串联。理想电流源与任何二端网络（不包括不同值的理想电流源）串联，对外电路而言，这部分电路都可以等效为该理想电流源。

（3）两种实际电源模型的等效变换

实际电压源模型与实际电流源模型之间等效变换，在数值上必须满足：$R_{\mathrm{u}} = R_{\mathrm{i}}$，$U_{\mathrm{S}} = I_{\mathrm{S}} R_{\mathrm{i}}$。

当电压源、电阻的串联组合与电流源、电阻的并联组合之间进行等效变换时，要注意 U_{S} 和 I_{S} 参考方向，其相互关系为"I_{S} 的参考方向由 U_{S} 的负极指向其正极"。

2. 网络方程法

（1）支路电流法

支路电流法是分析和计算电路的基本方法。它是以电路中的 p 条支路电流为未知数，应用 KCL 列出（$n-1$）个独立的节点方程，再选择回路，应用 KVL 列出其余 $p-(n-1)$ 个独立方程，通过解方程组得到各支路电流。

在应用支路电流法时，首先要假定电路中各支路电流的参考方向。当求得的电流为正值时，表示电流的实际方向与参考方向一致，否则相反。

（2）节点电压法

节点电压法是在电路的 n 个节点中，选定一个作为参考节点，再以其余 $n-1$ 个节点电压作为未知量，应用 KCL 列出（$n-1$）个节点电流方程，联立求解得出各节点电压，借此再计算各支路电流的解题方法。

（3）网孔电流法

网孔电流法是以假想的 m 个网孔电流为电路变量，通过 KVL 列出用网孔电流表示支路电压的 m 个独立回路电压方程，联立求解得出各网孔电流，再利用网孔电流求各支路电流及电压的分析方法。

3. 网络定理

（1）叠加定理

在线性电路中，当有两个或两个以上的独立电源作用时，对任意支路上的电流或电压，都可以认为是电路中各个电源单独作用、而其他电源不作用时（即电压源用短路代替，电流源用开路代替）在该支路中产生的各电流分量或电压分量的代数和。

叠加定理只能适用线性电路支路电流或支路电压的计算，不能计算功率。

（2）戴维南定理

含独立源的线性二端电阻网络，对其外部而言，都可以用电压源和电阻串联组合等效代替，该电压源的电压等于网络的开路电压 U_{oc}，该电阻等于网络内部所有独立源不起作用时

（即电压源用短路代替，电流源用开路代替）网络的等效电阻 R_0。

戴维南定理最适合于求解线性有源网络中某一支路上的电流或电压。

当外接电阻 R_L 等于二端网络的戴维南等效电路的电阻 R_0（即满足 $R_L = R_0$）时，称为负载与电源阻抗匹配，此时外接负载电阻获得的功率最大，这就是最大功率传输定理。

思考与练习

1. 填空题

1）几个理想电压源串联的电路，其等效电压源电压等于_____；几个理想电流源并联的电路，其等效电流源电流等于_____。

2）理想电压源与理想电流源之间_____互换（能、不能）。

3）实际电压源的电路模型是由_____组成，实际电流源的电路模型是由_____组成。

4）叠加定理只适用于_____电路，只能用来计算_____和_____，不能计算_____。

5）叠加定理是指在线性电路中，当有两个或两个以上的独立电源作用时，每一支路的响应等于_____。

6）任何一个有源二端网络都可以用_____来代替，_____就是有源二端网络的开路电压 U_{OC}，_____等于该网络中所有电压源短路、电流源开路时的等效电阻。

7）当外接电阻 R_L 等于二端网络的戴维南等效电路的电阻 R_0 时，外接电阻获得的功率_____，当满足 $R_0 = R_L$ 时，称为_____。

8）当用网孔法分析电路、且流过互电阻的两个相邻网孔电流的参考方向一致时，互电阻取_____号，反之取_____号。

2. 判断下列说法是否正确，用"√""×"表示判断结果，并填入括号内。

1）用支路电流法解出的支路电流必定为正，否则就是计算有误。　　　　（　　　）

2）在用节点电压法分析电路时，相邻节点的互电导总是负的。　　　　　（　　　）

3）等效网络互换，它们的外部特性不变。　　　　　　　　　　　　　　（　　　）

4）在线性电路中，每一支路的响应等于各独立源单独作用下在此支路所产生的响应的代数和。　　　　　　　　　　　　　　　　　　　　　　　　　　　　　　　（　　　）

5）在线性电路中，电流、电压、功率都可应用叠加定理来计算。　　　　（　　　）

6）当外接电阻 R_L 等于二端网络的戴维南等效电路的电阻 R_0 时，外接电阻获得的功率最大。　　　　　　　　　　　　　　　　　　　　　　　　　　　　　　（　　　）

7）在用网孔法分析电路时，当流过互电阻的两个相邻网孔电流的参考方向一致时，互电阻取正号，反之取负号。　　　　　　　　　　　　　　　　　　　　　　　（　　　）

8）弥尔曼定理仅仅适用于只有一个独立节点的线性电路。　　　　　　　（　　　）

3. 求图 2-48 所示电路的最简等效电路。

4. 用电源等效变换，将图 2-49 所示电路等效变换为电压源模型或电流源模型。

5. 电路如图 2-50 所示。应用两种实际电源模型的等效变换，求 8Ω 支路电流 I。

6. 电路如图 2-51 所示。已知 $U_{S1} = 5V$，$U_{S2} = 2V$，$U_{S3} = 1V$，$R_1 = 4\Omega$，$R_2 = 10\Omega$，$R_3 = $

5Ω，试用支路电流法求各支路电流 I_1、I_2、I_3。

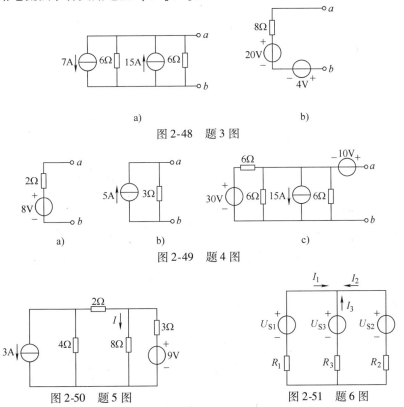

图 2-48　题 3 图

图 2-49　题 4 图

7. 电路如图 2-52 所示。用支路电流法求电流源两端的电压 U。

8. 电路如图 2-53 所示。列出所需的节点电压方程。

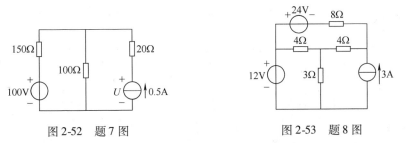

图 2-50　题 5 图

图 2-51　题 6 图

图 2-52　题 7 图

图 2-53　题 8 图

9. 电路如图 2-54 所示，已知 $I_{S1}=1A$，$I_{S2}=4A$，$R_1=2\Omega$，$R_2=6\Omega$，$R_3=7\Omega$，试用节点电压法求流过电阻 R_2 的电流 I。

10. 用弥尔曼定理求图 2-55 所示电路中各支路电流。

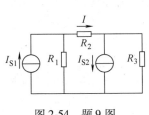

图 2-54　题 9 图

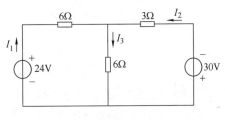

图 2-55　题 10 图

11. 列出图 2-56 所示各个电路的网孔电流方程。

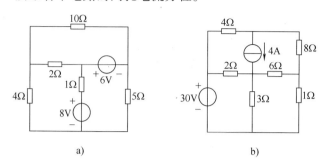

图 2-56 题 11 图

12. 电路如图 2-57 所示。试用网孔电流法求出电阻 4Ω 所在支路电流 I。

13. 电路如图 2-58 所示。试用网孔电流法求出各个支路电流。

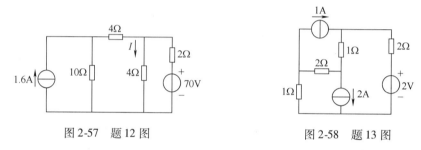

图 2-57 题 12 图   图 2-58 题 13 图

14. 试用叠加定理求图 2-59 所示电路中的电压 U。

15. 电路如图 2-60 所示。试用叠加定理求电流 I。

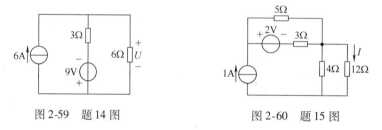

图 2-59 题 14 图   图 2-60 题 15 图

16. 求图 2-61 所示各电路的戴维南等效电路。

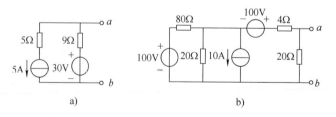

图 2-61 题 16 图

17. 试用戴维南定理求图 2-62 所示电路中的电流 I。

18. 试用戴维南定理求图 2-63 所示电路中的电流 U。

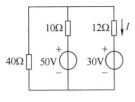
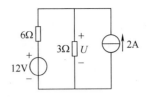

图 2-62　题 17 图　　　　　　　　图 2-63　题 18 图

19. 当将汽车电池与汽车收音机进行连接时，提供 12.5V 电压。当该汽车与一组前灯进行连接时，提供 11.7V 电压。假定将收音机等效为 6.25Ω 电阻，将前灯等效为 0.65Ω 电阻。求汽车电池的戴维南等效电路。

20. 电路如图 2-64 所示。求（1）R_L 为何值时能获得最大功率？（2）R_L 的最大功率是多少？

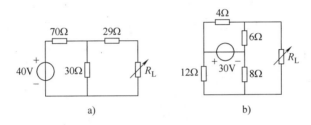

a)　　　　　　　　　　　b)

图 2-64　题 20 图

第3单元　动态电路的分析

情景导入

　　在日常生活中，电风扇未起动时，风扇叶片是静止的，这是一种稳定状态。而当电风扇接通电源时，叶片的转速将从零逐渐上升到某一恒定值，即达到另一种稳定状态。同样，当运行着的电风扇突然切断电源时，其转速也将从某一数值下降为零。这就是说，在风扇电动机起动时，它的转速不能从零立即突变到恒定转速值；在它停止时，风扇电动机也不能从恒定转速值突然下降为零，而是需要经历一个逐渐变化的过程，称为过渡过程。

　　同样，在电路中也存在过渡过程，图3-1所示的过渡过程演示实验可说明这一点。灯泡的亮度与通过的电流大小有关，电流越大，灯泡就越亮，当电流恒定时，灯泡的亮度也稳定。因此，当把3个开关同时闭合，很容易发现如下3种现象。

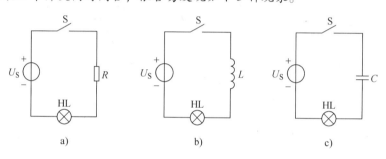

图3-1　过渡过程演示实验

　　1）在图3-1a中与电阻元件串联的灯泡立即发亮，并且保持亮度不变。这表明流过该灯泡的电流保持不变，没有经历逐渐变化的过渡过程。

　　2）在图3-1b中与电感元件串联的灯泡开始不亮，随后逐渐变亮，最后亮度不变。这表明流过该灯泡的电流由小变大，最后保持不变，经历了逐渐变化的过渡过程。

　　3）在图3-1c中与电容元件串联的灯泡立即变亮，但随后逐渐变暗，很快变为不亮。这表明流过该灯泡的电流由大变小，直至为零，也经历了逐渐变化的过渡过程。

　　比较以上3种现象，不难得出，纯电阻电路没有发生过渡过程，而含有电容的电路和含有电感的电路发生了过渡过程，其主要原因就是电容和电感都具有储能作用。

　　进一步分析可得知，电路产生过渡过程的原因主要有两个：一是接通或断开电路、改接电路、电路参数变化、电源变化等，这是电路产生过渡过程的外因；二是电路中含有储能元件电感 L 或电容 C，它是产生过渡过程的内因。

　　电路从一种稳定状态变化到另一种稳定状态的中间过程，称为电路的过渡过程，有时也称为动态过程或暂态过程。能够发生动态过程，即含有储能元器件（动态元器件）电感 L 或电容 C 的电路称为动态电路。研究电路的动态过程有着一定的实际意义。例如，利用电容器充电和放电的过渡过程可组成积分电路、微分电路、多谐振荡器等特殊功能的电路。此外，在电力系统中，由于过渡过程的出现将会引起过电压和过电流，若不采取相应的保护措施，则有可能损坏电气设备，所以有必要对动态电路的过渡过程进行研究，以便掌握其规律，造福于人类。本章仅对含有一个储能元器件的动态电路（即一阶动态电路）进行分析。

3.1　电容元件

学习任务

1）了解电容器的基本构造，掌握电容量 C 的定义及其常见单位的表示方法。

2）掌握电容元件上电压与电流间的大小关系。

3）掌握电容元件的储能特性，了解其储存电场能量的大小与相关物理量的关系。

4）掌握电容元件的两种连接方式。

电容器是一种储存电场能量的元件，当忽略其自身的电阻和电感时，就可以把它当做是电容器的理想化模型——电容元件。

3.1.1　电容元件的基础知识

1. 电容器与电容元件

任何形状的两块导体中间隔以绝缘物质（例如空气、蜡纸、云母片、陶瓷等）就可构成电容器，这两块导体称为极板，极板间的绝缘物质叫做电介质。最典型、最简单的电容器是由两块相互平行且靠得很近，而又彼此绝缘的金属板组成的，这种电容器称为平行板电容器。电容器是一种能积累电荷并储存电场能量的元件。简单的理解就是，它是一种用来储存电荷和电场能量的"容器"。

电容器是组成电子电路的基本元件之一，广泛应用于耦合电路、滤波电路、调谐电路、振荡电路等。在电力系统中，电容器可以用来改善系统的功率因数，提高电能的利用率。实际电容器的理想化模型称为电容元件，简称为电容，用 C 表示。

用来描述电容器性能的主要参数有电容量和耐压值。其中电容量是衡量电容器储存电荷能力大小的一个物理量，简称为电容，通常也用符号 C 表示。实验证实，电容量的大小仅与电容器的结构特点和电介质有关，与两极板间电压大小及储存电荷的多少无关。从电容器的电路特性分析可知电容量 C 与电容器所带的电荷量 q 成正比，与其两极板间的电压 u 成反比。即

$$C = \frac{q}{u} \tag{3-1}$$

另一方面，式（3-1）也说明，当电容器的电容量被确定时，电容器的电路特性是，其极板间的电压越高，所能存储的电荷越多（但实际上受电容器的耐压限制，电容器的电压不能无限制增加）。

在国际单位制中，电量 q 的单位是库［仑］（C），电压 u 的单位是伏［特］（V），电容 C 的单位是法［拉］（F）。法［拉］（F）是个很大的单位，在实际应用中常用微法（μF）和皮法（pF）。它们之间的换算关系是

$$1F = 10^{6}\mu F = 10^{12}pF$$

习惯上，电容器和电容量均简称为电容，所以文字符号 C 具有双重意义：它既代表电容器元件，又代表它的主要参数电容量。

实际的电容器为了防止起绝缘作用的电介质被两极板间的电压所击穿，通常在电容器上标有额定工作电压（也称为耐压）。额定工作电压就是电容器长期工作时所能承受的最大工作电压。在使用时所加的工作电压不得超过其耐压值，否则，电容器就会因击穿而损坏。

2. 电容元件上的电压与电流的关系

如果在电容元件两端加上电压 u，那么流过它的电流 i 与 u 具有怎样的大小关系呢？理论上，理想电容器中无电流通过，原因是它的两极板间的电介质是绝缘的。所谓通过电容器的电流，实际上是指流经电容器所在支路的电流；若选择电容元件上的电压与电容所在支路的电流（可以认为是电容元件上的电流）为关联参考方向，电容上电压与电流的关系如图 3-2 所示。

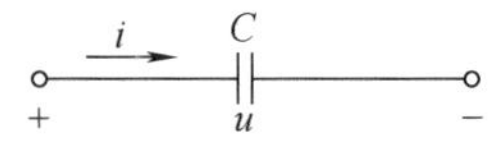

图 3-2　电容上电压与电流的关系

如果单位时间内通过导体横截面的电荷量不是常量，而是时间的函数，这样的电流就不是直流电，这时的电流大小叫做电流的瞬时值。电流的瞬时值常用通过导体横截面的电荷电量对时间的瞬时变化率来度量，即

$$i = \lim_{\Delta t \to 0} \frac{\Delta q}{\Delta t} = \frac{\mathrm{d}q}{\mathrm{d}t}$$

而电容的瞬时电荷为

$$q = Cu$$

很容易便可得到电容元件的电压和电流的关系为

$$i = C \frac{\mathrm{d}u}{\mathrm{d}t} \tag{3-2}$$

因为电容元件的伏安关系是一种微分关系，所以电容元件称为动态元件。

上式表明，在任何时刻，电容元件的电流与该时刻电压的变化率成正比。在电容元件上所加的电压有变化（如电压为交流）时，即 $\mathrm{d}u \neq 0$，$i \neq 0$。并且其两端的电压变化得越快，电流就越大。而当电容元件上所加电压为直流时，无论 $\mathrm{d}t$ 为何值，$\mathrm{d}u = 0$，$i = 0$，这时电容元件就相当于开路。这一点和电阻元件上的电压与电流关系不同，电阻元件上只要有电压就有电流通过，电阻就消耗电能。故电容元件具有隔断直流、导通交流的作用。

3. 电容元件中的电场能量

在电容元件两个极板之间加上电压，则两极板上聚集的等量异种电荷就会在两极板之间建立起电场，有电场就有了电场能量。其大小可表示为

$$W_{\mathrm{C}} = \frac{1}{2} C u^2 \tag{3-3}$$

式中，W_{C} 为电容元件上储存的电场能量，单位为焦［耳］（J）；u 表示电容上电压的瞬时值，单位为伏［特］（V）。

式（3-3）说明，电容元件上储存的电能与电压有关，且电容一定的情况下，电压越大，储能越多，这一点与物体的动能和其速度有关很相似 $\left(W_{\mathrm{m}} = \frac{1}{2} m v^2\right)$。电容元件的电场储能多少，只与电容元件最终的电压值有关，而与电压的建立过程无关。同时，电容量的大小也影响着电容元件的储能，在电压一定的情况下，容量越大的电容器，储存的电荷越多，储能也就越多。

【例 3-1】　一个电容为 $1000\mu\mathrm{F}$ 电容器，当接到 $240\mathrm{kV}$ 的高压电路中时，求电容器中所

储存的电场能。

解：
$$W_C = \frac{1}{2}Cu^2 = \frac{1}{2} \times 1 \times 10^{-3} \times (2.4 \times 10^5)^2 J = 2.88 \times 10^7 J$$

此题结果说明：即使选用大电容（1000μF），接在240kV的高压上所获得的电场能也只有 $2.88 \times 10^7 J$，相当于8kWh（度）的电能，这表明电容器只能存储少量电能。

3.1.2 电容元件的连接

在实际应用电容器时，主要考虑其电容量和额定工作电压是否满足电路要求。若遇到单个电容器的容量或耐压不能满足要求时，则需要把电容器适当连接起来使用，以满足电路工作要求。电容器的基本连接方式也分为串联和并联。

1. 电容元件的串联

将两个或两个以上的电容元件首尾相接，且中间无分支的连接方式称为电容元件的串联。电容元件的串联及其等效电路如图3-3所示。电容元件串联电路具有以下几个特点。

（1）电量的特点

电容元件串联电路中各电容元件所带的电量相等，并等于串联后等效电容元件上所带的总的电量。

$$q = q_1 = q_2 = q_3$$

（2）电压的特点

电容元件串联电路的总电压等于每个电容元件两端的电压之和，且各电容极板上所储存的电荷以正负交替的形式出现。

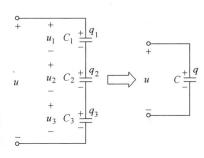

图3-3 电容元件的串联及其等效电路

$$u = u_1 + u_2 + u_3$$

（3）电容量的特点

当电容元件串联时，等效电容（总电容）的倒数等于各电容的倒数之和。由电容元件串联时所具有的特点可得

$$C = \frac{q}{u}$$

$$u_1 = \frac{q}{C_1} \qquad u_2 = \frac{q}{C_2} \qquad u_3 = \frac{q}{C_3}$$

$$u = \frac{q}{C} = u_1 + u_2 + u_3 = \frac{q}{C_1} + \frac{q}{C_2} + \frac{q}{C_3}$$

所以

$$\frac{1}{C} = \frac{1}{C_1} + \frac{1}{C_2} + \frac{1}{C_3} \tag{3-4}$$

若仅有两个电容元件串联，则有

$$C = \frac{C_1 C_2}{C_1 + C_2} \tag{3-5}$$

若当 n 个完全相同的电容器 C_0 串联时，则有

$$C = \frac{C_0}{n} \qquad (3\text{-}6)$$

（4）耐压的特点

假设两个电容元件串联，每个电容元件所分到的电压为

$$u_1 = \frac{q}{C_1} \qquad u_2 = \frac{q}{C_2}$$

若串联后总的等效电容为 C，则有 $q = Cu$，由此可得

$$u_1 = \frac{Cu}{C_1} \qquad u_2 = \frac{Cu}{C_2}$$

可见，当将电容元件串联时，每个电容上所分得的电压与其电容量成反比，即电容量越小，分得的电压越大。当将 n 个相同的电容串联时，电容器组的总耐压为单个电容器耐压的 n 倍，故电容器串联可提高耐压。

在实际应用中，常常需要将电容量和耐压都不相同的电容器进行串联，此时应特别注意不要让任何一个电容器上的工作电压超过其耐压，尤其要注意小电容器上的耐压。原因是当将电容元件串联使用时，小电容上分的电压大。

电容器组的耐压可以用以下方法计算：求出每一个电容器允许储存的电量（即电容乘以耐压），选择其中最小的一个（用 $q_{\min}$ 表示）作为电容器组储存电量的极限值，电容器组的耐压就等于这个电量除以总电容，即

$$U = \frac{q_{\min}}{C} \qquad (3\text{-}7)$$

【例 3-2】　有 3 个电容器串联，已知它们的电容分别为 $4\mu F$、$5\mu F$、$8\mu F$，它们的耐压值都是 380V，求电容器组的总电容和耐压。

解：总电容为

$$\frac{1}{C} = \frac{1}{C_1} + \frac{1}{C_2} + \frac{1}{C_3} = \frac{1}{4} + \frac{1}{5} + \frac{1}{8} = \frac{23}{40}$$

$$C = \frac{40}{23}\mu F = 1.74\mu F$$

各电容所允许储存的电荷量为

$$q_1 = 4 \times 10^{-6} \times 380\text{C} = 1.52 \times 10^{-3}\text{C}$$

$$q_2 = 5 \times 10^{-6} \times 380\text{C} = 1.9 \times 10^{-3}\text{C}$$

$$q_3 = 8 \times 10^{-6} \times 380\text{C} = 3.04 \times 10^{-3}\text{C}$$

比较后，得　　　　　　　　　$q_{\min} = 1.52 \times 10^{-3}\text{C}$

故电容器组的总耐压为　$U = \dfrac{q_{\min}}{C} = \dfrac{1.52 \times 10^{-3}}{1.74 \times 10^{-6}}\text{V} = 873.56\text{V}$

2. 电容元件的并联

把多个电容元件的一端连在一起，另一端也连在一起，这种连接方式就叫做电容元件的并联。3 个电容元件的并联及其等效电路如图 3-4 所示。

当将电容元件并联使用时，有以下几个特点。

（1）电压的特点

每个电容元件两端的电压相等，均等于电路两端的总电压。即

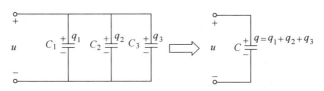

图 3-4　3 个电容元件的并联及其等效电路

$$u_1 = u_2 = u_3 = u$$

（2）电量的特点

电容元件并联电路所储存的总电量等于各电容元件储存电量之和。即

$$q = q_1 + q_2 + q_3$$

式中，$q_1 = C_1 u$，$q_2 = C_2 u$，$q_3 = C_3 u$。可见，当电容元件并联使用时，各电容储存的电荷与其电容量成正比，即电容量越大的电容储存得电荷越多。

（3）电容量的特点

由于

$$q = q_1 + q_2 + q_3$$

所以

$$C = \frac{q}{u} = \frac{q_1 + q_2 + q_3}{u} = C_1 + C_2 + C_3 \tag{3-8}$$

即电容元件并联电路的总电容（等效电容）等于各电容元件电容量之和。在将电容元件并联之后，相当于增大了其两极板的面积，所以总电容大于每一个分电容。

（4）耐压的特点

在利用电容的并联来增大电容量的同时，千万不能忽视电容的耐压问题。正常工作时任一电容器的耐压均不能低于外加的电压，否则该电容器就会被击穿，因而，并联电容元件的耐压值应取参与并联的各电容元件中耐压值最小的那个。

【例 3-3】　有 3 个电容器并联，其中两个电容器的电容均为 $20\mu F$，耐压值均为 $500V$，另一个电容器的电容为 $50\mu F$，耐压值为 $300V$，求：（1）总的等效电容为多少？（2）电容器组的耐压值为多少？

解：（1）$C = C_1 + C_2 + C_3 = (20 + 20 + 50)\mu F = 90\mu F$

（2）因为 3 个电容器中 $300V$ 的耐压值是最小的工作电压，所以外加电压不能超过 $300V$。

3.2　电感元件

学习任务

1）了解电感器的基本构造，掌握电感量 L 的定义及其常见单位的表示方法。

2）掌握电感元件上电压与电流间的大小关系。

3）掌握电感元件的储能特性，了解其储存磁场能量的大小与相关物理量的关系。

电感器（线圈）是一种储存磁场能量的元件，当忽略线圈的电阻时，就可以认为它是一个理想的电感元件。

1. 线圈与电感元件

用各种规格的绝缘导线在绝缘骨架或铁心上绕上多匝，且匝与匝之间、层与层之间相互绝缘，就构成了一个线圈。通电线圈可以产生磁场，即通电线圈可以以磁场的形式储存能量，因此线圈是一种能够储存磁场能量的元件，这也是它的主要电磁特性。

若用无阻导线绕制成一个线圈，则它只反映线圈储存磁场能量的基本特性，这种线圈称为理想电感线圈，即电感元件，简称为电感，用 L 表示。电感元件的主要参数有电感量和额定电流。

由电磁感应定律可知，当电感线圈中通以变化的电流 i 时，就会有变化的磁通 ϕ_L 穿过线圈本身，而这个变化的磁通又会在线圈自身内产生感应电动势，这种现象叫做自感现象。由自感现象产生的感应电动势叫做自感电动势，产生的感应电压叫做自感电压。线圈自身电流产生的磁通 ϕ_L 称为自感磁通。若 ϕ_L 与 N 匝线圈都交链，则自感磁链 $\psi_L = N\phi_L$。实验表明，当电感线圈中的电流参考方向与自感磁通的参考方向满足右手螺旋关系时，在任何时刻电感线圈的自感磁链 ψ_L 与通过线圈的电流 i 成正比，自感现象如图 3-5 所示，即有

$$\psi_L = Li \qquad (3-9)$$

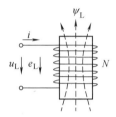

图 3-5　自感现象

当 L 为常数时的电感元件叫做线性电感元件，此时线圈磁链与电流大小成正比；否则，为非线性电感元件。本书中提到的电感元件，如无特别说明，均指线性电感。

在国际单位制中，ψ_L 的单位是 Wb（韦伯）；L 为线圈的自感系数，单位为亨〔利〕，用符号 H 表示。线圈的自感系数又叫做线圈的电感量，简称为自感或电感。同样，"电感"一词既表示电感元件本身，又表示其参数。在国际单位制中，L 常用的单位还有毫亨（mH）和微亨（μH），它们之间的换算关系为

$$1\text{H} = 10^3\,\text{mH} = 10^6\,\mu\text{H}$$

电感是线性电感元件的固有参数，其大小只取决于电感元件本身的几何形状、大小及线圈中的介质，而与线圈中的电流和磁通无关。

为了保证电感元件的使用安全，在电感元件上必须标识所允许通过的最大电流（称为额定电流）。若工作电流超过额定电流，则电感元件就会因发热而改变参数，甚至烧坏。导致电感元件损坏的情况主要有线圈断路、线圈短路、线圈断股（线圈通常是由多股导线绕制的）等。

2. 电感元件上电压与电流的关系

当电流通过电感元件时就会形成磁场，当电流改变时电磁场也随之改变，磁场的变化又会引起线圈内感应电压的变化。当选取自感电压的参考方向与自感电动势的参考方向一致，同时选取自感电压的参考方向与电感线圈中电流的参考方向一致时（电感元件上电压与电流的关系如图 3-6 所示）。

则有

$$e = -N\frac{\mathrm{d}\phi}{\mathrm{d}t} = -\frac{\mathrm{d}(N\phi)}{\mathrm{d}t} = -\frac{\mathrm{d}\psi}{\mathrm{d}t}$$

$$u = -e = N\frac{\mathrm{d}\phi}{\mathrm{d}t} = \frac{\mathrm{d}(N\phi)}{\mathrm{d}t} = \frac{\mathrm{d}\psi}{\mathrm{d}t}$$

$$u_L = L\frac{di}{dt} \qquad (3\text{-}10)$$

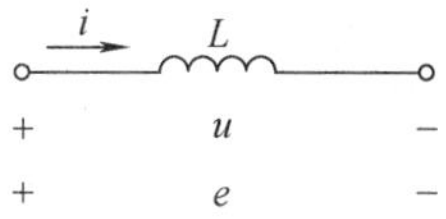

图 3-6 电感元件上
电压与电流的关系

由式（3-10）得出，只有当电感元件中的电流发生变化时，其两端才会有电压，且电压的大小与通过电感的电流对时间的变化率成正比。在直流电路中，由于电流不变化，电感元件两端电压为零，所以稳态时电感元件对直流电可视为短路。而在交流电路中，电流变化越快，电压越大，近似开路。所以说电感元件也是一个动态元器件，且具有"通直流、阻交流"的特性。

3. 电感元件中的磁场能量

当电流通过电感线圈时，会在电感线圈周围建立起磁场，有磁场就存在磁场能量。由理论推导可得

$$W_L = \frac{1}{2}Li_L^2 \qquad (3\text{-}11)$$

这个能量是由外电路提供的，其大小除了与电感线圈的自身因素有关外，仅与电流值有关，而与电流建立的过程无关。

【例 3-4】 已知流过 50mH 电感线圈的电流为 $i_L = 16$A，试求该线圈中储存的磁场能量。

解：由磁能公式可得

$$W_L = \frac{1}{2}Li_L^2 = \frac{1}{2}\times50\times10^{-3}\times16^2\text{J} = 6.4\text{J}$$

3.3 换路定律

学习任务

1）了解电路中引起换路现象的具体原因。

2）理解换路定律的内容及其数学表达式。

3）掌握动态电路初始值的确定方法。

在动态电路分析中，把引起过渡过程的电路变化称为换路。引起电路变化的起因有许多，如电路的接通、断开、元器件参数的变化、电路连接方式的改变及电源的变化等。总之，所谓换路就是引起过渡过程的电路变化。

3.3.1 换路定律的概念

当动态电路发生换路时，把出现暂态过程的瞬间称为初始瞬间，此刻对应的电路状态就是初始状态。

一般认为，换路是在瞬间完成的，若设 $t=0$ 为换路瞬间，即作为计算时间的起始点，则可用 $t=0_-$ 表示换路前的最后瞬间，$t=0_+$ 表示换路后的最初瞬间，但是两者在数值上都等于 0，只是 0_- 是指从负值趋近于零，0_+ 是从正值趋近于零。

经实验证实和理论推导，从 $t=0_-$ 到 $t=0_+$ 瞬间，也就是换路后，电容元件两端的电压和流过电感元件的电流不能发生突变，这个规律称为换路定律或换路条件。电路在换路完成

后，就以此电压或电流为初始值进行连续变化，直到达到新的稳定值为止。用公式可将换路定律表示为

$$u_C(0_+) = u_C(0_-)$$
$$i_L(0_+) = i_L(0_-)$$

(3-12)

实质上，换路定律是"能量不能突变"这个自然规律在电容和电感上的具体反映。需要特别注意的是，换路瞬间除了电容电压和电感电流外，其余的（如流过电容的电流、电感两端的电压、电阻的电压和电流、电压源的电流、电流源的电压）则可以突变，是否变则要根据电路的具体情况而定，它们不受换路定律的约束。

3.3.2　动态电路初始值的确定

初始值是指动态电路在换路后的最初瞬间，即 $t = 0_+$ 时的各部分的电流和电压。由于电路中的所有电流和电压都是从其初始值开始变化的，所以要分析过渡过程，就必须首先确定初始值。

动态电路初始值的确定，首先，利用 $t = 0_-$ 时的等效电路确定 $u_C(0_-)$ 或 $i_L(0_-)$，而后由换路定律求出电容元件两端的电压初始值 $u_C(0_+)$ 和电感元件上的电流初始值 $i_L(0_+)$，据此画出电路在换路后瞬间（ $t = 0_+$ ）的等效电路，依据欧姆定律和基尔霍夫定律确定电容电流、电感电压及电阻的电流和电压等初始值。

需要注意的是，在画换路前（ $t = 0_-$ ）时的等效电路时，由于电路是稳定的，所以电容可视为开路，电感可视为短路。而在画换路后瞬间动态电路的等效电路时，若动态元件在换路前未储能，则在换路后瞬间 $u_C(0_+)$ 和 $i_L(0_+)$ 均为零，此时的电容可作为短路处理，电感可作为开路处理；反之，动态元件在换路前已经储能，则换路瞬间保持其换路前的数值不变，即在 $t = 0_+$ 的瞬间，电容相当于一个端电压等于 $u_C(0_+)$ 的电压源，电感相当于一个电流为 $i_L(0_+)$ 的电流源。

下面举例说明初始值确定的具体方法。

【例3-5】　在图 3-7a 所示电路中， $U_S = 10V$ ， $R_1 = 3\Omega$ ， $R_2 = 2\Omega$ ，试求 S 闭合瞬间 i_1 、i_2 、i_L 和 u_L 的初始值。

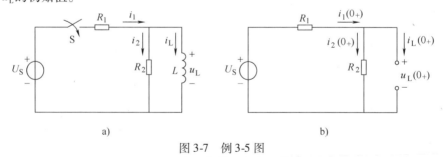

a)　　　　　　　　　　　　　　b)

图 3-7　例 3-5 图

解：（1）由于 S 闭合前电感没有储能，所以 $i_L(0_-) = 0$ ，不用画 $t = 0_-$ 等效电路。

（2）根据换路定律有 $i_L(0_+) = i_L(0_-) = 0$ 。

（3）画 $t = 0_+$ 时的等效电路。

由于 $i_L(0_+) = 0$ ，所以电感可视为开路，如图 3-7b 所示。由图中可知

$$i_1(0_+) = i_2(0_+) = \frac{U_S}{R_1 + R_2} = \frac{10}{3+2}A = 2A$$

$$u_L(0_+) = i_2(0_+)R_2 = 2 \times 2V = 4V$$

3.4 用三要素法分析一阶动态电路

学习任务

1）了解一阶动态电路的零输入响应、零状态响应和全响应的概念。

2）了解 RC、RL 串联电路的零输入响应与零状态响应的过程，掌握时间常数 τ 的含义。

3）了解全响应的产生过程及分析方法。

4）掌握一阶动态电路的三要素分析法。

对于动态电路的分析，主要是确定电路在换路后瞬间，电压和电流从初始值开始，经过什么过程、最终变化到什么值以及它所符合的变化规律。

3.4.1 一阶动态电路的响应规律

在电路的研究中，将电路中产生电压和电流的起因称为激励，由激励产生的电压和电流称为响应。如电压源和电流源，在电路中作为电源或信号源而起作用，可称为激励，而在它们的作用下，电路其他部分相应地产生电流和电压，这些电压和电流就叫做响应。动态电路在换路后所产生的响应主要有零输入响应、零状态响应和全响应。下面分别介绍它们的响应规律。

这里介绍的电路是只含有一种且只有一个（或等效为一个）储能元器件的电路，这样的电路称为一阶动态电路。

1. 一阶电路的零输入响应

如果动态元器件在换路前已经储存了能量，那么在换路后即使没有电源（激励）的存在，电路中仍将会有电流和电压。像这样，即使外加激励为零，仍可由动态元器件内部的初始储能使电路产生电流、电压的现象，称为零输入响应。"零"输入的含义是电路中无外部输入的意思。

在 RC 串联电路中，储有电场能的电容对电阻放电所产生的电流就是一种常见的零输入响应现象。在图 3-8a 所示电路中，电容器已充过电，且所带电荷为 q_0，电压为 U_0。在 $t=0$ 时，合上开关 S，由电容元件换路定律可知，换路瞬间电容上的电压不能突变，即换路后瞬间的电容电压等于换路前一时刻的电容电压 U_0，根据基尔霍夫电压定律可得

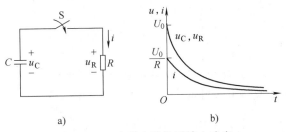

a)   b)

图 3-8 RC 串联电路的零输入响应

a）零输入响应现象   b）电压和电流随时间变化的曲线

$$u_C(t) = u_R(t)$$

由于 $i = -C\dfrac{\mathrm{d}u_C}{\mathrm{d}t}$（$i$ 和 u_C 为非关联参考方向），所以 $u_R = Ri = -RC\dfrac{\mathrm{d}u_C}{\mathrm{d}t}$，代入上式，得

$$RC\frac{\mathrm{d}u_C}{\mathrm{d}t} + u_C = 0 \tag{3-13}$$

在这个方程中，u_C 是要求取的未知数，在数学上这是个一阶微分方程，这是为什么称此类动态电路为一阶电路的另一原因。用数学方法求得该方程的解为

$$u_R = u_C = U_0 \mathrm{e}^{-\frac{t}{RC}} \tag{3-14}$$

根据电容上电压与电流的关系，可得电路中的电流为

$$i = -C\frac{\mathrm{d}u_C}{\mathrm{d}t} = \frac{U_0}{R} \mathrm{e}^{-\frac{t}{RC}} \tag{3-15}$$

由此可得，换路后电容两端的电压 u_C 和电阻两端的电压 u_R，从初始值 U_0 开始随时间按指数函数的变化规律衰减，而电路中的电流则以初始值 U_0/R 按相同指数规律衰减。图 3-8b 所示就是换路后电容、电阻元件两端电压和电路中电流随时间变化的曲线。

由式（3-14）和电容电压放电曲线可见，电容通过电阻放电，其两端电压衰减的速度由电路参数 RC 决定。设 $\tau = RC$，它是具有时间的量纲，称为时间常数。当取 R 的单位为 Ω，C 的单位为 F 时，时间常数 τ 的单位为秒（s）（可自行证明）。

当 $t = \tau$ 时，则 $u_C(\tau) = U_0 \mathrm{e}^{-1} = 0.368U_0 = 36.8\% U_0$，所以时间常数就是电容电压 u_C 衰减至初始值 U_0 的 36.8% 所需要的时间。同理，可以算出 $t = 2\tau$，$3\tau\cdots$ 时的电压值 u_C。不同时刻电容电压 u_C 的衰减值见表 3-1。

表 3-1　不同时刻电容电压 u_C 的衰减值

t	0	τ	2τ	3τ	4τ	5τ	$\cdots$	∞
$u_C(t)$	U_0	$0.368U_0$	$0.135U_0$	$0.05U_0$	$0.018U_0$	$0.007U_0$	$\cdots$	0

从理论上讲，过渡过程要经过无限长时间才能结束，但实际上，只要经历 5τ 的时间，电容电压就已衰减为 $0.007U_0$，即衰减已达到可以忽略不计的程度了。因此，在工程上一般认为换路后，经过 $3\tau \sim 5\tau$ 的时间，电路中的电流已小到可以忽略不计，此时即可认为过渡过程已经结束。由此可见，电路中的时间常数 τ 值越大，过渡过程持续的时间就越长。在电容初始电压一定的条件下，C 越大，放电时间越长；电阻 R 越大，放电时间也越长。

应当注意的是，当电路中有多个电阻时，时间常数 $\tau = RC$ 中的 R 可理解为将电容移除后，从所形成的有源或无源二端网络看进去的等效电阻。

【例 3-6】　在图 3-9 所示电路中，开关闭合前电路已稳定，试求：（1）开关 S 闭合后的电容电压 u_C；（2）电流 i_C、i_1 及 i_2。

解：换路前的电容相当于开路，所以其电压等于 12Ω 电阻两端的电压。由换路定律可得

$$u_C(0_+) = u_C(0_-) = \frac{12}{2+6+12} \times 12\mathrm{V} = 7.2\mathrm{V} = U_0$$

换路后，去除电容 C 所得电路的等效电阻为 6Ω 和

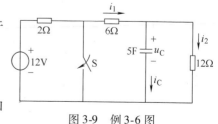

图 3-9　例 3-6 图

12Ω 两只电阻并联后的总电阻，即 $R = \dfrac{6 \times 12}{6 + 12}\Omega = 4\Omega$

所以时间常数为
$$\tau = RC = 4 \times 5\text{s} = 20\text{s}$$

由此可得电容电压为
$$u_C(t) = U_0 e^{-t/20} = 7.2 e^{-0.05t}\text{V}$$

同时可得
$$i_C = -\frac{U_0}{R} e^{-0.05t} = -1.8 e^{-0.05t}\text{A}$$

$$i_2 = \frac{u_C}{12} = 0.6 e^{-0.05t}\text{A}$$

$$i_1 = i_C + i_2 = -1.2 e^{-0.05t}\text{A}$$

在 *RL* 串联电路中，储有磁场能的电感对电阻放电的过程也是一种零输入响应过程。在图 3-10a 所示电路中，换路前电路处于稳态，且电感中的电流为 I_0，此时所储存磁场能量为 $W = \frac{1}{2}LI_0^2$。在 $t = 0$ 时闭合开关 S，电感 L 与电阻 R 构成回路，电感开始对电阻放电。由换路定律可知，换路瞬间电感元件上的电流不能突变，即换路后瞬间电感元件的电流应等于换路前一时刻的电流。此后，随着电阻不断地消耗能量，电感元件上的电流逐渐减小，电阻和电

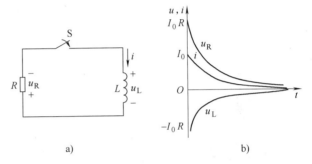

图 3-10　*RL* 串联电路的零输入响应

a）零输入响应现象　b）电压和电流随时间变化的曲线

感上的电压逐渐降低，直至电感电流 i_L、电感电压 u_L、电阻电压 u_R 减小为零为止，过渡过程结束，电路进入一个新的稳态。

利用与 *RC* 串联电路的零输入响应相似的理论分析，同样通过求解一阶微分方程可得
$$i = I_0 e^{-\frac{t}{\tau}} = I_0 e^{-\frac{R}{L}t} \tag{3-16}$$

而电阻和电感上的电压分别为
$$u_R = Ri = RI_0 e^{-\frac{t}{\tau}} = RI_0 e^{-\frac{R}{L}t} \tag{3-17}$$

$$u_L = -u_R = -RI_0 e^{-\frac{t}{\tau}} = -RI_0 e^{-\frac{R}{L}t} \tag{3-18}$$

由结果很容易看出，换路后的电流从初始值 I_0 开始，随时间按指数函数的变化规律衰减，电感两端的电压 u_L 和电阻两端的电压 u_R，则分别以各自的初始值 $-I_0R$ 和 I_0R 按同一指数规律衰减。图 3-10b 所示就是换路后电感、电阻元件上在两端电压和电路中电流随时间变化的曲线。

与电容通过电阻放电相似，该电路中各电量衰减的速度由电路参数 L/R 决定。设 $\tau = L/R$，它同样具有时间的量纲，也称为时间常数，当取 R 的单位为欧［姆］（Ω），L 的单位为亨［利］（H）时，时间常数 τ 的单位为秒（s）（可自行证明）。

理论上，电感所储存的磁场能量全部转换为热能，供给电阻消耗的过程，需要经历无限长的时间。但在实际上，一般认为换路后经过 $3\tau \sim 5\tau$ 的时间，电路中的各电量就已小到可以忽略不计的程度，此时即可认为过渡过程已经结束，电路进入了另一个新稳定状态。

同样，在确定时间常数 τ 时，定义中所包含的电阻 R 应理解为，将电感移除后，从所形成的有源或无源二端网络看进去的等效电阻。

【例3-7】 在图3-10a所示电路中，开关闭合前电感元件已储能。已知电感元件上的电流 $I_0 = 2\text{A}$，$R = 2\Omega$，$L = 0.1\text{H}$。求开关闭合后，（1）i_L、u_L 随时间的变化规律；（2）当 $t = 0.2\text{s}$ 时，i_L、u_L 及电感元件的储能 W_L。

解：时间常数 $\tau = \dfrac{L}{R} = \dfrac{0.1}{2}\text{s} = 0.05\text{s}$

根据公式可得

$$i_\text{L} = 2\text{e}^{-\frac{t}{0.05}}\text{A} = 2\text{e}^{-20t}\text{A}$$

$$u_\text{L} = -RI_0\text{e}^{-\frac{t}{0.05}} = -2\times 2\text{e}^{-20t}\text{V} = -4\text{e}^{-20t}\text{V}$$

当 $t = 0.2\text{s}$ 时，

$$i_\text{L}(0.2) = 2\times\text{e}^{-20t}\text{A} = 2\times\text{e}^{-20\times 0.2}\text{A} = 2\times\text{e}^{-4}\text{A} = 2\times 0.018\text{A} = 0.036\text{A}$$

$$u_\text{L}(0.2) = -4\text{e}^{-20t}\text{V} = -4\text{e}^{-20\times 0.2}\text{V} = -4\text{e}^{-4}\text{V} = -4\times 0.018\text{V} = -0.072\text{V}$$

$$W_\text{L}(0.2) = \frac{1}{2}Li_\text{L}^2 = \frac{1}{2}\times 0.1\times 0.036^2\text{J} = 6.48\times 10^{-5}\text{J}$$

可见，在 $t = 0.2\text{s}$ 时，电感元件上的电流已衰减至原来的 0.018 倍，电感元件储存的磁场能量也基本释放完毕，这说明当 $t = 4\tau$ 时，电路已基本处于稳定状态。

2. 一阶电路的零状态响应

若动态元器件在换路前没有储存能量，即换路后瞬间电容电压、电感电流均为零，则此时电路的状态称为零初始状态。零初始状态的电路在外加激励（直流电压）作用下产生电流、电压的现象，称为电路的零状态响应。

电源在对 RC 串联电路中未储能的电容进行充电时所产生电流的现象就是一种常见的零状态响应现象。在图3-11a所示电路中，开关 S 闭合前，电容电压为零，则电容上的储能为零，即为零初始状态。

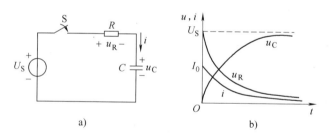

图3-11 RC 串联电路的零状态响应

a）零状态响应现象 b）充电电流、电容电压和电阻电压随时间变化的曲线

同样，利用 KVL 和解一阶微分方程可得，在此过渡过程中电阻上电压 u_R、电容上电压 u_C 以及流过电容的电流 i_C 随时间变化的规律分别为

$$u_\text{C} = U_\text{S}\left(1 - \text{e}^{-\frac{t}{\tau}}\right) = U_\text{S}\left(1 - \text{e}^{-\frac{t}{RC}}\right) \tag{3-19}$$

$$u_\text{R} = U_\text{S} - u_\text{C} = U_\text{S}\text{e}^{-\frac{t}{\tau}} = U_\text{S}\text{e}^{-\frac{t}{RC}} \tag{3-20}$$

$$i_C = i_R = i = \frac{u_R}{R} = \frac{U_S}{R} e^{-\frac{t}{\tau}} = \frac{U_S}{R} e^{-\frac{t}{RC}} \text{A} \tag{3-21}$$

与零输入响应相同,把 $\tau = RC$ 称为电路的时间常数,其数值越大,过渡过程持续的时间越长。在充电过程经过 5τ 的时间后,可近似认为过渡过程已结束。同样,式中的 R 为在换路后电路中将电容移除后,从所形成的有源或无源二端网络看进去的等效电阻(电压源相当于短路,电流源相当于开路)。

图 3-11b 给出了在换路后,零初始状态的电容元件在充电过程中充电电流、电容电压及电阻电压随时间变化的曲线。

【例 3-8】 在图 3-11a 所示电路中,电容原先未储能。已知电源电压 $U_S = 100\text{V}$,$C = 5\mu\text{F}$,在 $t = 0$ 时开关 S 闭合,此时电流值(初始值)为 20mA。试求(1)电阻 R 的值;(2)u_C、i_C 的表达式;(3)在开关 S 闭合后 0.1s 时电流 i_C 的大小。

解:(1)因为电容原来未带电,所以有

$$i_C = \frac{U_S}{R} e^{-\frac{t}{RC}} \text{A}$$

而当 $t = 0$ 时则有

$$i_C(0) = \frac{U_S}{R} e^0 = \frac{U_S}{R} = \frac{100}{R} = 20\text{mA}$$

$$R = \frac{100}{20}\text{k}\Omega = 5\text{k}\Omega$$

(2)以开关 S 闭合时刻为计时起点。电路的时间常数为

$$\tau = RC = 0.025\text{s}$$

所以有

$$u_C = U_S(1 - e^{-t/\tau}) = 100(1 - e^{-40t})\text{V}$$

$$i_C = \frac{U_S}{R} e^{-t/\tau} = 20e^{-40t}\text{mA}$$

(3)而当 $t = 0.1\text{s}$ 时有

$$i_C(0.1) = 20e^{-40t} = 20e^{-4}\text{mA} = 0.366\text{mA}$$

电流在 0.1s 时接近于零,而 $4\tau = 0.1\text{s}$,说明过渡过程经历 4τ 后基本结束。

在 RL 串联电路中,电源使未储能的电感储上电场能的过程,也是一种零状态响应过程。在图 3-12a 所示电路中,开关闭合前电感电流为零。

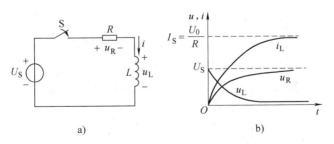

a)

b)

图 3-12 RL 串联电路的零状态响应

a)零状态响应现象 b)各元器件两端电压和电路中电流随时间变化的曲线

在整个过渡过程中，电源所提供的能量逐渐以磁场能量的形式储存于电感元件中，由理论分析可得，电感电流 i、电感电压 u_L 和电阻电压 u_R 随时间的变化规律分别为

$$i = \frac{U_S}{R}(1 - e^{-\frac{R}{L}t}) = \frac{U_S}{R}(1 - e^{-\frac{t}{\tau}}) = I_S(1 - e^{-\frac{t}{\tau}}) \tag{3-22}$$

$$u_R = Ri = U_S(1 - e^{-\frac{t}{\tau}}) \tag{3-23}$$

$$u_L = U_S - u_R = U_S e^{-\frac{t}{\tau}} \tag{3-24}$$

同样，式中的 τ 是指时间常数，定义为 $\tau = L/R$，其意义同时间常数。τ 越小，过渡过程越快；τ 越大，过渡过程越慢。图 3-12b 给出了电路中各元器件两端电压和电路中电流随时间变化的关系曲线。

其中 R 为过渡过程的等效电阻，其大小的计算方法，与 RL 串联电路零输入响应中的等效电阻的确定方法相同。

【例 3-9】 在图 3-12a 所示的电路中，电源 $U_S = 12\text{V}$，$R = 12\Omega$，$L = 3\text{H}$，开关 S 闭合前电感中无电流，电路处于稳态。试求开关 S 闭合后 2τ 时的电感电压和电感电流。

解： 以开关 S 闭合瞬间为计时起点，由换路定律可得

$$i(0_+) = i(0_-) = 0\text{A}$$

由 RL 串联电路零状态响应规律可得

$$\tau = L/R = \frac{3}{12}\text{s} = \frac{1}{4}\text{s} = 0.25\text{s}$$

$$i_L = i = \frac{U_S}{R}(1 - e^{-\frac{R}{L}t}) = \frac{U_S}{R}(1 - e^{-\frac{t}{\tau}}) = \frac{12}{12}(1 - e^{-4t}) = (1 - e^{-4t})\text{A}$$

$$u_R = Ri = U_S(1 - e^{-\frac{t}{\tau}}) = 12(1 - e^{-4}) \text{V} = (12 - 12e^{-4})\text{V}$$

$$u_L = U_S - u_R = U_S e^{-\frac{t}{\tau}} = (12e^{-4t})\text{V}$$

而当 $t = 2\tau = 0.5\text{s}$ 时，则有

$$i_L(0.5) = i(0.5) = 1 - e^{-4t} = (1 - 0.135)\text{A} = 0.865\text{A}$$

$$u_L(0.5) = U_S e^{-\frac{t}{\tau}} = 12e^{-4t} = 12 \times e^{-4 \times 0.5}\text{V} = 12 \times 0.135\text{V} = 1.62\text{V}$$

3. 一阶电路的全响应

前面已经分析了零输入响应和零状态响应两种常见的过渡过程。如果电路中的动态元器件在换路前已经储能，并且换路后又受到外部一定的激励，那么此时将会发生怎样的过渡过程呢？

像这样，在电路中的动态元器件原先已经储能（电容两端电压不为零，电感中电流不为零）、而又受到（直流）激励作用、在电路中产生电流和电压的过渡过程，称为全响应。一阶电路的全响应即指，处于非零初始状态下的一阶电路，在直流电源激励下而在其中产生的电流、电压。一阶电路的全响应还可分解为零输入响应和零状态响应，即

全响应 = 零输入响应 + 零状态响应

也就是说，初始状态不为零而又有外加激励的全响应，可以看做是零输入与零状态的叠加，这是叠加原理在一阶动态电路中的应用。在具体研究分析时，可以分别求出电路的零输入响应和零状态响应规律，然后将其相加就可求得电路的全响应。

在图 3-11a 所示电路中，在开关 S 闭合前，电容已储存电能，其两端电压为 U_0，当 $t = 0$

时闭合开关。该电路在换路后瞬间起，直到进入新的稳定状态为止，所要经历的过渡过程就是全响应。在此过程中，电容两端电压和电路中的电流随时间变化的规律，可用叠加定理分析得出。

其中

$$u_C(t) = U_S(1 - e^{-\frac{t}{\tau}}) + U_0 e^{-\frac{t}{\tau}}$$

同样可得

$$i(t) = \frac{U_S}{R}e^{-\frac{t}{\tau}} - \frac{U_0}{R}e^{-\frac{t}{\tau}}$$

将以上两式整理可得

$$u_C(t) = U_S + (U_0 - U_S)e^{-\frac{t}{\tau}} \tag{3-25}$$

$$i(t) = \frac{U_S - U_0}{R}e^{-\frac{t}{\tau}} \tag{3-26}$$

由式（3-25）很容易看出，全响应时电容电压 u_C 可分为两项：第一项为常量 U_S，它是电容电压在电路达到新的稳态时的电压值，称为稳态分量；第二项则是与时间有关的指数函数，它将随时间按指数函数变化规律衰减为零，这一项称为暂态分量。而电路中电流的变化只有暂态分量，最终其稳态值为零，原因是电容在稳态电路中相当于短路。

综上所述，电路的全响应既可以分解成暂态分量和稳态分量，又可以分解为零输入响应和零状态响应。前者是着眼于电路的工作状态，后者是侧重于激励与响应之间的因果关系，以便于计算。

在图 3-11a 所示的 RC 串联电路的全响应过程中，如果 $U_0 > U_S$，就是电容通过电阻放电的过渡过程；反之，如果 $U_0 < U_S$，就是电容的充电过程；而当 $U_0 = U_S$ 时，则电容既不充电也不放电，电路中就没有过渡过程。因此，电路中产生过渡过程的条件，除了电路中必需含有动态元器件和发生换路动作外，还应再加一条，就是动态元器件在换路后瞬间的电压、电流初始值不能等于换路后电路达到新稳态时的电压、电流值。

以上为 RC 串联电路的全响应分析方法，对于 RL 串联电路的分析，其方法完全相同，在此不再赘述（可自行推导）。

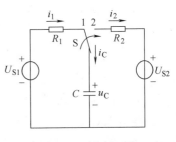

图 3-13　例 3-10 图

【例 3-10】　电路如图 3-13 所示。已知 $U_{S1} = 20V$，$U_{S2} = 10V$，$R_1 = 10k\Omega$，$R_2 = 20k\Omega$，$C = 10\mu F$，开关 S 一直闭合在位置 1 上，直到 $t = 0$ 时 S 由 1 打向 2。试求换路后电容器上的电压 u_C 和 i_C 以及电路中电流 i_2 随时间的变化规律，并画出它们的响应曲线。

解： 求初始值，由换路定律可得　　　$U_0 = u_C(0_+) = u_C(0_-) = U_{S1} = 20V$

由换路后电路可得其他初始值为

$$i_2(0_+) = \frac{u_C(0_+) - U_{S2}}{R_2} = \frac{20 - 10}{20}\text{mA} = 0.5\text{mA}$$

$$i_C(0_+) = -i_2(0_+) = -0.5\text{mA}$$

换路后的时间常数

$$\tau = R_2 C = 20 \times 10^3 \times 10 \times 10^{-6}\text{s} = 0.2\text{s}$$

由 RC 串联电路的全响应结论可得

$$u_C(t) = U_{S2} + (U_0 - U_{S2})e^{-\frac{t}{\tau}} = 10 + (20 - 10)e^{-\frac{t}{0.2}} = 10(1 + e^{-5t})\,V$$

$$i_C(t) = \frac{U_{S2} - U_0}{R_2}e^{-\frac{t}{\tau}} = \frac{10 - 20}{20 \times 10^3}e^{-\frac{t}{0.2}} = -0.5e^{-5t}\,mA$$

$$i_2(t) = -i_C(t) = 0.5e^{-5t}\,mA$$

由表达式可得 i_2、i_C 和 u_C 随时间变化的曲线如图 3-14 所示。由曲线可以看出，i_2、i_C 和 u_C 都是按照同样的指数规律从它们各自的初始值逐渐过渡到稳态值的。

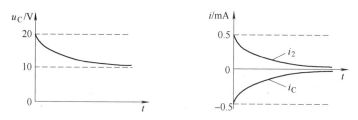

图 3-14 i_2、i_C 和 u_C 随时间变化的曲线

3.4.2   一阶动态电路的三要素法

由上节所研究的一阶动态电路不难看出，无论是零输入响应、零状态响应还是全响应，对一阶动态电路的分析研究，实质上都是求解一阶电路过渡过程中各部分电压、电流随时间变化的规律。

理论分析表明，一阶电路的过渡过程通常是，电路变量由初始值按照指数规律逐渐趋向（增长或衰减）新的稳态值的过程，趋向新稳态值的速率与动态电路的时间常数 τ 有关。电路变量的初始值是指电路变量在换路后瞬间的取值，稳态值是指该电路变量在达到稳定状态后的取值。

以 RC 串联电路的全响应为例，在此过渡过程中电容电压 u_C 的变化规律可重写如下，即

$$u_C(t) = U_S + (U_0 - U_S)e^{-\frac{t}{\tau}} \tag{3-27}$$

式中，U_S 为经历了无穷长时间、电路进入新的稳态后（$t \to \infty$ 时）电容两端的电压稳定值，常记为 $u_C(\infty)$；U_0 则为换路后瞬间电容电压的初始值 $u_C(0_+)$；而 τ 是指换路后的时间常数。由此可以看出，一阶动态电路的过渡过程与 3 个量有关，即初始值、稳态值和中间过渡过程所经历的时间（时间常数）。我们常把初始值、稳态值和时间常数叫做一阶电路的三要素。进一步分析可得出一阶电路中的其他变量。在换路后随时间的变化规律可写成下面的一般形式，即

$$f(t) = f(\infty) + [f(0_+) - f(\infty)]e^{-\frac{t}{\tau}} \tag{3-28}$$

式中，$f(t)$ 表示待求电路变量；$f(0_+)$ 是指相应待求变量的初始值；$f(\infty)$ 是指相应待求变量的稳态值。如果求解出一阶动态电路中待求变量的初始值、稳态值和时间常数，就可以直接利用式（3-28）写出其在换路后的响应规律，而不需要通过微分方程来求解，这种方法称为一阶电路的三要素法。虽然三要素法是针对全响应总结出来的分析方法，但它对零输入

响应和零状态响应照样适用，原因是可以将零输入响应和零状态响应看做是在零输入和零状态下的全响应。

利用三要素法分析计算一阶动态电路的基本步骤如下所述。

1）电路变量初始值 $f(0_+)$ 的计算。先求出换路前的数值，再利用换路定律和 $t = 0_+$ 的等效电路即可求得。

2）电路新稳态值 $f(\infty)$ 的计算。在电路换路后达到新的稳态时，先将电容元件开路、电感元件短路，得到 $t = \infty$ 时的等效电路，然后依据基尔霍夫定律、欧姆定律，应用直流电路的分析方法，求出待求电路变量的稳态值。

3）时间常数 τ 的确定。时间常数 τ 只取决于换路后电路自身的结构和参数，与激励无关，在 RC 串联电路中，$\tau = RC$，而在 RL 电路中，$\tau = L/R$。其中 R 的确定方法在前面已经叙述，在此不再赘述，切记 R 不是指电路中的某个电阻，而是指等效电阻。

【例 3-11】 在图 3-15a 所示电路中，$U_S = 20\text{V}$，$R_1 = 5\Omega$，$R_2 = 4\Omega$，$R_3 = 3\Omega$，试求 S 打开瞬间 i_1、i_2、i_3 的初始值。

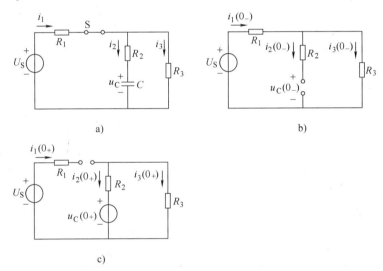

图 3-15 例 3-11 图

解：（1）画 $t = 0_-$ 时的等效电路。由于 S 打开前电路是稳定的，所以可视电容为开路，如图 3-15b 所示。由图中可知

$$u_C(0_-) = \frac{R_3}{R_1 + R_3}U_S = \frac{3}{5 + 3} \times 20\text{V} = 7.5\text{V}$$

（2）根据换路定律有 $\qquad u_C(0_+) = u_C(0_-) = 7.5\text{V}$

（3）画 $t = 0_+$ 时的等效电路。由于 $u_C(0_+)$ 不为零，所以用一个端电压等于 $u_C(0_+)$ 的恒压源代替电容，如图 3-15c 所示。由图中可知

$$i_1(0_+) = 0\text{A}$$

$$i_3(0_+) = \frac{7.5}{3 + 4}\text{A} = 1.07\text{A}$$

$$i_2(0_+) = -i_3(0_+) = -1.07\text{A}$$

【例 3-12】 电路如图 3-16a 所示。已知 $U_S = 20\text{V}$，$R_1 = 100\Omega$，$R_2 = 200\Omega$，$R_3 = 300\Omega$，

试求 S 打开后达到稳定状态时 i_1、i_2、i_3 和 u_C 的稳态值。

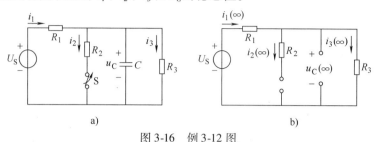

图 3-16　例 3-12 图

解： 画 $t = \infty$ 的等效电路。由于在 S 打开后达到稳定状态时可视电容为开路，所以可得图 3-16b。由图中可知

$$i_2(\infty) = 0A$$

$$i_1(\infty) = i_3(\infty) = \frac{U_S}{R_1 + R_3} = \frac{20}{100 + 300}A = 0.05A$$

$$u_C(\infty) = i_3(\infty)R_3 = 0.05 \times 300V = 15V$$

【**例 3-13**】　在图 3-17a 所示的电路中，将开关 S 由 1 倒向 2（开关换路前电路已经稳定）。试求换路后的 $i(t)$。

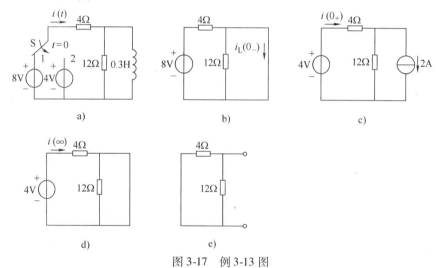

图 3-17　例 3-13 图

解： 利用三要素求解。

（1）求初始值 $i(0_+)$

首先求 $i_L(0_-)$，由于开关换路前电路已经稳定，所以电感相当于短路，得 $t = 0_-$ 时的等效电路如图 3-17b 所示，得

$$i_L(0_-) = \frac{8}{4}A = 2A$$

然后应用换路定律，$i_L(0_+) = i_L(0_-) = 2A$，画出换路后 $t = 0_+$ 时的等效电路，如图 3-17c 所示，求解电路（用叠加定理或支路电流法）可得

$$i(0_+) = \left(\frac{4}{4 + 12} + 2 \times \frac{12}{16}\right)A = (0.25 + 1.5)A = 1.75A$$

（2）求稳态值 $i(\infty)$

当电路达到新的稳定时，电感相当于短路，此时等效电路如图 3-17d 所示，可得

$$i(\infty) = \frac{4}{4}A = 1A$$

（3）求时间常数 τ

在求解时间常数 τ 时，等效电阻电路如图 3-17e 所示，得 $R = \frac{4 \times 12}{4 + 12}\Omega = 3\Omega$，则 $\tau = \frac{L}{R} = \frac{0.3}{3}s = 0.1s$。

（4）将三要素代入式（3-28）中，可得

$$i(t) = 1 + (1.75 - 1)e^{-10t} = (1 + 0.75e^{-10t})A$$

【例 3-14】 电路如图 3-18 所示。已知 $I_S = 2A$，$R_1 = 10\Omega$，$R_2 = 20\Omega$，$L = 1H$。试用三要素法求 S 闭合后的 i_2、i_L 和 u_L。

解：（1）求初始值

$$i_L(0_+) = i_L(0_-) = I_S = 2A$$

则

$$i_2(0_+) = 0A$$
$$u_L(0_+) = -i_L(0_+)R_1 = -2 \times 10V = -20V$$

（2）求稳态值

电路稳定时电感相当于短路，所以

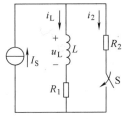

图 3-18 例 3-14 图

$$u_L(\infty) = 0V$$
$$i_L(\infty) = \frac{R_2}{R_1 + R_2}I_S = \frac{20}{20 + 10} \times 2A = \frac{4}{3}A$$
$$i_2(\infty) = I_S - i_L(\infty) = \left(2 - \frac{4}{3}\right)A = \frac{2}{3}A$$

（3）求时间常数

$$\tau = \frac{L}{R_1 + R_2} = \frac{1}{10 + 20}s = \frac{1}{30}s$$

（4）根据三要素公式，得

$$i_2 = i_2(\infty) + [i_2(0_+) - i_2(\infty)]e^{-\frac{t}{\tau}} = \frac{2}{3} + \left(0 - \frac{2}{3}\right)e^{-30t} = 0.67(1 - e^{-30t})A$$

$$i_L = i_L(\infty) + [i_L(0_+) - i_L(\infty)]e^{-\frac{t}{\tau}} = \frac{4}{3} + \left(2 - \frac{4}{3}\right)e^{-30t} = (1.33 + 0.67e^{-30t})A$$

$$u_L = u_L(\infty) + [u_L(0_+) - u_L(\infty)]e^{-\frac{t}{\tau}} = 0 + (-20 - 0)e^{-30t} = -20e^{-30t}V$$

3.5 一阶动态电路的典型应用

学习任务

1）了解一阶动态电路的典型应用微分电路和积分电路及其实质。

2）了解微分电路和积分电路基本构成及其工作原理。

由 RC 构成的一阶动态电路的响应主要是由于电容的充放电而产生的，充放电的速度取决于电路的时间常数。在电子技术中，常用到的微分电路和积分电路实际上就是 RC 串联的充放电电路，只是因为选取了不同的时间常数，使得在电路中的激励（输入）和响应之间呈现出不同的特定关系（微分和积分）。本节简单介绍 RC 积分电路和微分电路的基本组成及其工作原理。

3.5.1　微分电路

在图 3-19 所示的 RC 串联电路中，若在其两端输入矩形脉冲电压 u_i，脉冲宽度为 t_p，且 t_p 远大于电路时间常数 τ，而输出电压 u_o 取自电阻，则 RC 串联电路可作为微分电路使用。

选择电压和电流的参考方向如图 3-19 所示，根据 KVL 定律 $u_i = u_C + u_o$，微分电路的工作过程如下所述。当信号 u_i 开始作用时，由于电容电压在换路瞬间不能突变，要保持换路前一瞬间的取值，所以 $u_C = 0$，u_i 全部降落在 R 上，即 $u_o = u_i - u_C = U_m$，输出电压从零突变到 U_m。接着电容开始充电，电容电压 u_C 按指数规律上升，而输出电压按指数规律下降，上升或下降的速度取决于电路的时间常数。

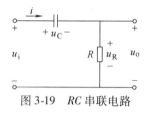

图 3-19　RC 串联电路

由于时间常数 τ 远远小于脉冲宽度 t_p，所以在很短时间内 u_C 上升至 U_m，而输出电压 u_o 下降为零。此时很容易使输出电压 u_o 形成一个正的尖脉冲；而当从 U_m 突变到零时，由换路定律可知 u_C 仍为 U_m，根据 $u_o = u_i - u_C = -U_m$，所以输出电压 u_o 从零突变到 $-U_m$。在下一个脉冲到来之前，$u_i = 0$，输入端相当于被短路，电容开始对电阻放电，τ 远远小于脉宽 t_p，电容上电压 u_C 迅速由 U_m 降为零，输出电压 $u_o = u_i - u_C = 0 - u_C = -u_C$，也将由 $-U_m$ 迅速变为零。此时，输出端形成一个负的尖脉冲，即在一个矩形脉冲信号的作用下，在 RC 串联电路中的电阻上将产生两个幅值相等、方向相反的尖脉冲。需要指出的是，尖脉冲的宽度和尖锐程度与电路时间常数 τ 有关，τ 值越小，电路输出的脉冲越尖锐，宽度也越小；反之，尖脉冲的宽度将越大。

当下一个矩形脉冲到来时，输出电压 u_o 又会重复前面的变化。微分电路各电压的输入输出波形如图 3-20 所示。若输入信号是一个周期性的矩形脉冲电压信号，则输出信号必为重复输出的尖脉冲。

由前面的分析可知，因为时间常数 τ 远远小于脉冲宽度 t_p，所以电容的充放电过程极短，因而电容两端电压近似等于输入电压，即

$$u_C = u_i$$

而

$$u_o = u_R = iR = RC\frac{du_C}{dt}$$

由此可得

$$u_o = RC\frac{du_i}{dt} \tag{3-29}$$

上式说明，输出电压 u_o 与输入电压 u_i 的微分成正比，因此把这种从电阻两端输出且满足式（3-29）关系的电路称为微分电路。微分电路能将输入电压进行微分处理后再输出，与此同时也完成了将矩形脉冲转换为尖脉冲输出，实现了波形变换。尖脉冲在电子技术中常用做脉冲电路的触发信号。

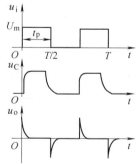

图 3-20　微分电路各电压的输入输出波形

3.5.2 积分电路

积分电路是指输出电压与输入电压之间成积分关系的电路。积分电路如图 3-21 所示。在 RC 串联电路中，若将输出电压改为从电容两端获取，即 $u_o = u_C$，同样在 RC 串联电路两端输入矩形脉冲电压 u_i，脉冲宽度为 t_p，当 t_p 远小于电路时间常数 τ 时，就构成 RC 积分电路。积分电路的输入输出波形如图 3-22 所示。

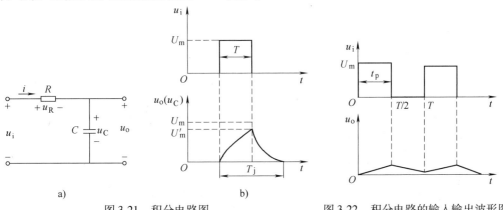

图 3-21 积分电路图   图 3-22 积分电路的输入输出波形图

对于同一个积分电路而言，锯齿波的幅度 U'_m 与输入矩形波的脉冲宽度 t_p 有关，t_p 越小（与 τ 相比），电容充电的速度越慢，锯齿波的幅度 U'_m 也就越小。

由前面的分析可知，在积分电路中因为 τ 远远大于脉冲宽度 t_p，所以电容的充放电过程很长，因而电阻两端电压近似等于输入电压，即

$$u_R = u_i$$

而

$$i_C = C \frac{\mathrm{d}u_C}{\mathrm{d}t}$$

所以

$$u_C = \frac{1}{C} \int i_C \mathrm{d}t$$

在 RC 串联电路中，$i_C = i$，而 $i = \dfrac{u_R}{R} = \dfrac{u_i}{R}$，综合以上分析可得

$$u_o = u_C = \frac{1}{RC} \int u_i \mathrm{d}t \tag{3-30}$$

上式表明，输出电压 u_o 与输入电压 u_i 的积分成正比，因此将这种从电容两端输出且满足式（3-30）关系的电路称为积分电路。积分电路能将输入电压进行积分处理后再输出，与此同时也完成了把矩形脉冲转换为三角波的波形变换。三角波在电子技术中常作为电视接收机脉冲电路的触发信号。

3.6 Multisim 对一阶电路响应的仿真测试

3.6.1 电容器充电和放电的仿真分析

电容充、放电电路如图 3-23 所示。当开关 S 闭合时，电容通过 R_1 充电；当开关 S 打开

时，电容通过R_2放电，将开关S反复打开和闭合，此时会在示波器的屏幕上观测到图3-24所示的电容两端的电压波形，这就是电容器充、放电时电容器两端的电压波形。

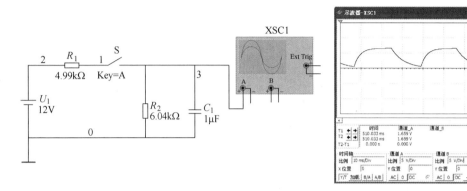

图3-23　电容充、放电电路　　　　　　图3-24　电容两端的电压波形

3.6.2　一阶电路零输入响应的仿真分析

一阶电路仅有一个动态元器件（电容和电感），如果在换路瞬间动态元器件已储存能量，那么即使电路中无外加激励电源，电路中的动态元器件也将通过电路放电，在电路中产生响应，即零输入响应。

电容充、放电电路如图3-23所示。当开关S闭合时，电容通过R_1充电，电路达到稳定状态，电容存储能量。当开关S打开时，电容通过R_2放电，在电路中产生响应，即零输入响应。电容电压零输入响应波形如图3-25所示。

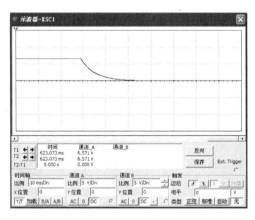

图3-25　电容电压零输入响应波形图

3.6.3　一阶电路零状态响应的仿真分析

当动态电路初始储能为零（即初始状态为零）时，仅由外加激励产生的响应就是零状态响应。

对于图3-23所示电路，若电容的初始储能为零，当开关S闭合时电容通过R_1充电，响应则由外加激励产生，即零状态响应。电容电压零状态响应波形如图3-26所示。

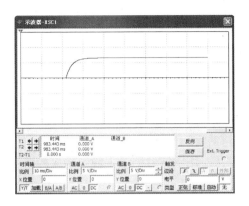

图 3-26　电容电压零状态响应波形图

3.6.4　一阶电路全响应的仿真分析

当一个非零初始状态的电路受到激励时，电路的响应称为全响应。对于线性电路，全响应是零输入响应和零状态响应之和。

电容电压全响应电路如图 3-27 所示。该电路有两个电压源，当 V_1 接入电路时，电容充电；当 V_2 接入电路时，电容放电（或反方向充电）。其响应是初始储能和外加激励同时作用的结果，即全响应。反复按下 < 空格 > 键使开关反复打开和闭合，通过示波器就可以观察到电路的电容电压全响应波形，如图 3-28 所示。

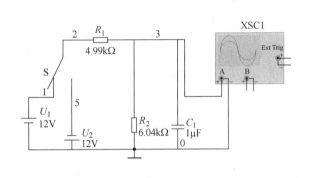

图 3-27　电容电压全响应电路图

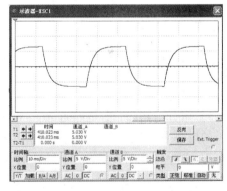

图 3-28　电容电压全响应波形图

3.7　技能训练　*RC* 一阶电路的响应测试

1. 实训目的

1）测定 *RC* 一阶电路的零输入响应、零状态响应及全响应。

2）学习动态电路时间常数的测量方法。

3）掌握有关微分电路和积分电路的概念。

4）进一步学会用示波器观测波形。

2. 原理说明

1）动态电路的过渡过程是十分短暂的单次变化过程。要用普通示波器观察过渡过程和测量有关的参数，就必须使这种单次变化的过程重复出现。为此，用信号发生器输出的方波来模拟阶跃激励信号，即利用方波输出的上升沿作为零状态响应的正阶跃激励信号；利用方波的下降沿作为零输入响应的负阶跃激励信号。只要选择方波的重复周期远大于电路的时间常数τ，电路在这样的方波序列脉冲信号的激励下，它的响应就与直流电接通和断开的过渡过程基本相同。

2）图 3-29a 所示的 RC 一阶电路的零输入响应和零状态响应分别按指数规律衰减和增长，其变化的快慢决定于电路的时间常数τ。

3）时间常数τ的测定方法。用示波器测量零输入响应的波形如图 3-29b 所示。

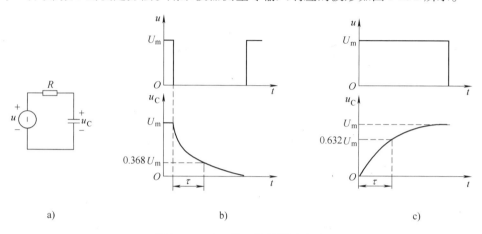

图 3-29　RC 一阶电路的测试电路

a）RC 一阶电路　b）零输入响应　c）零状态响应

根据一阶微分方程的求解得知$u_C = U_m \mathrm{e}^{-t/RC} = U_m \mathrm{e}^{-t/\tau}$。当 $t = \tau$ 时，$U_C(\tau) = 0.386 U_m$。此时所对应的时间就等于τ。也可用零状态响应波形增加到 $0.632 U_m$ 所对应的时间测得，如图 3-29c 所示。

4）微分电路和积分电路是 RC 一阶电路中较典型的电路，它对电路元器件参数和输入信号的周期有着特定的要求。一个简单的 RC 串联电路，在方波序列脉冲的重复激励下，当满足 $\tau = RC \ll T/2$ 时（T 为方波脉冲的重复周期），且由 R 两端的电压作为响应输出，则该电路就是一个微分电路，因为此时电路的输出信号电压与输入信号电压的微分成正比。微分电路如图 3-30a 所示。利用微分电路可以将方波转变成尖脉冲。

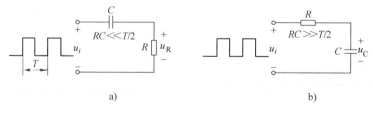

图 3-30　RC 一阶应用电路

a）微分电路　b）积分电路

若将图 3-30a 中的 R 与 C 位置调换一下，如图 3-30b 所示，由 C 两端的电压作为响应输出，且当电路的参数满足 $\tau = RC \gg T/2$，则该 RC 电路称为积分电路，因为此时电路的输出信号电压与输入信号电压的积分成正比。利用积分电路可以将方波转变成三角波。

从输入和输出波形来看，上述两个电路均起着波形变换的作用，请在实训过程中进行仔细观察与记录。

3. 实训设备（见表3-2）

表3-2　实训设备

序　号	名　　称	型号与规格	数　量
1	函数信号发生器		1
2	双踪示波器		1
3	动态实训电路板	$10k\Omega$、$6800pF$、$0.01\mu F$ 可调电阻，可调电容	

4. 实训内容

1）从电路板上选 $R = 10k\Omega$，$C = 6800pF$ 组成图 3-29a 所示的 RC 充放电电路。u_i 为脉冲信号发生器输出的 $U_m = 3V$、$f = 1kHz$ 的方波电压信号，并通过两根同轴电缆线，将激励源 u_i 和响应 u_C 的信号分别连至示波器的两个输入口 Y_A 和 Y_B。这时可在示波器的屏幕上观察到激励与响应的变化规律，试测算出时间常数 τ，并用方格纸按 $1:1$ 的比例描绘波形。

少量地改变电容值或电阻值，定性地观察对响应的影响，记录观察到的现象。

2）令 $R = 10k\Omega$，$C = 0.1\mu F$，观察并描绘响应的波形，继续增大 C 值，定性地观察对响应的影响。

3）令 $C = 0.01\mu F$，$R = 100\Omega$，组成图 3-30a 所示的微分电路。在同样的方波激励信号（$U_m = 3V$，$f = 1kHz$）作用下，观测并描绘激励与响应的波形。

增减 R 的值，定性地观察对响应的影响，并进行记录。当 R 增至 $1M\Omega$ 时，输入和输出波形有何本质上的区别？

5. 注意事项

1）在调节电子仪器各旋钮时，动作不要过快、过猛。实训前，需熟读双踪示波器的使用说明书。在观察双踪时，要特别注意相应开关、旋钮的操作与调节。

2）信号源的接地端与示波器的接地端要连在一起（称为共地），以防外界干扰而影响测量的准确性。

3）示波器的辉度不应过亮，尤其是当光点长期停留在荧光屏上不动时，应将辉度调暗，以延长示波管的使用寿命。

6. 预习思考

1）什么样的电信号可作为 RC 一阶电路零输入响应、零状态响应和完全响应的激励源？

2）已知 RC 一阶电路 $R = 10k\Omega$，$C = 0.1\mu F$，试计算时间常数 τ，并根据 τ 值的物理意义，拟定测量 τ 的方案。

3）何谓积分电路和微分电路，它们必须具备什么条件？它们在方波序列脉冲的激励下，其输出信号波形的变化规律如何？这两种电路有何功用？

7. 实训报告

1）根据实训观测结果，在方格纸上绘出 RC 一阶电路充放电时 u_C 的变化曲线，由曲线

测得 τ 值，并与参数值的计算结果作比较，分析误差原因。

2）根据实训观测结果，归纳、总结积分电路和微分电路的形成条件，阐明波形变换的特征。

3）心得体会及其他。

单元回顾

本单元主要分析了电容和电感两种动态元件的重要特性，以及由它们所组成的一阶动态电路产生动态过程的原因和分析方法。对常见的一阶电路的 3 种响应进行了具体分析，并总结出适用于直流激励下的一阶动态电路的通用分析方法，即三要素法。

1. 电容与电感这两种动态元件的特性比较，如表 3-3 所示

表 3-3　电容元件与电感元件的特性比较

特　　性	电 容 元 件	电 感 元 件
电路符号		
主要参数及其单位	电容量 $C = \dfrac{q}{u}$ 法［拉］（F）、微法（μF）、皮法（pF） $1F = 10^6 \mu F = 10^{12} pF$	电感量 $L = \dfrac{\Psi}{i}$ 亨［利］（H）、毫亨（mH）、微亨（μH） $1H = 10^3 mH = 10^6 \mu H$
电压与电流的关系	$i_C = C \dfrac{du}{dt}$	$u_L = L \dfrac{di}{dt}$
能量储存	电场能 $W_C = \dfrac{1}{2} C u^2$	磁场能 $W_L = \dfrac{1}{2} L i^2$
串、并联关系	串联 $\dfrac{1}{C} = \dfrac{1}{C_1} + \dfrac{1}{C_2} + \dfrac{1}{C_3}$ 并联 $C = C_1 + C_2 + C_3$	串联 $L = L_1 + L_2 + L_3$ 并联 $\dfrac{1}{L} = \dfrac{1}{L_1} + \dfrac{1}{L_2} + \dfrac{1}{L_3}$
主要特性	隔直流、通交流	通直流、阻交流
在电子电路中的作用	隔直、旁路、滤波、调谐等	振荡、补偿、延迟回路及阻流器等

2. 电路产生动态过程的原因及实质

1）接通或断开电路、改接电路、电路参数变化、电源变化等，即换路是电路产生动态过程的外因。

2）在电路中含有储能元件，这是产生动态过程的内因。动态过程产生的实质是能量不能突变。

3. 换路定律

换路后，在电容元件两端的电压和电感元件中的电流不能发生突变，这个规律称为换路定律。可表示为

$$u_C(0_+) = u_C(0_-) \quad , \quad i_L(0_+) = i_L(0_-)$$

4. 一阶动态电路的零输入响应、零状态响应和全响应

1）零输入响应是指当外加激励为零时，由动态元件内部的初始储能所激发的响应。

2）零状态响应是指零初始状态的电路在外加直流电源作用下而产生的响应。

3）全响应是指初始状态不为零的一阶电路，在直流电源激励下所产生的响应。

所有一阶电路的变化规律均按指数规律衰减或增加。全响应可分为零输入响应和零状态响应。

5. 一阶动态电路的三要素分析法

在直流电源激励下，一阶动态电路的变化规律为

$$f(t) = f(\infty) + [f(0_+) - f(\infty)] e^{-\frac{t}{\tau}}$$

不难看出，一阶动态电路的过渡过程与 3 个量有关，即 $f(0_+)$（初始值）、$f(\infty)$（稳态值）、τ（时间常数）。常把初始值、稳态值和时间常数叫做一阶电路的三要素。

因此，三要素法的关键是确定 $f(0_+)$、$f(\infty)$ 和 τ，具体方法如下所述。

1）初始值 $f(0_+)$ 的计算。利用换路定律和 $t = 0_+$ 的等效电路求得。

2）新稳态值 $f(\infty)$ 的计算。由 $t = \infty$ 时的等效电路应用直流电路的分析方法求出。

3）时间常数 τ 只取决于换路后电路自身的结构和参数。在 RC 串联电路中 $\tau = RC$，而在 RL 电路中 $\tau = L/R$。其中，R 是指换路后动态元件两端戴维南等效电路的内电阻。

应用三要素法求解直流激励下的一阶动态电路注意事项如下所述。

1）对确定 $t = 0_-$ 时的 $U_C(0_-)$、$i_L(0_-)$ 的等效电路，应将换路前原电路中的电容开路，电感短路。

2）对确定初始值所要画的 $t = 0_+$ 时的等效电路，根据换路定律，电容 C 和电感 L 应做如图 3-31 所示的处理。C 和 L 元件在 $t = 0_+$ 时的电路模型如图 3-31 所示。

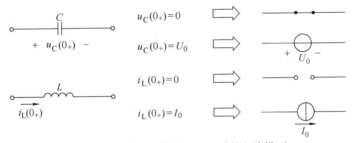

图 3-31　C 和 L 元件在 $t = 0_+$ 时的电路模型

3）对确定新稳态值时所需的等效电路，要将换路后电路中的电容开路，电感短路。

思考与练习

1. 填空题

1）动态元器件包括＿＿＿＿和＿＿＿＿。

2）当电路进行换路时，电路发生变化，从而引发电路的＿＿＿＿过程。

3）换路定律的数学表达式是＿＿＿＿、＿＿＿＿。

4）一阶动态 RC 串联电路的时间常数 $\tau =$ ＿＿＿＿，RL 电路的时间常数 $\tau =$ ＿＿＿＿。

5）零初始状态的电路换路后受到（直流）激励作用而产生的电流、电压称为电路的＿＿＿＿响应。

6）非零初始状态的一阶动态电路受到（直流）激励作用而在其中产生的电流、电压称为电路的＿＿＿＿响应。

7）一阶动态电路三要素法中的三要素指的是_____、_____和_____。

8）一阶电路三要素法的公式是_____。

9）一阶动态电路的全响应可分解成_____响应和_____响应。

10）RC 微分电路的作用是将输入的_____波变换为_____波输出。

11）RC 积分电路的作用是将输入的_____波变换为_____波输出。

2. 在将电容量为 $800\mu F$ 的电容器，接到 380V 的电源上时，电容器中所储存的电场能是多少？

3. 将电容量为 $3\mu F$、$6\mu F$、$8\mu F$ 的 3 个电容器串联，它们的耐压值都是 240V，求电容器的总电容和总耐压值。

4. 已知电容器 $C_1 = 80\mu F$，耐压值为 380V；$C_2 = 50\mu F$，耐压值为 220V。若将它们串联在一起，则串联的总等效电容有多大？若要两个电容元件都正常工作，则外加总电压最大为多少？当外加电压达到 500V 时电路是否安全？

5. 有 3 个电容器并联，其中一个电容器的电容为 $20\mu F$，耐压均值为 400V，另外两个电容器的电容量均为 $65\mu F$，耐压值均为 300V，求电容器组的总电容和耐压值。

6. 当 16A 电流流过 100mH 电感线圈时，求该线圈中储存的磁场能量。

7. 已知 3 个电感并联，其中一个电感的为 500mH，另外两个电感均为 1H，求电感器组的总电感和。

8. 在图 3-32 所示电路中，$U_S = 12V$，$R_1 = 6\Omega$，$R_2 = 8\Omega$，试求 S 闭合瞬间 i_C 和 u_C 的初始值。

9. 在图 3-33 所示电路中，$U_S = 24V$，$R_1 = 8\Omega$，$R_2 = 6\Omega$，$R_3 = 12\Omega$，试求 S 闭合瞬间 i_1、i_2、i_3 的初始值。

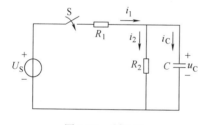

图 3-32　题 8 图

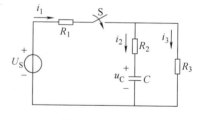

图 3-33　题 9 图

10. 在图 3-34 所示电路中，电容原先未储能，已知电源电压 $U_S = 100V$，$C = 200\mu F$，$R = 50k\Omega$。试求 u_C、i_C 随时间的变化规律。

11. 在图 3-35 所示的电路中，电源 $U_S = 12V$，$L = 2H$，$R = 16\Omega$，开关 S 闭合前电路处于稳态。试求开关 S 闭合后 2τ 时的电感电压和电感电流。

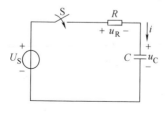

图 3-34　题 10 图

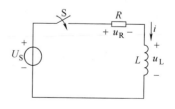

图 3-35　题 11 图

12. 在图 3-36 所示的电路中，开关闭合前电路已稳定，$R_1 = 8\Omega$，$R_2 = 4\Omega$。试求开关闭合后的 $i_{\mathrm{L}}(t)$。

13. 电路如图 3-37 所示，已知 $U_{\mathrm{S1}} = 12\mathrm{V}$，$U_{\mathrm{S2}} = 6\mathrm{V}$，$R_1 = 100\Omega$，$R_2 = 200\Omega$，$L = 200\mathrm{mH}$，开关 S 一直闭合在位置 1 上，直到 $t = 0$ 时 S 由 1 打向 2。试用三要素法求换路后的 $i_{\mathrm{L}}(t)$ 和 $i_2(t)$。

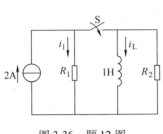 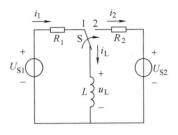

图 3-36　题 12 图　　　　　　图 3-37　题 13 图

14. 在图 3-38 所示的电路中，$U_{\mathrm{S}} = 20\mathrm{V}$，$R_1 = 100\Omega$，$R_2 = 400\Omega$，$C = 600\mu\mathrm{F}$。试用三要素法求 S 闭合 i_1、i_2、i_{C} 和 u_{C} 随时间的变化规律。

15. 电路如图 3-39 所示，已知 $U_{\mathrm{S}} = 24\mathrm{V}$，$R_1 = 40\Omega$，$R_2 = 60\Omega$，$R_3 = 90\Omega$，$C = 100\mu\mathrm{F}$。试求 S 打开后 $i_1(t)$、$i_2(t)$、$i_3(t)$ 和 $u_{\mathrm{C}}(t)$。

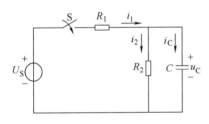 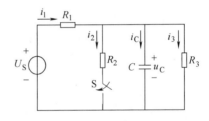

图 3-38　题 14 图　　　　　　图 3-39　题 15 图

第4单元　正弦交流电路的分析

情景导入

移相器是一种用以调节交流电压相位的装置，其作用是将信号的相位移动一个角度。运用移相器可保障电压稳定性不因联络线联锁跳闸、相继退出而遭到破坏，可以明显提高电压的稳定极限。RC 电路适用于这种用途，因为其中电容器产生的电流在相位上超前于电压。两种常用的串联 RC 移相电路如图 4-1 所示。RL 电路或其他电抗电路也能用做移相电路。要想更好的分析移相电路，就要了解正弦交流电的相关知识，特别是电阻、电感、电容元件在正弦交流电中的特点。

在日常生活和工农业生产中，用得最多的是交流电，如家里的照明、电视机、空调等用电设备。交流电之所以被广泛使用，是因为与直流电相比，交流电有许多优点：发电机产生的是交流电；在电能的输送、分配和使用中起重要作用的变压器只能依靠交流电工作；作为动力的电动机，交流电动机比同样功率的直流电动机结构简单，维护方便等。正是因为交流电的方便、经济，在工程中即使是在使用直流电的场合，大多数也是应用整流装置将交流电变换成直流电。

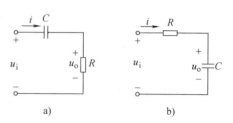

图 4-1　两种常用的串联 RC 移相电路
a）输出超前电路　b）输出滞后电路

本章将介绍正弦交流电的基本概念和相量表示、相量式基尔霍夫定律、阻抗和导纳的概念、正弦稳态电路的分析及其功率的计算。

4.1　正弦交流电的基础知识

学习任务

1）了解正弦交流电的概念，理解正弦交流电的三要素。

2）掌握正弦量有效值、最大值之间的关系以及同频率正弦量的相位关系。

3）熟练掌握正弦量相量的表示法。

4.1.1　正弦量的三要素

对比直流电路，正弦交流电路的激励信号为随时间按正弦规律变化的电压或电流，称为正弦电压或正弦电流，统称为正弦量。理解正弦量是分析正弦交流电路的基础。正弦量波形示意图如图 4-2 所示。其一般表达式为

$$u(t) = U_m \sin(\omega t + \psi_u) \qquad (4-1)$$

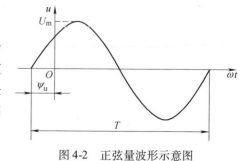

图 4-2　正弦量波形示意图

式（4-1）反映了正弦电压在不同时刻 t 时的取值，故称为正弦交流电压的瞬时值表达式。当然，正弦量的表达式和波形图都是对应于已选定的参考方向而言的，当正弦量的瞬时值为正时，其实际方向与所选定的参考方向一致；反之则相反。

对任一正弦量，在其幅值（或有效值）、角频率（或频率或周期）和初相位确定后，该正弦量就能完全被确定下来。因此，幅值、角频率、初相位称为正弦量的三要素。如式（4-1）中的 U_m、ω、ψ_u 称为正弦交流电压的三要素。

1. 瞬时值、幅值与有效值

（1）瞬时值

正弦量在任一时刻的数值称为它的瞬时值。瞬时值是时间的函数，用小写字母表示，如 i、u 和 e 分别表示电流、电压和电动势的瞬时值。

（2）幅值

正弦交流电的大小和方向随时间按正弦规律变化，正弦交流电在一个周期内所能达到的最大数值，即瞬时值中的最大值称为交流电的最大值，又称为幅值、振幅或峰值，用带下标 m 的大写字母表示，如 I_m、U_m 和 E_m 分别表示电流、电压和电动势的幅值。

最大值在工程中具有实际意义。例如，电容器的额定工作电压（耐压）就不要小于交流电压的最大值。

（3）有效值

周期量的幅值、瞬时值都不能确切反映它们在电路转换能量方面的效应。为此，在工程中通常采用有效值表示周期量的大小，而不是用周期量的幅值。

有效值用大写字母来表示，如 I、U 和 E 分别表示电流、电压和电动势的有效值。有效值是以电流的热效应来规定的。让直流电和交流电分别通过阻值相等的电阻，如果在相同的时间内产生的热量相等，这一直流电的数值就称为交流电的有效值。例如，在相同的时间内，某一交流电通过一个电阻产生的热量，与 8A 的直流电通过阻值相等的另一电阻产生的热量相等，那么就认为这一交流电的有效值是 8A。

理论和实验证明，正弦交流电的有效值与其最大值之间的关系为

$$I = \frac{I_m}{\sqrt{2}} = 0.707 I_m$$

$$U = \frac{U_m}{\sqrt{2}} = 0.707 U_m \qquad (4\text{-}2)$$

$$E = \frac{E_m}{\sqrt{2}} = 0.707 E_m$$

即正弦量的有效值等于它的最大值除以 $\sqrt{2}$。

在工程上，如不加说明，正弦电压、电流的大小一般皆指其有效值。如一般电气设备上所标注的电流、电压值都是指有效值。使用交流电流表、电压表所测出的数据也多是有效值。例如 "220V，40W" 的白炽灯指它的额定电压的有效值为 220V。

（4）平均值

除了有效值的概念外，在电工电子技术中，有时还会用到正弦交流电的平均值。交流电压或电流在半个周期内所有瞬时值的平均数称为该交流电压或电流的平均值，分别用 $\bar{U}$、$\bar{I}$、

$\overline{E}$表示电压、电流、电动势的平均值。

理论和实验证明，正弦交流电的平均值与其最大值之间的关系为

$$\overline{I} = \frac{2}{\pi}I_m = 0.637I_m$$

$$\overline{U} = \frac{2}{\pi}U_m = 0.637U_m \qquad (4\text{-}3)$$

$$\overline{E} = \frac{2}{\pi}E_m = 0.637E_m$$

2. 周期、频率与角频率

（1）周期

所谓周期就是正弦交流电完成一次全变化所需要的时间，用 T 表示（如图 4-2 所示），周期的单位为秒(s)。

（2）频率

单位时间（即 1s）内正弦交流电完成全变化的次数称为频率，用字母 f 表示，单位为赫兹（Hz），工程实际中常用的单位还有千赫［兹］（kHz）、兆赫［兹］（MHz），即

$$1kHz = 10^3 Hz$$

$$1MHz = 10^6 Hz$$

周期与频率互为倒数，即

$$f = \frac{1}{T} \text{或} T = \frac{1}{f} \qquad (4\text{-}4)$$

（3）角频率

正弦交流电每循环变化一次，交流电的电角度变化了 2π 或 $360°$。单位时间（即 1s）内正弦交流电变化的电角度叫做角频率，用符号 ω 表示，单位为弧度每秒（rad/s）。

由于交流电每变化一周所对应的电角度为 2π，所以周期、频率、角频率三者之间有如下的关系，即

$$\omega = 2\pi f = \frac{2\pi}{T} \qquad (4\text{-}5)$$

ω、T、f 三者都反映正弦量变化的快慢。ω 越大，f 越大或 T 越小，正弦量循环变化越快；ω 越小，f 越小或 T 越大，正弦量循环变化越慢。

我国电力工业标准频率是 50Hz，则其周期和角频率分别为

$$T = \frac{1}{f} = \frac{1}{50}s = 0.02s$$

$$\omega = 2\pi f = 2\pi \times 50 rad/s = 314 rad/s$$

世界上大多数国家的电力工业标准频率为 50Hz，而欧美、日本等国家的电网频率为 60Hz。我国采用 50Hz 作为电力标准频率，习惯上也称为工频。

3. 初相位与相位差

（1）初相位

正弦量随时间变化的角度（$\omega t + \psi$）称为相位角，简称为相位。正弦量在初始时刻（$t = 0$）的相位称为初相位或初相角，简称为初相，用 ψ 表示，相位和初相位的单位为弧度（rad）或度。初相位反映了正弦交流电的起始状态，计时起点选择不同，正弦量的初相也就

不同。初相位通常在主值范围内取值，即初相位的变化范围一般为 $-\pi \leqslant \psi \leqslant \pi$。如：$\psi = 300°$，可化为 $\psi = 300° - 360° = -60°$，当 $\psi = -300°$ 时，可化为 $\psi = -300° + 360° = 60°$。

（2）相位差

在线性交流电路中，激励与响应都是同频率的正弦量，因此，在正弦交流电路中，经常遇到的是频率相同的正弦量。常用相位差来描述两个同频率正弦量的区别。两个同频率正弦量的相位之差叫做相位差，用符号 φ 表示。例如，有两个正弦量为

$$u(t) = U_m \sin(\omega t + \psi_u)$$
$$i(t) = I_m \sin(\omega t + \psi_i)$$

则它们之间的相位差为

$$\varphi = (\omega t + \psi_u) - (\omega t + \psi_i) = \psi_u - \psi_i \tag{4-6}$$

上式表明，两个同频率正弦量之间的相位差等于它们的初相位之差，它是一个与时间无关的常数，表征了两个同频率正弦量变化的步调，即在时间上到达最大值（或零值）的先后顺序。在实际应用中，规定相位差的范围一般为 $-\pi \leqslant \varphi \leqslant \pi$。

两个正弦量的初相位不相等，相位差不等于零，表示两个正弦量不同时达到零值、最大值、最小值，即两个正弦量步调不一致。常用"超前"和"滞后"来说明同频率的两个正弦量相位比较的结果，如图 4-3 所示。当相位差 $0 < \varphi = \psi_u - \psi_i \leqslant \pi$ 时，称 u 超前 i 一个角度 φ；或称 i 滞后 u 一个角度 φ。

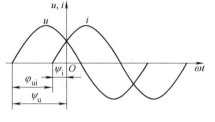

图 4-3　超前与滞后

在正弦量相位关系中，还有以下 3 种特殊情况。

1）同相，即相位差 $\varphi = \psi_u - \psi_i = 0$ 时，称 u 与 i 同相，如图 4-4a 所示。

2）反相，即相位差 $\varphi = \psi_u - \psi_i = \pm\pi(\pm180°)$ 时，称 u 与 i 反相，如图 4-4b 所示。

3）正交，即相位差 $\varphi = \psi_u - \psi_i = \pm\pi/2(\pm90°)$ 时，称 u 与 i 正交，如图 4-5 所示。

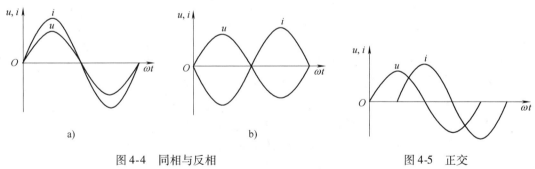

图 4-4　同相与反相

a）同相　b）反相

图 4-5　正交

应当注意的是，当两个同频率正弦量的计时起点被改变时，它们的初相跟着改变，但是两者的相位差保持不变，即相位差与计时起点的选择无关。因此，对于若干同频率的正弦量来说，往往可以把其中一个选为参考正弦量，并令其初相位为零，而其余正弦量的初相位则由它们之间的相位差来确定。

总之，在正弦量解析式中，最大值反映了正弦量变化的幅度，角频率反映了正弦量变化

的快慢，初相位反映了正弦量在 $t=0$ 时的状态，因此最大值、角频率和初相位称为正弦交流电的三要素。只要知道了正弦交流电的三要素，一个正弦交流电就被完全确定下来了，可以马上写出其瞬时值表达式，画出其波形图。反之，在表达式或波形图被确定后，它的最大值、角频率、初相位也就惟一地被确定了。

【例 4-1】 已知正弦电流 $i(t)=220\sqrt{2}\sin(100\pi t+240°)\mathrm{A}$，试求：（1）它的幅值、有效值和初相位。（2）角频率、频率和周期。

解：（1）幅值：$I_\mathrm{m}=220\sqrt{2}\mathrm{A}$

有效值：$I=\dfrac{I_\mathrm{m}}{\sqrt{2}}=\dfrac{220\sqrt{2}}{\sqrt{2}}\mathrm{A}=220\mathrm{A}$

初相位：$\psi_\mathrm{i}=240°-360°=-120°$

（2）角频率：$\omega=100\pi\,\mathrm{rad/s}=314\,\mathrm{rad/s}$

频率：$f=\dfrac{\omega}{2\pi}=\dfrac{100\pi}{2\pi}\mathrm{Hz}=50\mathrm{Hz}$

周期：$T=\dfrac{1}{f}=\dfrac{1}{50}\mathrm{s}=0.02\mathrm{s}$

【例 4-2】 已知两个正弦电压 $u_1(t)=311\sin(\omega t-120°)\mathrm{V}$，$u_2(t)=311\sin(\omega t+90°)\mathrm{V}$，求两者的相位差，并指出两者的关系。

解： 相位差：$\varphi_{12}=\psi_1-\psi_2=-120°-90°=-210°$

由于 $|\varphi_{12}|\geqslant180°$，所以 $\varphi_{12}=-210°+360°=150°$

故 u_1 超前 u_2 为 $150°$。

【例 4-3】 已知电流 $i(t)=I_\mathrm{m}\sin(\omega t+45°)\mathrm{A}$、电压 $u_1(t)=U_\mathrm{m}\sin(\omega t+90°)\mathrm{V}$ 和 $u_2(t)=U_\mathrm{m}\sin(\omega t-75°)\mathrm{V}$，试以电流为参考正弦量，重新写出它们的瞬时表达式。

解： 先求正弦量之间的相位差

$$\varphi_1=\psi_\mathrm{i}-\psi_{u_1}=45°-90°=-45°$$
$$\varphi_2=\psi_\mathrm{i}-\psi_{u_2}=45°-(-75°)=120°$$

若令 $\psi_\mathrm{i}=0°$，则

$$\psi'_{u_1}=\psi_\mathrm{i}-\varphi_1=0°-(-45°)=45°$$
$$\psi'_{u_2}=\psi_\mathrm{i}-\varphi_2=0°-120°=-120°$$

则

$$i(t)=I_\mathrm{m}\sin\omega t\,\mathrm{A}$$
$$u_1(t)=U_\mathrm{m}\sin(\omega t+45°)\mathrm{V}$$
$$u_2(t)=U_\mathrm{m}\sin(\omega t-120°)\mathrm{V}$$

4.1.2　正弦量的相量表示

正弦量的瞬时值表达式和波形图虽然能说明正弦量随时间的变化规律，但用来分析电路却很不方便。下面介绍正弦量的相量表示方法。相量表示法是通过数学变换的方法把正弦量的运算演变成复数运算，把微分方程演变成代数方程求出稳态解，这样可以大大地简化电路的分析与计算，在工程上具有重大实用意义。

1. 复数

数学中复数表示为 $A = a + ib$，其中 a 称为实部，b 称为虚部。i 叫虚数单位，且 $i = \sqrt{-1}$。在电路分析中，为了与电流符号 i 区别，虚数单位改用 j 表示，复数记为

$$A = a + jb \tag{4-7}$$

在直角坐标系中，用横轴表示复数的实部（Re），纵轴表示复数的虚部（I_m），则此直角坐标平面叫做复平面。复平面的横轴叫做实轴（+1），纵轴叫虚轴（+j），那么一个复数就可用复平面中的一个点或一个矢量来表示，如图4-6所示。

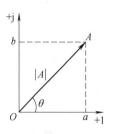

图4-6 复数的矢量图

由图4-6可知，$|A| = \sqrt{a^2 + b^2}$ 叫做复数的模，表示复数的大小。$\theta = \arctan \dfrac{b}{a}$ 叫做复数的辐角，表示复矢量与实轴的夹角。可以看出，实部 $a = |A|\cos\theta$，虚部 $b = |A|\sin\theta$。

则

$$A = a + jb = |A|\cos\theta + j|A|\sin\theta = |A|(\cos\theta + j\sin\theta) \tag{4-8}$$

根据欧拉公式

$$\cos\theta = \frac{e^{j\theta} + e^{-j\theta}}{2} \qquad \sin\theta = \frac{e^{j\theta} - e^{-j\theta}}{2j}$$

还可以将式（4-8）写成

$$A = |A|e^{j\theta} \tag{4-9}$$

或简写成

$$A = |A| \underline{/\theta} \tag{4-10}$$

因此，一个复数可用上述几种复数式来表示。式（4-7）称为复数的代数式，式（4-8）称为三角形式，式（4-9）称为指数形式，式（4-10）称为极坐标形式。这4种方式可以互相转换。

复数的加减运算通常用代数形式进行。运算时，遵循实部与实部相加、减以及虚部与虚部相加、减的原则。设 $A_1 = a_1 + jb_1$，$A_2 = a_2 + jb_2$，则

$$A_1 \pm A_2 = (a_1 \pm a_2) + j(b_1 \pm b_2)$$

复数的乘法运算通常用指数形式或极坐标形式进行。运算时，遵循模相乘、辐角相加的原则。设 $A_1 = |A_1|e^{j\theta_1} = |A_1| \underline{/\theta_1}$，$A_2 = |A_2|e^{j\theta_2} = |A_2| \underline{/\theta_2}$，则

$$A_1 \cdot A_2 = |A_1| \times |A_2|e^{j(\theta_1 + \theta_2)} = |A_1| \times |A_2| \underline{/(\theta_1 + \theta_2)}$$

复数的除法运算通常也采用指数形式或极坐标形式进行。运算时，遵循模相除、辐角相减的原则。设 $A_1 = |A_1|e^{j\theta_1} = |A_1| \underline{/\theta_1}$，$A_2 = |A_2|e^{j\theta_2} = |A_2| \underline{/\theta_2}$，则

$$\frac{A_1}{A_2} = \frac{|A_1|}{|A_2|}e^{j(\theta_1 - \theta_2)} = \frac{|A_1|}{|A_2|} \underline{/(\theta_1 - \theta_2)}$$

2. 用复数表示正弦量

在正弦稳态交流电路中，激励与响应是同频率的正弦函数。因此，在同一正弦稳态交流电路中的正弦量，可以用最大值（或有效值）及初相位这两个要素简单地表示。

相量是用来表示正弦量的特殊复数。具体表示方法是：用相量的模表示正弦量的有效值

（或最大值）；用相量的辐角表示正弦量的初相位。用大写字母上加"·"来表示。如某正弦交流电流 $i = I_{\mathrm{m}}\sin(\omega t + \psi_{\mathrm{i}})$，则其相量表示为

$$\dot{I}_{\mathrm{m}} = I_{\mathrm{m}} \underline{/\varphi_{\mathrm{i}}} = I_{\mathrm{m}}e^{\mathrm{j}\psi_{\mathrm{i}}} \tag{4-11}$$

或

$$\dot{I} = \frac{I_{\mathrm{m}}}{\sqrt{2}} \underline{/\varphi_{\mathrm{i}}} = I \underline{/\varphi_{\mathrm{i}}} = Ie^{\mathrm{j}\psi_{\mathrm{i}}} \tag{4-12}$$

式（4-11）称为该正弦交流电流的最大值相量，式（4-12）称为有效值相量。下面凡未进行特别说明，本书中的相量均指有效值相量。

需要注意的是，相量是一种被用来表示正弦交流量的特殊复数，它不等于正弦量，只是一种运算工具，即

$$i(t) = \sqrt{2}I\sin(\omega t + \psi_{\mathrm{i}}) \Leftrightarrow \dot{I} = I \underline{/\varphi_{\mathrm{i}}} = Ie^{\mathrm{j}\psi_{\mathrm{i}}}$$

$$i(t) = \sqrt{2}I\sin(\omega t + \psi_{\mathrm{i}}) \neq \dot{I} = I \underline{/\varphi_{\mathrm{i}}} = Ie^{\mathrm{j}\psi_{\mathrm{i}}}$$

电压相量 $\dot{U}$ 与电动势相量 $\dot{E}$ 可以用相同的方式来定义。

相量与复数一样，可以在复平面上用矢量的形式来表示，这种表示相量的图形称为相量图。电流 $i = I_{\mathrm{m}}\sin(\omega t + \psi_{\mathrm{i}})$ 的相量图如图 4-7 所示。但是，只有同频率正弦量的对应相量才能被画在同一复平面上，不能将不同频率正弦量的对应相量画在同一相量图中。

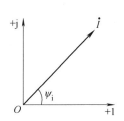

图 4-7　电流 $i = I_{\mathrm{m}}\sin$ $(\omega t + \psi_{\mathrm{i}})$ 的相量图

在引入相量及相量图的概念后，对正弦交流电路中复杂的三角函数运算，就可以用其对应的相量进行简单的复数运算，这大大简化了运算过程。这种用相量表示正弦量而进行正弦交流电路运算的方法称为相量法进行加、减法运算了。

在相量图中，在画出表示几个同频率正弦量的相量后，就可以对它们利用平行四边形法则。

【例 4-4】　试写出下列正弦量的相量，并绘出相量图。

$$u_1(t) = 220\sqrt{2}\sin(\omega t - 60°)\,\mathrm{V}$$
$$u_2(t) = 100\sqrt{2}\sin(\omega t + 30°)\,\mathrm{V}$$

解： 正弦量的有效值相量分别为

$$\dot{U}_1 = 220 \underline{/-60°}\,\mathrm{V}, \quad \dot{U}_2 = 100 \underline{/30°}\,\mathrm{V}$$

相量图如图 4-8 所示。

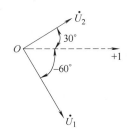

图 4-8　例 4-4 图

【例 4-5】　已知 $u_1(t) = 220\sqrt{2}\sin 314t\,\mathrm{V}$，$u_2(t) = 220\sqrt{2}\sin(314t - 120°)\,\mathrm{V}$，试求：$u = u_1 - u_2$。

解： u_1、u_2 的有效值相量分别为

$$\dot{U}_1 = 220 \underline{/0°}\,\mathrm{V}$$
$$\dot{U}_2 = 220 \underline{/120°}\,\mathrm{V}$$

因为 $\dot{U}_1 - \dot{U}_2 = \dot{U}_1 + (-\dot{U}_2)$，所以在图 4-9 中对应 $\dot{U}_1$、$-\dot{U}_2$ 进行平行四边形相加，从图中求得

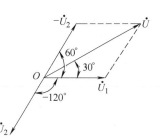

图 4-9　例 4-5 图

$$U = 2U_1 \cos 30° = 2 \times 220 \times \frac{\sqrt{3}}{2} \text{V} = 380 \text{V}$$

可见

$$\dot{U} = \dot{U}_1 - \dot{U}_2 = 380 \angle 30° \text{V}$$

则

$$u = u_1 - u_2 = 380\sqrt{2} \sin(314t + 30°) \text{V}$$

4.2 单一元件的正弦交流电路

学习任务

1）掌握正弦交流电路中电阻元件上电压与电流的关系及功率的计算方法。

2）了解感抗的定义，掌握在正弦交流电路中电感元件上电压与电流的关系及功率的计算方法。

3）了解容抗的定义，掌握在正弦交流电路中电容元件上电压与电流的关系及功率的计算方法。

直流电路的负载都可以等效为电阻元件。而在交流电路中，负载可以等效为电阻元件、电感元件和电容元件。因此，单一元件的正弦交流电路包括纯电阻电路、纯电感电路和纯电容电路。

本节针对单一元件的正弦交流电路，介绍电路中电压、电流的有效值及相位关系，分析电路中功率问题。

4.2.1 纯电阻电路

纯电阻电路是只有电阻负载的交流电路，如图 4-10 所示。常见的荧光灯、电烙铁等交流电路都是纯电阻交流电路。

1. 电压与电流的关系

在正弦交流电路中，由于电流、电压的大小和方向都是时间的函数，所以在分析电压、电流与电阻三者之间的关系时，不仅要确定大小关系，而且要确定它们的方向关系，即相位关系。为了分析方便，在分析电路时通常取电压与电流为关联参考方向。

当在图 4-10 所示的线性电阻 R 两端加上正弦电压 u 时，电阻中便有电流 i 通过。在任一瞬间电压 u 和 i 的瞬时值服从欧姆定律。当电压和电流为关联参考方向时，交流电路中电阻元件的关系式如下

$$u_R = iR \tag{4-13}$$

即电阻元件上的电压与电流呈线性关系。

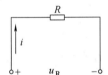

图 4-10 纯电阻电路

在图 4-10 所示的电压与电流参考方向下，设通过电阻 R 的电流为

$$i = \sqrt{2}I \sin(\omega t + \psi_i) \tag{4-14}$$

则电阻两端的电压为

$$u_R = iR = \sqrt{2}IR\sin(\omega t + \psi_i) = \sqrt{2}U_R \sin(\omega t + \psi_u)$$

$$U_{Rm} = RI_m \text{ 或 } U_R = IR$$

可见有

$$\psi_u = \psi_i \tag{4-15}$$

电流和电压的波形图如图 4-11a 所示。

对应于式（4-14），在关联参考方向下，电阻元件的电流相量 $\dot{I} = I\,\underline{/\psi_i}$
所以电压相量可表示为

$$\dot{U}_R = U_R\,\underline{/\psi_u} = IR\,\underline{/\psi_i} = \dot{I}R \tag{4-16}$$

相量图如图 4-11b 所示。

综合以上分析，可得出在纯电阻正弦交流电路中电流、电压与电阻三者之间有以下关系。

1）电阻上的电流与电压是同频率的正弦量，且相位相同。

2）电流、电压的瞬时值、最大值、有效值与电阻之间满足欧姆定律。

3）电流、电压的有效值或最大值相量与电阻之间满足欧姆定律。

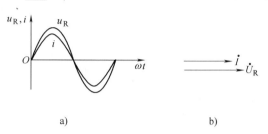

图 4-11　电流和电压的波形图与相量图
a）电流和电压的波形图　b）相量图

【例 4-6】　在图 4-10 所示的电路中，若电阻 $R = 10\Omega$，则电流 $i(t) = 10\sqrt{2}\sin(\omega t - 60^\circ)$ A。求：（1）电路的电压有效值；（2）电流与电压的相量表达式。

解：（1）根据欧姆定律有

$$U_R = IR = 10 \times 10\,\text{V} = 100\,\text{V}$$

（2）电流、电压相量表达式如下

$$\dot{I} = I\,\underline{/\psi_i} = 10\,\underline{/-60^\circ}\,\text{A}$$

由于 $\psi_u = \psi_i = -60^\circ$，所以 $\dot{U}_R = U_R\,\underline{/\psi_u} = 100\,\underline{/-60^\circ}\,\text{V}$

2. 电路的功率

（1）瞬时功率 p

在纯电阻交流电路中，电流瞬时值 i 与电压瞬时值 u_R 的乘积称为瞬时功率。由于交流电路中的电压和电流都是随时间变化的量，所以电路的瞬时功率也是随时间变化的量，用小写字母 p 表示。在图 4-10 所示电路中，当电流与电压为关联参考方向时，若 $i = \sqrt{2}I\sin\omega t$，则 $u_R = \sqrt{2}U_R\sin\omega t$，那么瞬时功率为

$$p = u_R i = \sqrt{2}I\sin\omega t\,\sqrt{2}U_R\sin\omega t = 2IU_R\sin^2\omega t = U_R I(1 - \cos 2\omega t) \tag{4-17}$$

式（4-17）所表示的纯电阻交流电路的瞬时功率曲线如图 4-12 所示。由功率曲线可知，纯电阻交流电路的瞬时功率以电源频率的两倍进行周期性变化。由于 u 和 i 同相，所以瞬时功率总是正值，即 $p \geq 0$，这表明外电路从电源取用能量，并将其转化为热能而消耗掉，且这种能量的转化是不可逆的，故电阻元件被称为耗能元件。

（2）平均功率 P（有功功率）

由于瞬时功率 p 是随时间变化的，测量和计算都不

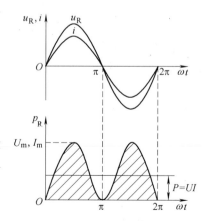

图 4-12　纯电阻交流电路
的瞬时功率曲线

方便，因此在电工电子技术中，常采用瞬时功率的平均值来衡量功率的大小。瞬时功率在一个周期内的平均值叫做平均功率，用大写字母 P 表示，国际单位是瓦［特］（W），即

$$P = \frac{1}{T}\int_0^T p\mathrm{d}t = \frac{1}{T}\int_0^T 2IU_\mathrm{R}\sin^2\omega t\mathrm{d}t = IU_\mathrm{R}$$

根据欧姆定律

$$U_\mathrm{R} = RI$$

因此，纯电阻交流电路的有功功率还可以表示为

$$P = U_\mathrm{R}I = I^2R = \frac{U_\mathrm{R}^2}{R} \tag{4-18}$$

由于平均功率是电路实际消耗的功率，所以又称为有功功率或电路消耗的功率。习惯上把"平均"、"有功"或"消耗"二字省略，简称为功率。通常交流电路中负载功率指的就是有功功率。例如电灯的功率、电视机的功率等，都是指它们的有功功率。

【例 4-7】　将电阻 $R = 10\Omega$ 接在电压 $u(t) = 220\sqrt{2}\sin(\omega t + 30°)\mathrm{V}$ 的正弦交流电源上，求：（1）流过电阻电流的瞬时值表达式。（2）写出电压及电流的相量，并绘出相量图。（3）电阻上消耗的功率 P。

解：（1）电流的瞬时值表达式为

$$i = \frac{u}{R} = \frac{220\sqrt{2}\sin(\omega t + 30°)}{10} = 22\sqrt{2}\sin(\omega t + 30°)\mathrm{A}$$

（2）电压及电流的相量形式分别为

$$\dot{U} = 220\angle 30°\mathrm{V} \qquad \dot{I} = 22\angle 30°\mathrm{A}$$

相量图如图 4-13 所示。

（3）电阻消耗的功率为

$$P = IU = 220 \times 22\mathrm{W} = 4840\mathrm{W}$$

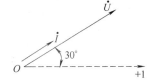

图 4-13　例 4-7 的相量图

4.2.2　纯电感电路

1. 电压与电流间的关系

纯电感电路是只有空心线圈的负载，而对线圈的电阻和分布电容均忽略不计的交流电路，如图 4-14 所示。纯电感电路是理想电路，实际的电感线圈都有一定的电阻，当电阻很小可以忽略不计时，可将电感线圈看成是纯电感交流电路。

在图 4-14 所示的电压与电流参考方向下，设通过电感 L 的电流为

$$i = I_\mathrm{m}\sin(\omega t + \psi_\mathrm{i}) \tag{4-19}$$

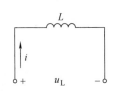

图 4-14　纯电感电路

则电感两端的电压为

$$\begin{aligned}
u_\mathrm{L} &= L\frac{\mathrm{d}i}{\mathrm{d}t} \\
&= L\frac{\mathrm{d}}{\mathrm{d}t}[I_\mathrm{m}\sin(\omega t + \psi_\mathrm{i})] \\
&= \sqrt{2}I\omega L\cos(\omega t + \psi_\mathrm{i}) \\
&= \sqrt{2}IX_\mathrm{L}\sin(\omega t + \psi_\mathrm{i} + 90°)
\end{aligned}$$

$$= \sqrt{2}IX_{\mathrm{L}}\sin(\omega t + \psi_{\mathrm{u}})$$

上式中 $X_{\mathrm{L}} = \omega L$，且 $\psi_{\mathrm{u}} = \psi_{\mathrm{i}} + 90°$，电流和电压的波形图如图 4-15a 所示。

可以看出，电感元件上电压与电流之间有以下关系，即

$$U_{\mathrm{Lm}} = I_{\mathrm{m}}X_{\mathrm{L}} = I_{\mathrm{m}}\omega L$$
$$U_{\mathrm{L}} = IX_{\mathrm{L}} = I\omega L \tag{4-20}$$

式中，ωL 称为电感的感抗，用 X_{L} 表示，单位为欧〔姆〕（Ω），反映了电感线圈对交流电的阻碍作用。实验证明感抗与电感线圈的电感量 L 及电源频率 f 成正比，即

$$X_{\mathrm{L}} = \omega L = 2\pi fL \tag{4-21}$$

感抗和电阻的阻碍作用虽然相似，但它与电阻对电流的阻碍作用有本质区别。线圈的感抗表示线圈所产生的自感电动势对通过线圈的交流电流的反抗作用，只有在正弦交流电路中才有意义。

由于感抗 X_{L} 与通过线圈交流电流的频率 f 成正比，所以频率 f 高的交流电，感抗 X_{L} 大，线圈对电流的阻碍作用大；而频率 f 低的交流电，感抗 X_{L} 小，线圈对电流的阻碍作用小。特别是对于直流电，当 $f = 0$ 时，$X_{\mathrm{L}} = 2\pi fL = 0$，电感元件相当于短路。因此，电感线圈在交流电路中有"通直流、阻交流，通低频、阻高频"的特性。

对应于式（4-19），在关联参考方向下电感元件的电流有效值相量 $\dot{I} = I \underline{/\psi_{\mathrm{i}}}$，所以电压相量可表示为

$$\dot{U}_{\mathrm{L}} = IX_{\mathrm{L}} \underline{/\psi_{\mathrm{u}}} = IX_{\mathrm{L}} \underline{/\left(\psi_{\mathrm{i}} + \frac{\pi}{2}\right)} = \mathrm{j}IX_{\mathrm{L}} \underline{/\psi_{\mathrm{i}}} = \mathrm{j}\dot{I}X_{\mathrm{L}} \tag{4-22}$$

相量图如图 4-15b 所示。

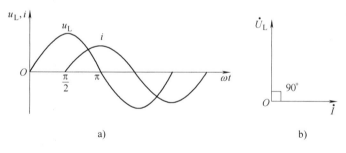

a)   b)

图 4-15 纯电感交流电路的波形图与相量图

a）电流和电压的波形图 b）相量图

由以上分析可以得出以下结论：

1）当线圈中通过正弦电流 i 时，其端电压 u 也为同频率的正弦量。

2）在相位上电压 u 比电流 i 超前 90°，或电流 i 比电压 u 滞后 90°。

3）电流与电压的最大值（或有效值）和感抗符合欧姆定律关系。

2. 电路的功率

（1）瞬时功率 p

如果 $i = \sqrt{2}I\sin\omega t$，$u_{\mathrm{L}} = \sqrt{2}U_{\mathrm{L}}\sin\left(\omega t + \frac{\pi}{2}\right)$，那么瞬时功率 p 为

$$p = iu_L$$

$$= \sqrt{2}I\sin\omega t \sqrt{2}U_L\sin\left(\omega t + \frac{\pi}{2}\right)$$

$$= 2IU_L\sin\omega t\cos\omega t$$

$$= U_L I\sin 2\omega t \qquad (4\text{-}23)$$

由式（4-23）可见，纯电感电路中的瞬时功率是以两倍于电源的频率按正弦规律变化的，其波形如图 4-16 所示。当 $p > 0$ 时，电感元件从外界（电源）吸收电能，并转换为磁场能存储于线圈中；当 $p < 0$ 时电感元件将储存的磁场能转换成电能向外界释放能量。可见，在交流电路中，电感元件在电路中只起能量转换的作用，它本身并不消耗能量，故电感是储能元件。

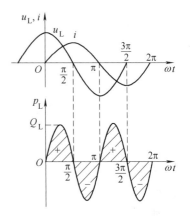

（2）平均功率 P

$$P = \frac{1}{T}\int_0^T p\,dt = \frac{1}{T}\int_0^T U_L I\sin(2\omega t)\,dt = 0 \quad (4\text{-}24)$$

纯电感交流电路的平均功率为零，这说明在交流电的一个周期内电感元件吸收和释放的能量一样多，故称电感为储能元件。它本身不消耗能量，这说明电感只与外电路

图 4-16　纯电感交流电路的功率波形

进行能量交换，其本身并不消耗能量。因此，引入无功功率来衡量电感元件与外界交换能量的规模。

（3）无功功率 Q_L

为反映纯电感交流电路中能量转换的多少，常用单位时间内能量转换的最大值（即瞬时功率的最大值）来表示电感与电源之间能量交换的情况，并称为无功功率。无功功率表示交流电路中能量转换的最大速率，用符号 Q_L 表示，即

$$Q_L = U_L I = I^2 X_L = \frac{U_L^2}{X_L} \qquad (4\text{-}25)$$

无功功率的单位用乏［尔］（var）或千乏［尔］（kvar）来表征。需要注意的是，无功功率不是无用功率，"无功"的含义是"交换"而不是"消耗"，是相对于"有功"而言的。另外，电感元件上的无功功率为感性无功功率，它在电力系统中占有重要的地位。例如，变压器、电动机等感性设备都是依靠电能与磁场能之间的相互转换而工作的。

【例 4-8】　把一个电阻可忽略的线圈 $L = 127\text{mH}$，接入电压为 $u = 220\sqrt{2}\sin(314t + 30°)\text{V}$ 的正弦交流电源上。求：（1）流过电感的电流瞬时值表达式。（2）写出电压及电流的相量式，并绘出它们的相量图。（3）电路的无功功率。

解： 由 $u = 220\sqrt{2}\sin(314t + 30°)$ V 可得：$U = 220\text{V}$，$\omega = 314\text{rad/s}$，$\psi_u = 30°$；电流初相位 $\psi_i = \psi_u - \pi/2 = 30° - 90° = -60°$；感抗为 $X_L = \omega L = 314 \times 127 \times 10^{-3}\Omega = 40\Omega$

电流有效值为

$$I = \frac{U_L}{X_L} = \frac{220}{40}\text{A} = 5.5\text{A}$$

则

（1）电流瞬时值表达式为

$$i = \sqrt{2}I\sin(\omega t + \psi_i) = 5.5\sqrt{2}\sin(314t - 60°)\ A$$

（2）电压、电流的相量形式为

$$\dot{U}_L = 220\ \angle 30°\ V \qquad \dot{I} = 5.5\ \angle -60°\ A$$

绘出它们的相量图，如图 4-17 所示。

（3）电路的无功功率为

$$Q_L = U_L I = 220 \times 5.5\ var = 1210\ var$$

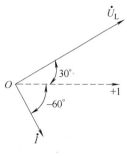

图 4-17 例 4-8 的相量图

4.2.3 纯电容电路

纯电容电路是只有电容器的负载，而对电容器的漏电电阻和分布电感均忽略不计的交流电路，如图 4-18 所示。

1. 电压与电流间的关系

在图 4-18 所示电压与电流参考方向下，设加在电容两端的正弦交流电压为

$$u_C = \sqrt{2}U_C\sin(\omega t + \psi_u) \tag{4-26}$$

则流过电容元件的电流为

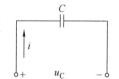

图 4-18 纯电容电路

$$
\begin{aligned}
i &= C\frac{\mathrm{d}u_C}{\mathrm{d}t} \\
&= C\frac{\mathrm{d}}{\mathrm{d}t}\left[\sqrt{2}U_C(\sin\omega t + \psi_u)\right] \\
&= \sqrt{2}U_C\omega C\cos(\omega t + \psi_u) \\
&= \sqrt{2}\frac{U_C}{X_C}\sin\left(\omega t + \psi_u + \frac{\pi}{2}\right) \\
&= \sqrt{2}\frac{U_C}{X_C}\sin(\omega t + \psi_i)
\end{aligned}
$$

式中，$X_C = \dfrac{1}{\omega C}$，且 $\psi_i = \psi_u + \dfrac{\pi}{2}$。电流和电压的波形图如图 4-19a 所示。

可以看出，电容元件上的电压与电流之间有以下关系，即

$$U_{Cm} = I_m X_C \quad 或 \quad U_C = I X_C \tag{4-27}$$

式（4-27）中，$1/\omega C$ 称为电容元件的容抗，用 X_C 表示，单位为欧［姆］（Ω），反映了电容元件对交流电的阻碍作用。实验证明，容抗 X_C 的大小与电源频率 f 和电容器的容量成反比，即

$$X_C = \frac{1}{\omega C} = \frac{1}{2\pi f C} \tag{4-28}$$

由于容抗 X_C 与电容器的电容量 C 及电源的频率 f 成反比，所以频率越高，X_C 越小，在一定电压下，I 越大；特别是当电源频率 $f = 0$ 时（相当于直流电），电容对电流的阻碍作用趋于无穷大，此时虽有电压作用于电容，但电流却为零，电容器相当于开路。因此，电容器在交流电路中具有"隔直流、通交流，阻低频、通高频"的特性。

对应于式（4-26），在关联参考方向下电容元件的电压相量 $\dot{U}_C = U_C \angle \psi_u$，故电流相量可

表示为

$$\dot{I} = \frac{U_C}{X_C}\angle\psi_i = \frac{U_C}{X_C}\bigg/\left(\psi_u + \frac{\pi}{2}\right) = j\frac{U_C}{X_C}\angle\psi_u = j\frac{1}{X_C}\dot{U}_C$$

则

$$\dot{U}_C = -j\dot{I}X_C \qquad (4\text{-}29)$$

相量图如图 4-19b 所示。

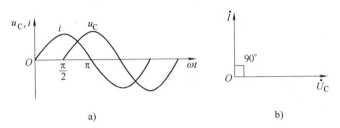

a)   b)

图 4-19   纯电容交流电路的波形图与相量图

a）电流和电压的波形图   b）相量图

由以上分析可以得出以下结论。

1）当在电容元件两端加上正弦电压时，其电流也为同频率的正弦电流。

2）在相位上电压 u 比电流 i 滞后 90°，或电流 i 比电压 u 超前 90°。

3）电流与电压的最大值（或有效值）及容抗符合欧姆定律关系。

2. 电路的功率

（1）瞬时功率 p

若 $i = \sqrt{2}I\sin\omega t$，则 $u_C = \sqrt{2}U_C\sin\left(\omega t - \frac{\pi}{2}\right)$，那么纯电容交流电路的瞬时功率为

$$p = u_C i = \sqrt{2}U_C\sin\left(\omega t - \frac{\pi}{2}\right)\sqrt{2}I\sin\omega t = -U_C I\sin 2\omega t \qquad (4\text{-}30)$$

由式（4-30）可知，纯电容电路的瞬时功率是以两倍于电源的频率按正弦规律变化的，其波形如图 4-20 所示。瞬时功率曲线一半为正，一半为负。当 p 为负时，电容向外释放能量；当 p 为正时，电容从外界吸收能量。由曲线的对称性知，电容吸收的能量与释放的能量相同。这说明电容只与外电路进行能量交换，而其本身并不消耗能量，故电容是储能元件。

（2）平均功率 P

$$P = \frac{1}{T}\int_0^T p\,\mathrm{d}t = \frac{1}{T}\int_0^T (-U_C I\sin 2\omega t)\,\mathrm{d}t = 0$$

$$(4\text{-}31)$$

纯电容交流电路的平均功率为零，说明在交流电的一个周期内电容元件吸收和释放的能量一样多，还

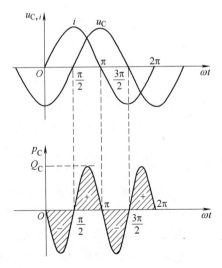

图 4-20   纯电容交流电路的功率波形

说明它本身不消耗能量，只与外电路进行能量交换。因此，可同样引入无功功率来衡量电感元件与外界交换能量的规模。

（3）无功功率 Q_C

可将纯电容交流电路的无功功率定义为其瞬时功率的最大值，即电容元件与电源之间能量交换的最大速率，用符号 Q_C 表示，即

$$Q_C = -U_C I = -I^2 X_C = -\frac{U_C^2}{X_C} \tag{4-32}$$

容性无功功率为负值，表明它与电感转换能量的过程相反，在电感吸收能量的同时，电容释放能量，反之亦然。

【例4-9】 把一个 $C = 63\,\mu\mathrm{F}$ 的电容器接到 $u = 220\sqrt{2}\sin(314t + 45°)$ V 的交流电源上，求：（1）流过电容器 C 的电流瞬时值表达式。（2）写出其电压及电流的相量式，并绘出相量图。（3）电路的无功功率。

解： 由 $u = 220\sqrt{2}\sin(314t + 45°)$ V 可得

$$\dot{U}_C = 220\,\angle 45°\,\mathrm{V}$$

容抗

$$X_C = \frac{1}{\omega C} = \frac{1}{314 \times 63 \times 10^{-6}}\Omega = 50\Omega$$

所以

$$\dot{I} = \frac{\dot{U}_C}{-jX_C} = \frac{220\,\angle 45°}{50\,\angle -90°}\mathrm{A} = 4.4\,\angle 135°\,\mathrm{A}$$

（1）电流瞬时值表达式为 $i = 4.4\sqrt{2}\sin(314t + 135°)$ A

（2）电压、电流的相量形式分别为

$$\dot{U}_C = 220\,\angle 45°\,\mathrm{V} \qquad\qquad \dot{I} = 4.4\,\angle 135°\,\mathrm{A}$$

其相量图如图4-21所示。

（3）电路的无功功率为

$$Q_C = -U_C I = -220 \times 4.4\,\mathrm{var} = -968\,\mathrm{var}$$

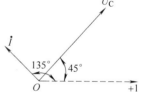

图 4-21 例 4-9 的相量图

4.3 正弦交流电路的分析方法

学习任务
1）掌握相量形式的基尔霍夫电流定律。
2）掌握相量形式的基尔霍夫电压定律。
3）理解阻抗的定义，掌握阻抗串联、并联的计算方法。

4.3.1 电路基本定律的相量形式

对于交流电路的任一瞬间，电路基本定律、定理以及电路的分析方法仍然适用，而对于正弦交流电路则可用相量进行分析。

1. 相量形式的基尔霍夫电流定律

基尔霍夫电流定律的依据是电流连续性原理。在交流电路中，任一瞬间的电流总是连续的，因此基尔霍夫电流定律也适用于交流电流的任一瞬间，即任一瞬间，流过电路一个节点

（或闭合曲面）各电流瞬时值的代数和为零，可表示为

$$\sum i = 0$$

既然对每一瞬间都适用，那么对表达瞬时值随时间变化规律的解析式也适用，即连接在电路任一节点的各支路电流的解析式的代数和为零。

在正弦交流电路中，各电流都是与电源同频率的正弦量，将这些同频率的正弦量用相量表示，即得

$$\sum \dot{I} = 0 \tag{4-33}$$

式（4-33）是相量形式的基尔霍夫电流定律（KCL）。电流前的正负号由其参考方向决定，若电流参考方向指向节点取正，则电流参考方向背离节点取负。

【例 4-10】 在图 4-22 所示电路中，已知电流表 A_1、A_2、A_3 的读数都为 20A，求电路中电流表 A 的读数。

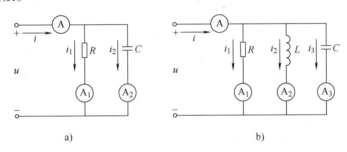

图 4-22　例 4-10 图

解： 设端电压 $\dot{U} = U \angle 0° \mathrm{V}$

（1）选定 i、i_1、i_2、u 参考方向如图 4-22a 所示，则

$$\dot{I}_1 = 20 \angle 0° \mathrm{A}$$

$$\dot{I}_2 = 20 \angle 90° \mathrm{A}$$

由 KCL 得

$$\dot{I} = \dot{I}_1 + \dot{I}_2 = 20 \angle 0° + 20 \angle 90° = 20 + \mathrm{j}20 = 20\sqrt{2} \angle 45° \mathrm{A}$$

则电流表 A 的读数为 28.28A。注意：与直流电路是不同的，总电流并不是 40A。

（2）若选定 i、i_1、i_2、i_3、u 的参考方向如图 4-22b 所示，则

$$\dot{I}_1 = 20 \angle 0° \mathrm{A}$$

$$\dot{I}_2 = 20 \angle -90° \mathrm{A}$$

$$\dot{I}_3 = 20 \angle 90° \mathrm{A}$$

由 KCL 得

$$\dot{I} = \dot{I}_1 + \dot{I}_2 + \dot{I}_3 = (20 \angle 0° + 20 \angle -90° + 20 \angle 90°) \mathrm{A} = (20 - \mathrm{j}20 + \mathrm{j}20) \mathrm{A} = 20 \mathrm{A}$$

则电流表的读数为 20A。

对例 4-10，若用相量图分析则，显得更为方便。

并联电路以电压 $\dot{U}$ 为参考相量，绘出图 4-22a 和图 4-22b 所示的相量图分别如图 4-23a

和图 4-23b 所示。

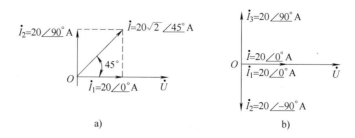

图 4-23　图 4-22a 和图 4-22b 所示的相量图

a）图 4-22a 所示的相量图　b）图 4-22b 所示的相量图

2. 相量形式的基尔霍夫电压定律

根据能量守恒定律，基尔霍夫电压定律也适用于交流电路的任一瞬间。即任一瞬间，在电路某一回路中各段电压瞬时值的代数和为零，可表示为

$$\sum u = 0$$

在正弦交流电路中，各电压都是与电源同频率的正弦量，将这些同频率的正弦量用相量表示，即得

$$\sum \dot{U} = 0 \qquad\qquad (4\text{-}34)$$

式（4-34）是相量形式的基尔霍夫电压定律（KVL）。电压前的正负号由其参考方向决定，若电压参考方向与回路绕行方向相同，则取正；若电压参考方向与回路绕行方向相反，则取负。

【例 4-11】　在图 4-24 所示电路中，已知电压表 V_1、V_2、V_3 的读数，求电路中电压表 V 的读数。

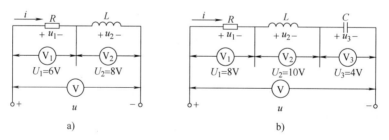

图 4-24　例 4-11 图

解： 设电流为参考相量，即 $\dot{I} = I \angle 0° \text{A}$。

（1）若选定 i、u_1、u_2、u 的参考方向如图 4-24a 所示，则

$$\dot{U}_1 = 6 \angle 0° \text{V}$$

$$\dot{U}_2 = 8 \angle 90° \text{V}$$

由 KVL 得

$$\dot{U} = \dot{U}_1 + \dot{U}_2 = 6 \angle 0° + 8 \angle 90° = 6 + \text{j}8 = 10 \angle 53.1° \text{V}$$

所以电压表 V 的读数为 10V。

（2）若选定 i、u_1、u_2、u_3、u 的参考方向如图 4-24b 所示，则

$$\dot{U}_1 = 8 \angle 0° \text{V}$$

$$\dot{U}_2 = 10 \angle 90° \text{V}$$

$$\dot{U}_3 = 4 \angle -90° \text{V}$$

由 KVL 得

$$\dot{U} = \dot{U}_1 + \dot{U}_2 + \dot{U}_3 = 8 \angle 0° + 10 \angle 90° + 4 \angle -90° = 8 + \text{j}10 - \text{j}4 = 10 \angle 36.9° \text{V}$$

所以电压表 V 的读数为 10V。

用相量图分析此例题。串联电路以电流 $\dot{I}$ 为参考相量，绘出图 4-24a 和图 4-24b 所示的相量图分别如图 4-25a 和图 4-25b 所示。

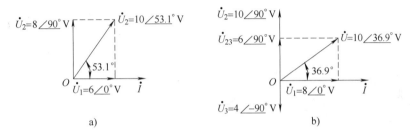

图 4-25　图 4-24a 和图 4-24b 所示的相量图
a）图 4-24a 所示的相量图　b）图 4-24b 所示的相量图

4.3.2　阻抗及阻抗的串并联

1. 阻抗

"阻"表示电阻，"抗"则表示电抗（感抗和容抗），它们都体现了对电流的阻碍作用，但影响的性质并不完全相同。图 4-26 表示一个无源二端网络，"无源"是指二端网络内部没有电源。这个二端网络内部电路可以很复杂，也可以很简单（例如只有一个元器件）。

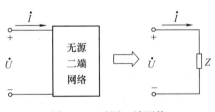

图 4-26　无源二端网络

当在图 4-26 中无源二端网络的端口电压与端口电流为关联参考方向时，把端口电压相量与端口电流相量的比值称为该无源二端网络的阻抗，用符号 Z 表示，单位为欧［姆］（Ω），即

$$Z = \frac{\dot{U}}{\dot{I}} = \frac{U \angle \psi_u}{I \angle \psi_i} = \frac{U}{I} \angle (\psi_u - \psi_i) \tag{4-35}$$

还可将式（4-35）写成以下形式，即

$$\dot{I} = \frac{\dot{U}}{Z} \tag{4-36}$$

式（4-36）称为电路欧姆定律的相量表达形式。阻抗既体现出电阻的性质（即对电流大小的影响），又体现出电抗的性质（即对电流大小与相位的影响）。

一般情况下，阻抗是一个复数，故阻抗又常称为复阻抗，表示为

$$Z = R + jX \tag{4-37}$$

式中，R 称为阻抗的实部或电阻部分，X 称为阻抗的虚部或电抗部分。其中

$$R = |Z|\cos\varphi_Z,\ X = |Z|\sin\varphi_Z \tag{4-38}$$

在电路中阻抗除了用复数表示以外，还常常用极坐标形式表示，即

$$Z = |Z| \underline{/\varphi_Z} \tag{4-39}$$

式中，$|Z|$ 称为阻抗的"模"，而 φ_Z 称为阻抗的阻抗角。其中

$$|Z| = \sqrt{R^2 + X^2} = \frac{U}{I},\ \varphi_Z = \arctan\frac{X}{R} = \psi_u - \psi_i \tag{4-40}$$

如果一无源二端网络只含单个元件 R、L 或 C，那么对应的阻抗分别为

$$Z_R = R,\ Z_L = j\omega L,\ Z_C = -j\frac{1}{\omega C} \tag{4-41}$$

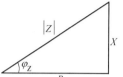

当 $X > 0$ 时，阻抗呈感性；当 $X < 0$ 时，阻抗呈容性；当 $X = 0$ 时，阻抗呈纯电阻性。R、X 和 $|Z|$ 之间的关系可用一个直角三角形表示，称为阻抗三角形，如图4-27所示。

图 4-27　阻抗三角形

2. 阻抗的串联

将几个阻抗首尾相连可构成串联电路。图4-28a 所示是两个复阻抗的串联电路，可以用一个等效阻抗 Z 来替代这两个串联阻抗，构成等效电路，如图4-28b 所示。

在图示电压、电流的参考方向下，由基尔霍夫电压定律可写出其相量表达式为

$$\dot{U} = \dot{U}_1 + \dot{U}_2 = \dot{I}Z_1 + \dot{I}Z_2 = \dot{I}(Z_1 + Z_2) = \dot{I}Z$$

所以，其等效复阻抗为

$$Z = \frac{\dot{U}}{\dot{I}} = Z_1 + Z_2 \tag{4-42}$$

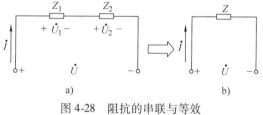

a）
b）

图 4-28　阻抗的串联与等效
a）两个复阻抗的串联电路　b）等效电路

由此可见，等效阻抗等于各个串联阻抗之和。

在电路中"等效"是一个非常重要的概念，用"等效阻抗"去代替原来的几个不同连接的阻抗，其对电路的"影响"是一样的。这里的"影响"指的是被等效的这部分电路以外的电路电量（电流、电压）与等效前保持一致。

一般情况下，当有 N 个阻抗串联时，等效阻抗可写成为

$$Z = \sum Z_N$$
$$= \sum R_N + j\sum X_N$$
$$= |Z| \underline{/\varphi_Z}$$

式中

$$|Z| = \sqrt{\left(\sum R_N\right)^2 + \left(\sum X_N\right)^2} \tag{4-43}$$

$$\varphi_Z = \arctan\frac{\sum X_N}{\sum R_N} \tag{4-44}$$

若复阻抗串联，则分压公式仍然成立。对以上两个复阻抗串联，分压公式为

$$\dot{U}_1 = \frac{Z_1 \dot{U}}{Z_1 + Z_2} \qquad \dot{U}_2 = \frac{Z_2 \dot{U}}{Z_1 + Z_2} \tag{4-45}$$

【例 4-12】 在图 4-28a 所示的电路中，已知 $Z_1 = (6.16 + \text{j}9)\ \Omega$，$Z_2 = (2.5 - \text{j}4)\ \Omega$，当外加电压 $\dot{U} = 220\ \underline{/30°}$ V；试求电路的等效阻抗 Z、电流 $\dot{I}$ 和各阻抗上的 $\dot{U}_1$、$\dot{U}_2$。

解：若电路的等效阻抗为

$$Z = Z_1 + Z_2 = [(6.16 + \text{j}9) + (2.5 - \text{j}4)]\ \Omega = (8.66 + \text{j}5)\ \Omega = 10\ \underline{/30°}\ \Omega$$

则电流有效值相量为

$$\dot{I} = \frac{\dot{U}}{Z} = \frac{220\ \underline{/30°}}{10\ \underline{/30°}}\text{A} = 22\ \underline{/0°}\ \text{A} = 22\text{A}$$

阻抗 Z_1 上的电压为

$$\dot{U}_1 = \dot{I}Z_1 = 22\ \underline{/0°} \times 10.9\ \underline{/55.61°}\ \text{V} = 239.8\ \underline{/55.61°}\ \text{V}$$

阻抗 Z_2 上的电压为

$$\dot{U}_2 = \dot{I}Z_2 = 22\ \underline{/0°} \times 4.72\ \underline{/-58°}\ \text{V} = 103.84\ \underline{/-58°}\ \text{V}$$

3. 阻抗的并联

图 4-29a 所示是两个阻抗并联的电路，可以用一个等效阻抗 Z 来替代这两个并联阻抗，如图 4-29b 所示。

在图示电压、电流参考方向情况下，由基尔霍夫电流定律的相量形式，可得

$$\dot{I} = \dot{I}_1 + \dot{I}_2 = \frac{\dot{U}}{Z_1} + \frac{\dot{U}}{Z_2} = \dot{U}\left(\frac{1}{Z_1} + \frac{1}{Z_2}\right) = \frac{\dot{U}}{Z}$$

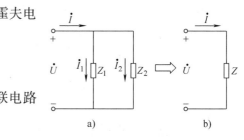

等效电路如图 4-29b 所示。Z 为两个阻抗并联电路的等效复阻抗，且

$$\frac{1}{Z} = \frac{1}{Z_1} + \frac{1}{Z_2} \tag{4-46}$$

图 4-29 阻抗并联与等效

a）阻抗并联电路 b）等效电路

可见，当 N 个复阻抗并联时，等效复阻抗 Z 的倒数等于各个复阻抗的倒数之和。一般式可写为

$$\frac{1}{Z} = \sum \frac{1}{Z_N} \tag{4-47}$$

若复阻抗并联，则分流公式仍然成立。以两个复阻抗并联为例，分流公式为

$$\dot{I}_1 = \frac{Z_2 \dot{I}}{Z_1 + Z_2} \qquad \dot{I}_2 = \frac{Z_1 \dot{I}}{Z_1 + Z_2} \tag{4-48}$$

从上面分析可知，当几个阻抗串联或并联时，其等效阻抗的计算规律与电阻串并联时的总电阻的计算规律相同。

【例 4-13】 在图 4-30 所示电路中，已知 $u = 220\sqrt{2}\sin\omega t$ V，$X_C = 400\Omega$，$X_L = 200\Omega$，$R = 100\Omega$，求电路的等效总阻抗和总电流 $\dot{I}$。

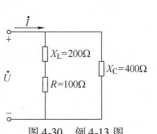

图 4-30 例 4-13 图

解：各支路的阻抗分别如下

$$Z_1 = R + jX_L = (100 + j200)\,\Omega = 223.\,61 \underline{/63.\,43°}\,\Omega$$

$$Z_2 = -jX_C = -j400\Omega = 400\ \underline{/-90°}\,\Omega$$

则

$$Z = \frac{Z_1 Z_2}{Z_1 + Z_2} = \frac{223.\,61\ \underline{/63.\,43°} \times 400\ \underline{/-90°}}{100 + j200 - j400}\Omega = \frac{89444\ \underline{/-26.\,57°}}{223.\,61\ \underline{/-63.\,43°}}\Omega = 400\ \underline{/36.\,86°}\,\Omega$$

根据相量欧姆定律，则

$$\dot{I} = \frac{\dot{U}}{Z} = \frac{220\ \underline{/0°}}{400\ \underline{/36.\,86°}}A = 0.\,55\ \underline{/-36.\,86°}A$$

4.3.3 导纳

为方便电路计算，有时用"导纳"来表示阻抗，定义复阻抗 Z 的倒数叫做导纳，用大写字母 Y 表示，单位为西［门子］(S)，即

$$Y = \frac{1}{Z} \qquad (4\text{-}49)$$

在引入导纳的概念后，相量的欧姆定律还可以写成以下形式，即

$$\dot{I} = \frac{\dot{U}}{Z} = \dot{U}Y \qquad (4\text{-}50)$$

图 4-31a 所示电路是两个导纳的串联电路，图 4-31b 所示是它的等效电路。

在图示电压、电流的参考方向下，由基尔霍夫电压定律的相量形式，可得

$$\dot{U} = \dot{U}_1 + \dot{U}_2 = \dot{I}\left(\frac{1}{Y_1} + \frac{1}{Y_2}\right) = \dot{I}\,\frac{1}{Y}$$

可见，串联电路的总导纳与各支路导纳的关系是

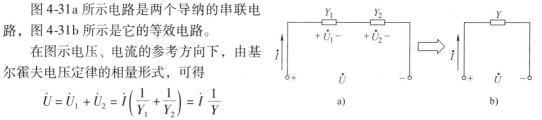

图 4-31 两个导纳的串联电路及等效电路

a）两个导纳的串联电路　b）等效电路

$$\frac{1}{Y} = \frac{1}{Y_1} + \frac{1}{Y_2}$$

当有 N 个导纳串联时，电路的总导纳的倒数等于各支路导纳的倒数之和，即

$$\frac{1}{Y} = \frac{1}{Y_1} + \frac{1}{Y_2} + \cdots = \sum \frac{1}{Y_N} \qquad (4\text{-}51)$$

同理，可以证明，当 N 个导纳并联时，电路的总导纳为

$$Y = Y_1 + Y_2 + \cdots = \sum Y_N \qquad (4\text{-}52)$$

导纳阻抗一样也是一个复数，因此导纳也可写成以下形式

$$Y = G + jB = |Y|\ \underline{/\varphi_Y} \qquad (4\text{-}53)$$

式中，G 是导纳的实部，称为电导；B 是导纳的虚部，称为电纳；$|Y|$ 称为导纳的模，而 φ_Y 是导纳角，则

$$|Y| = \frac{I}{U};\ \varphi_Y = \psi_i - \psi_u \qquad (4\text{-}54)$$

如果一无源二端网络只含单个元件 R、L 或 C，那么对应的导纳分别为

$$Y_R = \frac{1}{R}, \ Y_L = \frac{1}{j\omega L}, \ Y_C = j\omega C \qquad\qquad (4\text{-}55)$$

【例 4-14】   电路如图 4-32 所示。两个复阻抗分别是 $Z_1 = j10\Omega$，$Z_2 = (10 - j10)\Omega$，交流电源电压 $u = 220\sqrt{2}\sin\omega t\,V$，试求电路中的总导纳 Y 及电流 $\dot{I}$、$\dot{I}_1$ 和 $\dot{I}_2$。

解： 各支路的阻抗分别如下

$$Z_1 = 10\ \angle 90^\circ\Omega, \ Z_2 = 14.14\ \angle -45^\circ\Omega$$

则各支路的导纳为

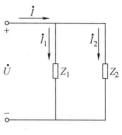

$$Y_1 = \frac{1}{Z_1} = \frac{1}{10\ \angle 90^\circ}S = 0.1\ \angle -90^\circ S = -j0.1S$$

$$Y_2 = \frac{1}{Z_2} = \frac{1}{14.14\ \angle -45^\circ}S = 0.07\ \angle 45^\circ S = (0.05 + j0.05)S$$

电路的总导纳为

图 4-32   例 4-14 图

$$Y = Y_1 + Y_2 = (-j0.1 + 0.05 + j0.05)S = (0.05 - j0.05)S = 0.05\sqrt{2}\angle -45^\circ S$$

得总电流相量为

$$\dot{I} = Y\dot{U} = 0.05\sqrt{2}\angle -45^\circ \times 220\ \angle 0^\circ A = 15.6\ \angle -45^\circ A$$

因此，各支路电流相量分别为

$$\dot{I}_1 = Y_1\dot{U} = 0.1\ \angle -90^\circ \times 220\ \angle 0^\circ A = 22\ \angle -90^\circ A$$

$$\dot{I}_2 = \dot{Y}_2\dot{U} = 0.07\ \angle 45^\circ \times 220\ \angle 0^\circ A = 15.4\ \angle 45^\circ A$$

4.4 电阻、电感、电容串联电路

学习任务

1）掌握 RLC 串联电路中电压与电流的关系。

2）了解 RLC 串联电路中阻抗的定义。

3）掌握 RLC 串联电路中功率的计算方法。

在工程中，供电系统的补偿电路、电工电子技术中常用的谐振电路一般都是由电阻、电感和电容按不同的方式组合构成的。下面介绍一种具有代表性的交流电路模型，即电阻、电感、电容（RLC）串联电路，电工和电子电路中常用的 RL 或 RC 串联电路都可以认为是这种电路的特例。

4.4.1 电压与电流的关系

RLC 串联交流电路如图 4-33 所示。因为串联电路的电流相等，所以分析 RLC 串联交流电路以电流作为参考正弦量。

选择电流为参考正弦量，即

$$i = \sqrt{2}I\sin\omega t$$

根据 KVL，则端口总电压为

$$u = u_R + u_L + u_C$$

对应的相量式为

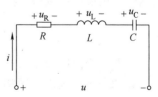

图 4-33 RLC 串联交流电路

$$\dot{U} = \dot{U}_R + \dot{U}_L + \dot{U}_C$$

由于单一参数的电流电压关系为

$$\dot{U}_R = \dot{I}R \qquad \dot{U}_L = j\dot{I}X_L \qquad \dot{U}_C = -j\dot{I}X_C$$

所以，电压为

$$\dot{U} = \dot{U}_R + \dot{U}_L + \dot{U}_C = \dot{I}R + j\dot{I}X_L - j\dot{I}X_C = \dot{I}[R + j(X_L - X_C)] \qquad (4\text{-}56)$$

各电压与电流为同频率，由此可绘出 RLC 串联交流电路的相量图，如图 4-34 所示。

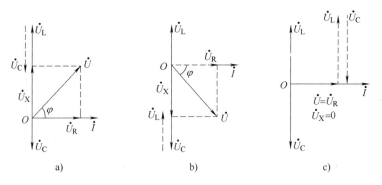

图 4-34 RLC 串联交流电路的相量图

a) $U_L > U_C$ b) $U_L < U_C$ c) $U_L = U_C$

$\dot{U}_R$、$\dot{U}_L$、$\dot{U}_C$ 合成相量 $\dot{U}$ 的长度是总电压 u 的有效值 U；合成相量 $\dot{U}$ 与横轴的夹角 φ 是总电压与电流的相位差。

由图 4-34 可以看出，电路的总电压 $\dot{U}$ 与各分电压 $\dot{U}_R$、$\dot{U}_X$ 构成直角三角形，这个直角三角形称为电压三角形。以 $U_L > U_C$ 为例的电压三角形如图 4-35 所示。$U_X = U_L - U_C$ 称为电抗压降。

由电压三角形可得总电压有效值和分电压有效值之间的关系为

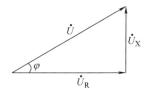

图 4-35   以 $U_L > U_C$ 为例的电压三角形

$$\begin{aligned}
U &= \sqrt{U_R^2 + (U_L - U_C)^2} \\
&= \sqrt{U_R^2 + U_X^2} \\
&= \sqrt{(IR)^2 + (IX_L - IX_C)^2} \\
&= I\sqrt{R^2 + (X_L - X_C)^2}
\end{aligned} \qquad (4\text{-}57)$$

总电压与电流的相位差为

$$\varphi = \arctan\frac{U_L - U_C}{U_R} = \arctan\frac{U_X}{U_R} = \arctan\frac{I(X_L - X_C)}{IR} = \arctan\frac{X_L - X_C}{R} \qquad (4\text{-}58)$$

由电压三角形还可以得到

$$U_R = U\cos\varphi \qquad (4\text{-}59)$$

$$U_L - U_C = U_X = U\sin\varphi \qquad (4\text{-}60)$$

当 $U_L > U_C$ 时，$\varphi > 0$，电压超前电流；当 $U_L < U_C$ 时，$\varphi < 0$，电压滞后电流；当 $U_L = U_C$ 时，$\varphi = 0$，电压与电流同相。

4.4.2 RLC 串联电路的阻抗

在式（4-56）两边同除以 $\dot{I}$，则得

$$\frac{\dot{U}}{\dot{I}} = R + \mathrm{j}(X_\mathrm{L} - X_\mathrm{C}) = R + \mathrm{j}X \tag{4-61}$$

式中，$X = X_\mathrm{L} - X_\mathrm{C}$ 称为电抗，它是电感与电容共同作用的结果，单位为欧［姆］（Ω）。

在正弦交流电路中，电压相量与电流相量的比值称为阻抗，用 Z 表示。阻抗描述了电阻、电感和电容的综合特性。式（4-61）可写为

$$Z = \frac{\dot{U}}{\dot{I}} = R + \mathrm{j}(X_\mathrm{L} - X_\mathrm{C}) = R + \mathrm{j}X \tag{4-62}$$

一般形式可写为

$$Z = \frac{\dot{U}}{\dot{I}} = \frac{U}{I}\angle \varphi_\mathrm{u} - \varphi_\mathrm{i} = |Z|\angle\varphi \tag{4-63}$$

式中，$|Z|$ 是阻抗的"模"，称为阻抗值，它反映了电压与电流的大小关系，其大小是电压与电流有效值的比值，即

$$|Z| = \frac{U}{I} = \sqrt{R^2 + (X_\mathrm{L} - X_\mathrm{C})^2} = \sqrt{R^2 + X^2} \tag{4-64}$$

φ 称为阻抗角，它反映了电压与电流的相位关系，阻抗角是总电压 $\dot{U}$ 超前总电流 $\dot{I}$ 的相位角，即

$$\varphi = \varphi_\mathrm{u} - \varphi_\mathrm{i} = \arctan\frac{X_\mathrm{L} - X_\mathrm{C}}{R} = \arctan\frac{X}{R} \tag{4-65}$$

将电压三角形的 3 个边同时除以电流 I，可以得到由阻抗值 $|Z|$、电阻 R 和电抗 X 组成的直角三角形，称为阻抗三角形，以 $U_\mathrm{L} > U_\mathrm{C}$ 为例的阻抗三角形如图 4-36 所示。阻抗三角形和电压三角形是相似三角形。

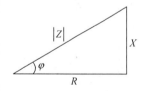

图 4-36　以 $U_\mathrm{L} > U_\mathrm{C}$
为例的阻抗三角形

在 RLC 串联电路中，电抗 $X = X_\mathrm{L} - X_\mathrm{C}$ 是电感和电容共同作用的结果。总电压与总电流之间的相位差 $\varphi = \arctan\dfrac{X_\mathrm{L} - X_\mathrm{C}}{R}$ 决定了电路的性质，它由电抗 X 的大小和正负来确定。

1）当 $U_\mathrm{L} > U_\mathrm{C}$ 时，即 $X_\mathrm{L} > X_\mathrm{C}$，$X > 0$，$\varphi = \arctan\dfrac{X}{R} > 0$，总电压超前总电流，电路呈电感性，如图 4-34a 所示。

2）当 $U_\mathrm{L} < U_\mathrm{C}$ 时，即 $X_\mathrm{L} < X_\mathrm{C}$，$X < 0$，$\varphi = \arctan\dfrac{X}{R} < 0$，总电压滞后总电流，电路呈电容性，如图 4-34b 所示。

3）当 $U_\mathrm{L} = U_\mathrm{C}$ 时，即 $X_\mathrm{L} = X_\mathrm{C}$，$X = 0$，$\varphi = \arctan\dfrac{X}{R} = 0$，总电压与总电流同相，电路呈电阻性，如图 4-34c 所示。

4.4.3 *RLC* 串联电路的功率

在 *RLC* 串联电路中,既有耗能元件电阻 *R*,又有储能元件电感 *L* 和电容 *C*,所以电路中既有有功功率 *P*,又有无功功率 Q_L 和 Q_C。

1. 有功功率

电路的瞬时功率为

$$p = ui = U_m I_m \sin(\omega t + \varphi)\sin\omega t = \frac{U_m I_m}{2}[\cos\varphi - \cos(2\omega t + \varphi)] = UI\cos\varphi - UI\cos(2\omega t + \varphi)$$

则平均功率 *P* 为

$$P = \frac{1}{T}\int_0^T p\,\mathrm{d}t = \frac{1}{T}\int_0^T [UI\cos\varphi - UI\cos(2\omega t + \varphi)]\,\mathrm{d}t = UI\cos\varphi \tag{4-66}$$

有功功率是电路实际消耗的功率,由于 *RLC* 串联电路中只有电阻 *R* 是耗能元件,所以电路的有功功率 *P* 等于电阻 *R* 上消耗的功率,即

$$P = UI\cos\varphi = U_R I = \frac{U_R^2}{R} = I^2 R \tag{4-67}$$

2. 无功功率

在 *RLC* 串联电路中,电感元件与电容元件要储存和释放能量,即它们与电源之间要进行能量互换,存在无功功率,则

$$Q = U_L I - U_C I = (U_L - U_C)I = I^2(X_L - X_C) = UI\sin\varphi \tag{4-68}$$

3. 视在功率

由以上分析中看到,正弦电路中的有功功率和无功功率都要在电压和电流有效值的乘积上打一个折扣。通常将电压和电流有效值的乘积称为视在功率,表示正弦交流电源向电路提供总功率,即交流电源的容量,用符号 *S* 表示,单位为伏〔安〕(VA)或千伏〔安〕(kVA),即

$$S = UI \tag{4-69}$$

视在功率 *S* 通常用来表示电气设备的额定容量。额定容量说明了电气设备可能发出或吸收的最大功率,如变压器、发电机等电源设备,它们发出的有功功率与负载的功率因数有关,不是一个常数,所以通常只用视在功率来表示其容量,而不用有功功率表示。

电压三角形的各条边同乘以电流有效值 *I*,将会得到以视在功率 *S*、有功功率 *P* 和无功功率 *Q* 为 3 条边的直角三角形,称为功率三角形,如图 4-37 所示,它与电压三角形也是相似三角形。

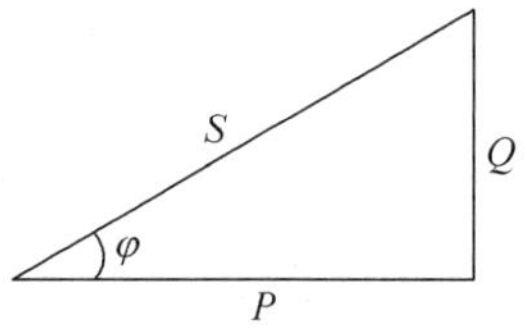

图 4-37 *RLC* 串联交流电路的功率三角形

由功率三角形可以得到

$$P = S\cos\varphi \tag{4-70}$$

$$Q = S\sin\varphi \tag{4-71}$$

$$S = \sqrt{P^2 + Q^2} \tag{4-72}$$

$$\varphi = \arctan\frac{P}{S} \tag{4-73}$$

对于正弦交流电路来说,电路中总的有功功率等于电路各部分有功功率之和,总的无功

功率等于电路各部分无功功率之和，但总的视在功率并不等于各部分视在功率之和。需要注意的是，有功功率为正，无功功率有正有负（感性负载的无功功率为正，容性负载的无功功率为负）。

虽然式（4-67）、式（4-68）和式（4-69）是由串联电路推出的，但它们却是正弦交流电路功率的一般公式。

4. 功率因数

在 RLC 串联电路中，既有耗能元件（电阻），又有储能元件（电感和电容）。因此，电源提供的总功率一部分被电阻消耗（有功功率），一部分被电感、电容与电源交换（无功功率）。有功功率与视在功率的比值称为功率因数，它反映了功率的利用率，用 λ 表示，即

$$\lambda = \cos\varphi = \frac{P}{S} \tag{4-74}$$

在 RLC 串联电路中，由于电压三角形、阻抗三角形和功率三角形是相似三角形，它们的 φ 角是相等的，所以

$$\lambda = \cos\varphi = \frac{P}{S} = \frac{U_R}{U} = \frac{R}{|Z|} \tag{4-75}$$

式（4-74）表明，当视在功率一定时，功率因数越大，用电设备的有功功率越大，电源输出功率的利用率就越大。因此，在实际工程中，为了使电源设备充分发挥作用，提高其利用率以及尽量减小线路上的电压损耗和功率损耗，应力求使功率因数接近 1，提高功率因数常用的办法是在感性负载两端并联容量适当的电容器。

【**例 4-15**】　在 RLC 串联交流电路中，已知电阻 $R = 30\Omega$，电感 $L = 127\mathrm{mH}$，电容 $C = 40\mu\mathrm{F}$，将它们接在电压 $u = 220\sqrt{2}\sin(314t + 60°)\,\mathrm{V}$ 的电源两端。试求：（1）电路的总阻抗 Z。（2）总电流 i。（3）各元件上的电压 u_R、u_L、u_C。（4）视在功率、有功功率、无功功率及功率因数。（5）画相量图。

解：（1）线圈的感抗 $X_L = \omega L = 314 \times 127 \times 10^{-3}\Omega = 40\Omega$

电容的容抗

$$X_C = \frac{1}{\omega C} = \frac{1}{314 \times 40 \times 10^{-6}}\Omega = 80\Omega$$

电路的阻抗

$$Z = R + \mathrm{j}(X_L - X_C) = [30 + \mathrm{j}(40 - 80)]\Omega = 50\angle{-53.1°}\,\Omega$$

（2）由已知得　$\dot{U} = 220\angle{60°}\,\mathrm{V}$，则

$$\dot{I} = \frac{\dot{U}}{Z} = \frac{220\angle{60°}}{50\angle{-53.1°}}\mathrm{A} = 4.4\angle{113.1°}\,\mathrm{A}$$

$$i = 4.4\sqrt{2}\sin(314t + 113.1°)\,\mathrm{A}$$

（3）电阻上电压 $\dot{U}_R = \dot{I}R = 4.4\angle{113.1°} \times 30\,\mathrm{V} = 132\angle{113.1°}\,\mathrm{V}$，其瞬时值表达式为

$$u_R = 132\sqrt{2}\sin(314t + 113.1°)\,\mathrm{V}$$

电感上电压 $\dot{U}_L = \mathrm{j}\dot{I}X_L = \angle{90°} \times 4.4\angle{113.1°} \times 40\,\mathrm{V} = 176\angle{203.1°}\,\mathrm{V} = 176\angle{-156.9°}\,\mathrm{V}$，其瞬时值表达式为

$$u_L = 176\sqrt{2}\sin(314t - 156.9°)\,\mathrm{V}$$

电容上电压 $\dot{U}_C = -j\dot{I}X_C = \angle-90° \times 4.4 \angle 113.1° \times 80\text{V} = 352 \angle 23.1°\text{V}$，其瞬时值表达式为

$$u_C = 352\sqrt{2}\sin(314t + 23.1°)\text{V}$$

（4）有功功率

$$P = UI\cos\varphi = 220 \times 4.4 \times \cos(-53.1°)\text{W} = 580.8\text{W}$$

无功功率

$$Q = UI\sin\varphi = 220 \times 4.4 \times \sin(-53.1°)\text{var} = -774.4\text{var}$$

视在功率

$$S = UI = 220 \times 4.4\text{VA} = 4840\text{VA}$$

功率因数

$$\cos\varphi = \frac{P}{S} = \frac{R}{|Z|} = \frac{30}{50} = 0.6$$

（5）相量图如图4-38所示。

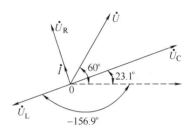

图4-38　例4-15的相量图

4.4.4　RLC 串联电路的特例

1. RL 串联电路

RL 串联交流电路如图4-39a所示，此时电路中的 $X_C = 0$。

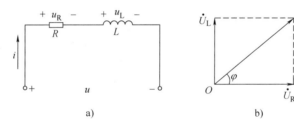

a)

b)

图4-39　RL串联交流电路及相量图

a) RL串联交流电路　b) 相量图

则相量 KVL 方程为

$$\dot{U} = \dot{U}_R + \dot{U}_L = \dot{I}R + j\dot{I}X_L = \dot{I}(R + jX_L)$$

RL 串联交流电路的相量图如图4-39b所示，从相量图中可以看出电压超前电流 φ。因此 RL 串联电路的阻抗为

$$Z = \frac{\dot{U}}{\dot{I}} = R + jX_L \tag{4-76}$$

RL 串联交流电路的电压三角形、阻抗三角形和功率三角形分别如图4-40a、图4-40b、图4-40c所示。

由图4-40可知，总电压有效值和分电压有效值之间的关系为

$$U = \sqrt{U_R^2 + U_L^2} \tag{4-77}$$

总电压与电流的相位差为

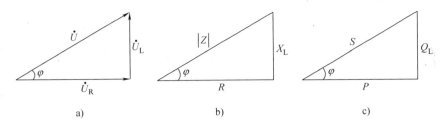

图 4-40　*RL* 串联交流电路的电压三角形、阻抗三角形和功率三角形

a）电压三角形　b）阻抗三角形　c）功率三角形

$$\varphi = \arctan \frac{U_L}{U_R} = \arctan \frac{X_L}{R} \tag{4-78}$$

电路的阻抗值为

$$|Z| = \sqrt{R^2 + X_L^2} \tag{4-79}$$

电路的视在功率为

$$S = \sqrt{P^2 + Q_L^2} \tag{4-80}$$

在日常生活中，荧光灯电路是常见的 *RL* 串联电路。荧光灯的灯看做是一个电阻，荧光灯镇流器的电阻很小，可以看做是一个纯电感，它们是串联连接的，荧光灯电路原理图如图4-41 所示。常见的电动机、变压器的线圈也是 *RL* 串联电路。

【例 4-16】　荧光灯电路原理图如图 4-41 所示。若测得"220V、60W"荧光灯两端电压为 110V，镇流器两端电压为 190V（内阻忽略不计）。求：（1）电源电压 *U*。（2）荧光灯的电阻 *R*。（3）电路的电流 *I*。（4）镇流器感抗 X_L。（5）电路的功率因数 $\cos\varphi$。

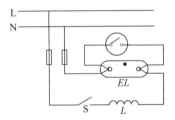

图 4-41　荧光灯电路原理图

解：荧光灯是 *RL* 串联电路，根据 *RL* 串联电路的特点和欧姆定律即可求出有关量。

（1）电源电压 $U = \sqrt{U_R^2 + U_L^2} = \sqrt{110^2 + 190^2}\text{V} = 220\text{V}$

（2）荧光灯的电阻 $R = \dfrac{U^2}{P} = \dfrac{220^2}{60}\Omega = 806.67\Omega$

（3）电路的电流 $I = \dfrac{U_R}{R} = \dfrac{110}{806.67}\text{A} = 0.136\text{A}$

（4）镇流器感抗 $X_L = \dfrac{U_L}{I} = \dfrac{190}{0.136}\Omega = 1397.06\Omega$

（5）电路的功率因数 $\cos\varphi = \dfrac{U_R}{U} = \dfrac{110}{220} = 0.5$

【例 4-17】　将一个 $R = 3\Omega$，$L = 12.7\text{mH}$ 的线圈接在电压 $u = 220\sqrt{2}\sin314t\text{V}$ 的正弦交流电源上。试求：（1）电路的阻抗。（2）电路电流的瞬时值表达式。（3）电路的有功功率、无功功率和视在功率。（4）功率因数。

解：（1）电路的感抗 $X_L = \omega L = 314 \times 12.7 \times 10^{-3}\Omega = 4\Omega$

电路的阻抗 $Z = R + jX_L = (3 + j4)\,\Omega = \sqrt{3^2 + 4^2}\ \underline{/\arctan\dfrac{4}{3}}\,\Omega = 5\ \underline{/53.1°}\,\Omega$

（2）由 $u = 220\sqrt{2}\sin314t\,\mathrm{V}$，得 $\dot{U} = 220\ \underline{/0°}\,\mathrm{V}$，那么

$$\dot{I} = \frac{\dot{U}}{Z} = \frac{220\ \underline{/0°}}{5\ \underline{/53.1°}}\,\mathrm{A} = 44\ \underline{/-53.1°}\,\mathrm{A}$$

则电流的瞬时值表达式为 $i = 44\sqrt{2}\sin(314t - 53.1°)\,\mathrm{A}$。

（3）有功功率为

$$P = I^2 R = 44^2 \times 3\,\mathrm{W} = 5808\,\mathrm{W}$$

无功功率为

$$Q = I^2 X_L = 44^2 \times 4\,\mathrm{var} = 7744\,\mathrm{var}$$

视在功率为

$$S = \sqrt{P^2 + Q_L^2} = \sqrt{5808^2 + 7744^2}\,\mathrm{VA} = 9680\,\mathrm{VA}$$

或者

$$S = I^2 |Z| = 44^2 \times 5\,\mathrm{VA} = 9680\,\mathrm{VA}$$

（4）功率因数

$$\cos\varphi = \frac{P}{S} = \frac{5808}{9680} = 0.6 \qquad 或 \qquad \cos\varphi = \cos53.1° = 0.6$$

2. RC 串联电路

RC 串联交流电路如图 4-42a 所示，此时电路中的 $X_L = 0$。

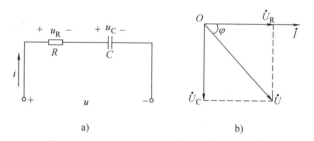

a)   b)

图 4-42 RC 串联交流电路及相量图
a）RC 串联交流电路 b）相量图

则相量 KVL 方程为

$$\dot{U} = \dot{U}_R + \dot{U}_C = \dot{I}R - j\dot{I}X_C = \dot{I}(R - jX_C)$$

RC 串联交流电路的相量图如图 4-42b 所示。从相量图中可以看出电压滞后电流 φ。
因此 RC 串联电路的阻抗为

$$Z = \frac{\dot{U}}{\dot{I}} = R - jX_C \tag{4-81}$$

RC 串联交流电路的电压三角形、阻抗三角形和功率三角形分别如图 4-43a、图 4-43b、图 4-43c 所示。

由图 4-43 所示可知总电压有效值和分电压有效值之间的关系为

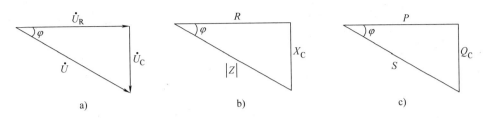

图 4-43　RC 串联交流电路的电压三角形、阻抗三角形和功率三角形

a）电压三角形　b）阻抗三角形　c）功率三角形

$$U = \sqrt{U_R^2 + U_C^2} \tag{4-82}$$

总电压与电流的相位差为

$$\varphi = \arctan \frac{U_C}{U_R} = \arctan \frac{X_C}{R} \tag{4-83}$$

电路的阻抗值为

$$|Z| = \sqrt{R^2 + X_C^2} \tag{4-84}$$

电路的视在功率为

$$S = \sqrt{P^2 + Q_C^2} \tag{4-85}$$

在电子技术中常见的 RC 移相电路、RC 振荡电路、阻容耦合电路等都是 RC 串联电路。

【例 4-18】　图 4-44a 所示是一个移相电路。已知 $R = 100\Omega$，输入电压 u_i 的频率为 500Hz，如果要求输出电压 u_o 的相位比输入电压 u_i 的相位超前 45°，那么电容器的容值应为多少？

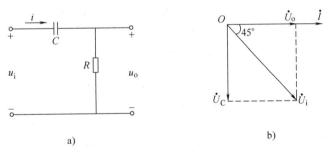

图 4-44　例 4-18 移相电路图及相量图

a）移相电路图　b）相量图

解： 取电流 $\dot{I}$ 为参考相量，从图中可知 u_o 是电阻上的电压，所以 $\dot{U}_o$ 与 $\dot{I}$ 同相。画出输入电压与输出电压的相量图，如图 4-44b 所示。

根据相量图得

$$\tan 45° = \frac{U_C}{U_o} = \frac{IX_C}{IR} = \frac{X_C}{R} = 1$$

即

$$X_C = \frac{1}{\omega C} = \frac{1}{2\pi f C} = R$$

则电容器的容量

$$C = \frac{1}{2\pi f X_C} = \frac{1}{2 \times 3.14 \times 500 \times 100} \mu F = 3.18 \mu F$$

【例 4-19】 一个 RC 串联电路，已知 $R = 300\Omega$，$C = 8\mu F$，接于电压 $u = 220\sqrt{2}\sin 314t \, V$ 的正弦交流电源上。试求：（1）阻抗 Z。（2）电流 i。（3）电路的视在功率、有功功率、无功功率。（4）功率因数。

解：（1）电路的容抗为

$$X_C = \frac{1}{\omega C} = \frac{1}{314 \times 8 \times 10^{-6}}\Omega = 400\Omega$$

电路的阻抗为

$$Z = R - jX_C = (300 - j400)\Omega = \sqrt{300^2 + 400^2}\underline{/\arctan\frac{-400}{300}}\Omega = 500\underline{/-53.1°}\Omega$$

（2）由 $u = 220\sqrt{2}\sin 314t \, V$，得 $\dot{U} = 220\underline{/0°}V$，那么

电路的电流为

$$\dot{I} = \frac{\dot{U}}{Z} = \frac{220\underline{/0°}}{500\underline{/-53.1°}}A = 0.44\underline{/53.1°}A$$

则

$$i = 0.44\sqrt{2}\sin(314t + 53.1°) \, A$$

（3）有功功率为

$$P = I^2R = 0.44^2 \times 300W = 58W$$

无功功率为

$$Q_C = -I^2X_C = -(0.44^2 \times 400)\text{var} = -77\text{var}$$

视在功率为

$$S = \sqrt{P^2 + Q_C^2} = \sqrt{58^2 + 77^2}VA = 97VA$$

（4）功率因数为

$$\cos\varphi = \cos(-53.1°) = 0.6$$

4.5 Multisim 对正弦交流电路的仿真分析

在正弦交流电路中，KCL 和 KVL 适用于所有瞬时值和相量形式。

4.5.1 正弦电路的基尔霍夫电流定律仿真分析

在正弦稳态电路中应用基尔霍夫电流定律的相量形式时，电流必须使用相量相加。正弦电路的基尔霍夫电流定律电路仿真如图 4-45 所示。

在图 4-45 所示电路中，由于电感的电流相位落后其两端电压 90°，流过电容的电流相位超前其两端电压 90°，所以电感电流与电容电流就有 180° 相位差，因此，电感支路和电容支路电流之和 I_X 等于电感电流与电容电流之差，即 $I_X = 0.025 - 0.016 =$

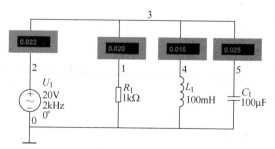

图 4-45　正弦电路的基尔霍夫电流定律电路仿真

$0.009\mathrm{A}$，总电流 $I = \sqrt{I_{\mathrm{R}}^2 + I_{\mathrm{X}}^2} = \sqrt{0.02^2 + 0.009^2}\,\mathrm{A} = 0.022\,\mathrm{A}$。可见，计算结果与仿真结果（电流表读数如图 4-45 所示）相同。

4.5.2　正弦电路的基尔霍夫电压定律仿真分析

在正弦稳态电路中应用基尔霍夫电压定律的相量形式时，电压必须使用相量相加。正弦电路的基尔霍夫电压定律电路仿真如图 4-46 所示。

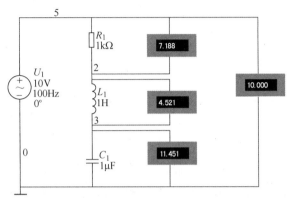

图 4-46　正弦电路的基尔霍夫电压定律电路仿真

在图 4-46 所示电路中，电阻两端的电压与电流同相，电感两端的电压超前电流 90°，电容两端的电压相位滞后电流 90°，故总电抗两端电压 U_{X} 等于电感电压与电容电压之差，即 $U_{\mathrm{X}} = (4.521 - 11.451)\,\mathrm{V} = -6.93\,\mathrm{V}$，总电压 $U = \sqrt{U_{\mathrm{R}}^2 + U_{\mathrm{X}}^2} = \sqrt{7.188^2 + (-6.93)^2}\,\mathrm{V} = 10\,\mathrm{V}$。可见，计算结果与仿真结果（电压表读数如图 4-46 所示）相同。

4.6　技能训练

4.6.1　技能训练1　典型信号的认识和测量

1. 实训目的

1）熟悉低频信号发生器、脉冲信号发生器各旋钮、开关的作用及其使用方法。

2）初步掌握用示波器观察电信号波形、定量测出正弦信号和脉冲信号的波形参数的方法。

3）初步掌握示波器、信号发生器的使用方法。

2. 原理说明

1）正弦交流信号和方波脉冲信号是常用的电激励信号，可分别由低频信号发生器和脉冲信号发生器提供。正弦信号的波形参数是幅值 U_{m}、周期 T（或频率 f）和初相；脉冲信号的波形参数是幅值 U_{m}、周期 T 及脉宽 t_{k}。本实验装置能提供频率范围为 20Hz～50kHz 的正弦波及方波，并有 6 位 LED 数码管显示信号的频率。正弦波的幅度值在 0～5V 之间连续可调，方波的幅度为 1～3.8V 可调。

2）电子示波器是一种信号图形观测仪器，可测出电信号的波形参数。从荧光屏的 Y 轴刻度尺并结合其量程分档选择开关（Y 轴输入电压灵敏度 V/div 分档选择开关）读得电信号的幅值；从荧光屏的 X 轴刻度尺并结合其量程分档（时间扫描速度 t /div 分档）选择开关，读得电信号的周期、脉宽、相位差等参数。为了完成对各种不同波形、不同要求的观察和测量，还有一些其他的调节和控制旋钮，在以后实训中会逐步熟练掌握。

一台双踪示波器可以同时观察和测量两个信号的波形和参数。

3. 实训设备（见表 4-1）

表 4-1　实训设备

序　号	名　　称	型号与规格	数　量
1	双踪示波器		1
2	函数信号发生器		1
3	交流毫伏表	$0 \sim 600 \mathrm{V}$	1
4	频率计		1

4. 实训内容

（1）双踪示波器的自检

将示波器面板部分的"标准信号"插口，通过示波器专用同轴电缆接至双踪示波器的 Y 轴输入插口 Y_A 或 Y_B 端，然后开启示波器电源，指示灯亮。稍后，协调地调节示波器面板上的"辉度"、"聚焦"、"辅助聚焦"、"X 轴位移"、"Y 轴位移"等旋钮，使在荧光屏的中心部分显示出细而清晰的线条。

（2）正弦波信号的观测

1）将示波器的幅度和扫描速度微调旋钮旋至"校准"位置。

2）通过电缆线，将信号发生器的正弦波输出口与示波器的 Y_A 插座相连。

3）接通信号发生器的电源，选择正弦波输出。通过相应调节，使输出频率分别为50Hz、1.5kHz 和 20kHz；再使输出幅值分别为有效值 0.1V、1V、3V（由交流毫伏表读出）。调节示波器 Y 轴和 X 轴的偏转灵敏度至合适的位置，从荧光屏上读得幅值及周期，分别记入表 4-2 和表 4-3 中。

表 4-2　示波器周期观测记录表

频率计读数所测项目	正弦波信号频率的测定　$U = 2\mathrm{V}$		
	50Hz	1500Hz	20000Hz
示波器"t/div"旋钮位置			
一个周期占有的格数			
信号周期/s			
计算所得频率/Hz			

表 4-3　示波器幅值观测记录表

交流毫伏表读数所测项目	正弦波信号幅值的测定　$f = 1000\mathrm{Hz}$		
	0.2V	1V	3V
示波器"V/div"位置			
峰-峰值波形格数			
峰-峰值			
计算所得有效值			

（3）方波脉冲信号的观察和测定

1）将电缆插头换接在脉冲信号的输出插口上，选择方波信号输出。

2）调节方波的输出幅度为 $3.0V_{p-p}$（用示波器测定），分别观测 100Hz、3kHz 和 30kHz 方波信号的波形参数。

3）使信号频率保持在 3kHz，选择不同的幅度及脉宽，观测波形参数的变化。

5. 注意事项

1）示波器的辉度不要过亮。

2）在调节仪器旋钮时，动作不要过快、过猛。

3）在调节示波器时，要注意触发开关和电平调节旋钮的配合使用，以使显示的波形稳定。

4）在定量测定时，"t/div" 和 "V/div" 的微调旋钮应被旋置在"标准"位置上。

5）为防止外界干扰，信号发生器的接地端与示波器的接地端要相连（称为共地）。

6）对于不同品牌的示波器，各旋钮、功能的标注不尽相同，实训前应详细阅读所用示波器的说明书。

7）实训前应认真阅读信号发生器的使用说明书。

6. 预习思考

1）在示波器面板上 "t/div" 和 "V/div" 的含义是什么？

2）在观察本机"标准信号"时，要在荧光屏上得到两个周期的稳定波形，而幅度要求为 5 格，试问 Y 轴电压灵敏度应置于哪一档位置上？"t/div" 又应置于哪一档位置上？

7. 实训报告

1）整理实训中显示的各种波形，绘制有代表性的波形。

2）总结实训中所用仪器的使用方法及观测电信号的方法。

3）通过这次实验，你在实训技能方面有哪些收获？

4.6.2 技能训练 2 R、L、C 元件阻抗特性的测定

1. 实训目的

1）验证电阻、感抗、容抗与频率的关系，测定 $R \sim f$、$X_L \sim f$ 及 $X_C \sim f$ 特性曲线。

2）加深理解 R、L、C 元件端电压与电流间的相位关系。

2. 原理说明

1）在正弦交变信号作用下，R、L、C 电路元件在电路中对电流的阻碍作用与信号的频率有关，它们的阻抗频率特性（$R \sim f$、$X_L \sim f$、$X_C \sim f$）曲线如图 4-47 所示。

2）元件阻抗频率特性的测量电路如图 4-48 所示。

图中的 r 是提供测量回路电流用的标准小电阻，由于 r 的阻值远小于被测元件的阻抗值，所以可以认为 AB 之间的电压就是被测元件 R、L 或 C 两端的电压，流过被测元件的电流则可由 r 两端的电压除以 r 所得到。

若用双踪示波器同时观察 r 与被测元件两端的电压，则可展现出被测元件两端的电压和流过该元件电流的波形，从而可在荧光屏上测出电压与电流的幅值及它们之间的相位差。

1）将元件 R、L、C 串联或并联相接，也可用同样的方法测得 $Z_{串}$ 与 $Z_{并}$ 的阻抗频率特性 $Z \sim f$，根据电压、电流的相位差可判断 $Z_{串}$ 或 $Z_{并}$ 是感性还是容性负载。

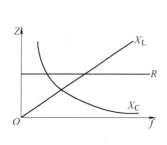

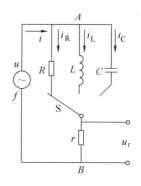

图 4-47　阻抗频率特性曲线　　　　图 4-48　元件阻抗频率特性的测量电路

2）元件的阻抗角（即相位差 φ）随输入信号的频率变化而改变，将各个不同频率下的相位差画在以频率 f 为横坐标、阻抗角 φ 为纵坐标的坐标纸上，并用光滑的曲线连接这些点，即得到阻抗角的频率特性曲线。

用双踪示波器测量阻抗角的方法如图 4-49 所示。

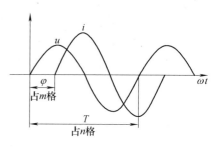

图 4-49　用双踪示波器测量阻抗角的方法

若从荧光屏上数得一个周期占 n 格，相位差占 m 格，则实际的相位差 φ（阻抗角）为 $\varphi = m \times \dfrac{360°}{n}$。

3. 实训设备（见表 4-4）

表 4-4　实训设备

序　号	名　　称	型号与规格	数　量
1	函数信号发生器		1
2	交流毫伏表	$0 \sim 600\mathrm{V}$	1
3	双踪示波器		1
4	频率计		1
5	实训电路元件	$R = 1\mathrm{k}\Omega$，$r = 51\Omega$，$C = 1\mu\mathrm{F}$，L 约为 $10\mathrm{mH}$	各 1 个

4. 实训内容

1）测量 R、L、C 元件的阻抗频率特性。

通过电缆线将函数信号发生器输出的正弦信号接至如图 4-48 所示的电路作为激励源 u，并用交流毫伏表测量，使激励电压的有效值为 $U = 3\mathrm{V}$，并保持不变。用交流毫伏表测量 U_r，并计算各频率点时的 I_R、I_L 和 I_C（即 U_r/r）以及 $R = U/I_R$、$X_L = U/I_L$ 及 $X_C = U/I_C$ 之值，填入表 4-5、表 4-6、表 4-7 中。需要注意的是，在接通 C 测试时，信号源的频率应控制在 600 ~2400Hz；当改变频率时，要重新调整输出信号的有效值。

表 4-5　电阻阻抗记录表

				$U=3.0\text{V}$, $R=1\text{k}\Omega$, $r=51\Omega$						
f/kHz	6.0	8.0	10.0	12.0	14.0	16.0	18.0	20.0	22.0	24.0
U_r/V										
I/A										
R/Ω										

表 4-6　电感感抗记录表

				$U=3.0\text{V}$, $L=10\text{mH}$, $r=51\Omega$						
f/kHz	6.0	8.0	10.0	12.0	14.0	16.0	18.0	20.0	22.0	24.0
U_r/V										
I/A										
X_L/Ω										

表 4-7　电容容抗记录表

				$U=3.0\text{V}$, $C=0.1\mu\text{F}$, $r=51\Omega$						
f/Hz	600	800	1000	1200	1400	1600	1800	2000	2200	2400
U_r/V										
I/A										
X_C/Ω										

2）用双踪示波器观察在不同频率下各元件阻抗角的变化情况，按图 4-51 所示记录的 n 和 m，算出 φ。

3）测量 R、L、C 元件串联的阻抗角频率特性。

5. 注意事项

1）交流毫伏表属于高阻抗电表，测量前必须先调零。

2）测 φ 时，示波器的 "V/div" 和 "t/div" 的微调旋钮应旋置 "校准位置"。

6. 预习思考

当测量 R、L、C 各个元件的阻抗角时，为什么要与它们串联一个小电阻？可否用一个小电感或大电容代替？为什么？

7. 实训报告

1）根据实训数据，在方格纸上绘制 R、L、C 这 3 个元件的阻抗频率特性曲线，从中可得出什么结论？

2）根据实训数据，在方格纸上绘制 R、L、C 这 3 个元件串联的阻抗角频率特性曲线，并总结、归纳出结论。

3）通过这次实训，在实训技能方面有哪些收获？

单元回顾

1. 正弦量的三要素

在正弦交流电压的瞬时值表达式 $u=U_m\sin(\omega t+\psi_u)$ 中，U_m、ω、ψ_u 分别表示正弦交流电压的最大值、角频率和初相位，由它们可以唯一地确定一个正弦量，故称它们为正弦交流电的三要素。正弦量的有效值相量 $\dot{U}=U\underline{/\psi_u}$，由于在同一线性电路中，各正弦量频率相同，所以相量只需体现三要素的两个要素。

2. 正弦量的几种常用表示法

正弦交流电常用解析式、波形图、相量图和相量等 4 种方式表示。

解析式法和波形图法的特点是简单明了，直观地反映正弦交流电的三要素和瞬时值，是正弦交流电最基础的表示方法，但在求多个正弦量的加、减运算时，非常繁琐而不方便。

相量图法可将正弦量间繁琐的加、减运算转化为简单而直观的几何运算，同时相量图法还形象表示出了多个同频率正弦交流电之间的相位关系，但相量图法的作图较复杂，且存在一定的作图误差，故适用于对正弦交流电路的定性分析。

相量法是借助于复数对正弦交流电路进行分析和计算的常用方法。它不但可将正弦交流电繁琐的加、减运算变换为简便的代数运算，而且能把前面已学到的有关直流电路的分析方法、基本定律和公式推广应用到交流电路的分析和计算中。因此，相量法是分析和计算交流电路的最有效的工具。

3. 单一元件的交流电路比较，如表 4-8 所示。

表 4-8　单一元件的交流电路比较表

电　路	阻　抗	电压与电流关系		功　率	
		数量关系	相位关系	有功功率	无功功率
纯电阻电路	$Z_R = R$	$U_R = IR$	u_R 与 i 同相位	$P_R = U_R I = I^2 R$	0
纯电感电路	$Z_L = j\omega L$	$U_L = IX_L$	u_L 超前 i_L 90°	$P_L = 0$	$Q_L = U_L I = I^2 X_L$
纯电容电路	$Z_C = -j\dfrac{1}{\omega C}$	$U_C = IX_C$	u_C 滞后 i_C 90°	$P_C = 0$	$Q_C = -U_C I = -I^2 X_C$

4. 基尔霍夫定律的相量形式

$$\text{KCL: } \sum \dot{I} = 0 \qquad \text{KVL: } \sum \dot{U} = 0$$

5. 阻抗与导纳

将端口电压相量和电流相量的比值定义为阻抗 Z，$Z = \dfrac{\dot{U}}{\dot{I}} = \dfrac{U\,\angle\,\psi_u}{I\,\angle\,\psi_i} = \dfrac{U}{I}\,\angle\,(\psi_u - \psi_i) = |Z|\,\angle\,\varphi_Z$，$Z$ 的模值 $|Z|$ 称为阻抗模，辐角 φ_Z 称为阻抗角。

阻抗的倒数定义为导纳，用 Y 表示，$Y = \dfrac{1}{Z} = \dfrac{\dot{I}}{\dot{U}} = Y\,\angle\,\varphi_Y$，$Y$ 的模值 $|Y|$ 称为导纳模，辐角 φ_Y 称为导纳角。

6. 串联交流电路的比较，如表 4-9 所示。

表 4-9　串联交流电路的比较表

电　路	阻　抗	电压与电流关系		功　率		
		数量关系	相位关系	有功功率	无功功率	视在功率
RLC 串联电路	$Z = R + j(X_L - X_C)$	$U = \sqrt{U_R^2 + (U_L - U_C)^2}$	$X_L > X_C$，u 超前 i 为 φ 角 $X_L < X_C$，u 滞后 i 为 $\|\varphi\|$ 角	$P = UI\cos\varphi$ $= I^2 R$	$Q = UI\sin\varphi$ $= I^2(X_L - X_C)$	$S = UI$ $= \sqrt{P^2 + Q^2}$

电　路	阻　抗	电压与电流关系		功　率		
		数量关系	相位关系	有功功率	无功功率	视在功率
RL 串联电路	$Z = R + jX_L$	$U = \sqrt{U_R^2 + U_L^2}$	u 超前 i 为 φ 角	$P = UI\cos\varphi$	$Q = UI\sin\varphi$	$S = UI$ $= \sqrt{P^2 + Q_L^2}$
RC 串联电路	$Z = R - jX_C$	$U = \sqrt{U_R^2 + U_C^2}$	u 滞后 i 为 $|\varphi|$ 角	$P = UI\cos\varphi$	$Q = UI\sin\varphi$	$S = UI$ $= \sqrt{P^2 + Q_C^2}$

思考与练习

1. 填空题

1）正弦量的三要素是_____、_____、_____。

2）已知正弦交流电压 $u = 220\sqrt{2}\sin(314t + 45°)$ V，则其有效值为_____，周期为_____，初相位为_____。

3）我国民用交流电压的频率为_____，有效值为_____。

4）已知一正弦电流的幅值为 310A，频率为 50Hz，初相位为 $-\dfrac{\pi}{3}$，其瞬时值表达式为

_____。

5）若现有两正弦交流电压 $u_1 = 220\sqrt{2}\sin(314t - 30°)$ V、$u_2 = 220\sqrt{2}\sin(314t + 60°)$ V，则它们之间的相位差为_____，并说明二者的相位关系为_____。

6）已知 $u = 220\sqrt{2}\sin(314t + 60°)$ V，当纵坐标轴向左移 $\dfrac{\pi}{6}$ 时，初相位为_____；当纵坐标轴向右移 $\dfrac{\pi}{6}$ 时，初相位为_____。

7）已知高频扼流圈的电感量 $L = 5$mH，当频率 $f = 50$Hz 时，感抗 $X_L =$ _____；电容器的容量 $C = 20\mu$F，当频率 $f = 50$Hz 时，容抗 $X_C =$ _____。

8）在交流电路中，频率越高，感抗越_____，容抗越_____。

9）RLC 串联正弦交流电路在关联参考方向下，若阻抗角 $\varphi > 0$ 时，则电路呈_____性；若阻抗角 $\varphi < 0$，则电路呈_____性。

10）功率因数可以反映功率的_____，用_____表示。

2. 问答题

1）复数运算的优势是什么？将正弦量转换成相应的复数形式进行运算的目的是什么？

2）复数有哪 4 种表示形式？写出名称及数学表达式。

3）总结复数的四则运算法则。

4）写出相量形式的基尔霍夫定律，并说明其含义。

5）提高功率因数的意义是什么？

3. 波形如图 4-50 所示。试说明这几个正弦量之间的相位关系。

4. 给出如下正弦函数表达式，画出相对应的波形图。

1）$u_1 = 10\sin\omega t$ V　　　　　　　　2）$u_2 = 5\sin(\omega t + 45°)$ V

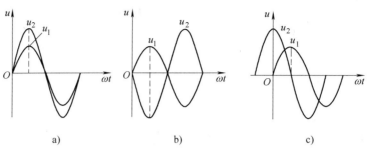

图 4-50　题 3 图

3）$i_1 = 2\sin(\omega t - 60°)$ A　　　　4）$i_2 = 3\sin(\omega t + 90°)$ A

5. 波形如图 4-51 所示。试写出相对应的正弦函数表达式。

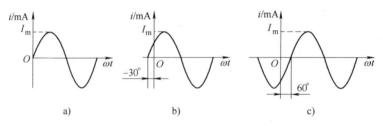

图 4-51　题 5 图

6. 写出下列各正弦量对应的有效值相量。

1）$u_1 = 220\sqrt{2}\sin(\omega t + 60°)$ V　　　　2）$i_1 = 100\sqrt{2}\sin(\omega t - 120°)$ A

3）$u_2 = 311\sin(\omega t - 270°)$ V　　　　4）$i_2 = 0.707\sin\omega t$ A

5）$u_3 = 14.14\sin\left(\omega t - \dfrac{\pi}{4}\right)$ V　　　　6）$i_3 = 10\sqrt{2}\sin\left(\omega t + \dfrac{\pi}{3}\right)$ A

7. 写出下列相量对应的正弦量（$f = 50\text{Hz}$）。

1）$\dot{U}_1 = 220\ \angle\dfrac{\pi}{3}$ V　　　　2）$\dot{I}_1 = 20e^{-j30°}$

3）$\dot{U}_2 = -j220$ V　　　　4）$\dot{I}_2 = (8 - j6)$ A

5）$\dot{U}_3 = 25$ V　　　　6）$\dot{I}_3 = -j$ A

8. 在 RLC 串联电路中，下列等式中哪些是错误的？为什么？

1）$|Z| = \dfrac{\dot{U}}{\dot{I}}$　　　　2）$\dot{I} = \dfrac{\dot{U}}{Z}$

3）$Z = R + X_L - X_C$　　　　4）$S = P + Q$

5）$I = \dfrac{U}{R + X_L + X_C}$　　　　6）$U = U_R + U_L + U_C$

7）$|Z| = \sqrt{R^2 + X_L^2 + X_C^2}$　　　　8）$S = I^2\sqrt{R^2 + (X_L - X_C)^2}$

9. 已知复数 $A_1 = 6 + j3$，$A_2 = 3 - j4$，求它们的其余 3 种表示形式，并在复平面上绘出其矢量图。

10. 已知两个复数 $A_1 = 8 + j6$，$A_2 = 10\ \angle{-60°}$，求 $A_1 + A_2$、$A_1 - A_2$、$A_1 A_2$、A_1/A_2。

11. 已知两个正弦交流电流分别为 $i_1 = 220\sqrt{2}\sin(\omega t - 30°)\,\text{A}$，$i_2 = 220\sqrt{2}\sin(\omega t + 60°)\,\text{A}$，求 $i_1 + i_2$ 和 $i_1 - i_2$，并绘出它们的相量图。

12. 将电阻 $R = 10\Omega$ 接在电压 $u = 220\sqrt{2}\sin(\omega t - 45°)\,\text{V}$ 的正弦交流电源上。求：1）流过电阻电流的瞬时值表达式。2）写出电压及电流的相量，并绘出相量图。3）电阻上消耗的功率 P。

13. 将一个 0.1H 的电感元件接到频率为 50Hz、电压有效值为 10V 的正弦电源上，问电流有效值是多少？如果电压有效值不变，将电源频率改变为 5000Hz，那么这时电流有效值又为多少？

14. 把一个电感 $L = 10\text{mH}$、电阻忽略不计的电感线圈，接到 $u = 220\sqrt{2}\sin(314t - 60°)\,\text{V}$ 的电源上，试求：1）线圈的感抗。2）写出流过线圈的电流瞬时值表达式。3）电路的无功功率。4）绘出电压与电流的相量图。

15. 将一个 $25\mu\text{F}$ 的电容元件接到频率为 50Hz、电压有效值为 10V 的正弦电源上，问电流有效值是多少？如果电压有效值不变，将电源频率改变为 5000Hz，那么这时电流有效值又为多少？

16. 已知电容元件 $C = 10\mu\text{F}$，$u_C = 220\sqrt{2}\sin(314t + 30°)\,\text{V}$，在关联参考方向下求：1）电容两端电压的相量 $\dot{U}_C$。2）流过电容的电流的瞬时值表达式 i_C。

17. 已知加在 $2\mu\text{F}$ 电容器上的交流电压为 $u = 220\sqrt{2}\sin 314t\,\text{V}$，求：1）电容的容抗。2）写出流过电容的电流瞬时值表达式。3）电路的无功功率。4）绘出电压与电流的相量图。

18. 将某电容器接在 220V 的工频交流电源上，通过的电流为 1.1A，试求：1）电容器的容抗。2）电容器的电容量。3）电路的无功功率。

19. 定性画出如图 4-52 中电路的相量图，并求出电压表和电流表的读数。在图 4-52a 中，若电压表 V_1 的读数为 3V、V_2 读数为 8V、V_3 读数为 12V，则电压表 V 的读数为多少？在图 4-52b 中，若电流表 A_1 读数是 6A、A_2 读数是 4A，则电流表 A 的读数为多少？

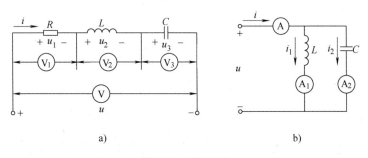

图 4-52 题 19 图

20. 图 4-53 所示给出了一个 RC 串联电路，电压表 V_1 的读数为 30V、V_2 读数为 40V，求电压表 V 的读数。

21. 正弦交流电路如图 4-54 所示。已知 $\dot{U} = 220\angle 30°\,\text{V}$，$Z_1 = (3 + j4)\,\Omega$，$Z_2 = (8 - j6)\,\Omega$，求 $\dot{I}$、$\dot{U}_1$、$\dot{U}_2$，并画出相量图。

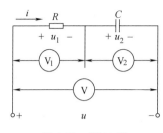 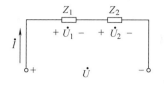

图 4-53 题 20 图　　　　　　　　　　图 4-54 题 21 图

22. 在 RLC 串联电路中，已知电阻 $R=30\Omega$，电感 $L=127\mathrm{mH}$，电容 $C=40\mu\mathrm{F}$，电路两端电压为 $u=220\sqrt{2}\sin(314t+20°)\mathrm{V}$，试求：1）电路的复阻抗 Z。2）判断电路的性质。3）电流的瞬时值 i。4）各元件上的电压 $\dot{U}_{\mathrm{R}}$、$\dot{U}_{\mathrm{L}}$、$\dot{U}_{\mathrm{C}}$。5）电路的功率因数 $\cos\varphi$。6）电路的有功功率 P、无功功率 Q、视在功率 S。7）画出各变量相量图。

23. 在荧光灯被导通后，镇流器与灯管串联，其模型为电阻与电感串联，一个荧光灯电路的电阻为 $R=300\Omega$、$L=1.66\mathrm{H}$，工频电源的电压为 220V，试求：1）灯管的电流。2）灯管两端的电压、镇流器两端的电压。

24. 将阻值为 80Ω 的电阻和电容为 $53\mu\mathrm{F}$ 的电容器串联，接到"220V，50Hz"的交流电源上，组成 RC 串联电路，试求：1）电路的阻抗。2）通过电路电流的有效值。3）电路的有功功率 P、无功功率 Q。4）电路的功率因数。

25. 在 RLC 串联电路中，已知 $R=10\Omega$，$X_{\mathrm{L}}=15\Omega$，$X_{\mathrm{C}}=5\Omega$，其中电流 $\dot{I}=2\angle30°\mathrm{A}$。试求：1）总电压 $\dot{U}$。2）该电路的有功功率 P、无功功率 Q、视在功率 S。

第 5 单元　谐振电路的分析

情景导入

在含有电感和电容元件的电路中，电路两端的电压与其中的电流一般是不同相的，如果调节电路的参数或电源的频率而使它们同相，这时在电路中就发生谐振现象。由于电路在谐振状态下呈现某些特性，因此谐振电路在电子技术中得到了广泛的应用，比如收音机、电视机、手机等电子设备经常用谐振电路来选择信号。在电力系统中，有时会因参数匹配不当而产生谐振，导致元器件或设备上产生过电流及高电压，从而损坏设备并危及人身安全，故应加以避免。

收音机输入调谐电路就是利用了谐振电路的选频特性。不同电台发射的无线电波在天线线圈中产生感应电动势 e_1、e_2、e_3 等，为了达到选择信号的目的，通常在收音机里采用图 5-1a 所示的谐振电路，用户只需要调节收音机中谐振电路的可变电容，就可以接收不同频率的节目。图 5-1b 所示为谐振电路的等效电路。

上述内容即为谐振的应用。收音机怎么通过谐振选取想要的电台信号？当电路发生谐振与非谐振的时候有什么不同？怎样才能使收到的电台节目声音最佳？

无论是对谐振的利用还是对谐振所产生危害的预防，都要求对谐振现象的基本特性有一个初步的认识

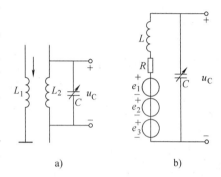

图 5-1　谐振电路及其等效电路
a）谐振电路　b）等效电路

和理解。本单元主要介绍谐振的概念，串联谐振与并联谐振的产生条件、特性、选择性与通频带。

5.1　谐振电路

学习任务

1）掌握 RLC 串联电路发生谐振的条件。

2）掌握串联谐振电路谐振时的基本特性。

3）了解特性阻抗和品质因数的定义。

4）了解 RLC 并联电路发生谐振的条件及主要特性。

含有电容和电感元件的线性无源二端网络对某一频率的正弦激励（达到稳态时），所呈现的端口电压和端口电流同相的现象称为谐振。最常见的谐振电路是由电阻、电感和电容组成的串联谐振电路和并联谐振电路。

5.1.1　串联谐振电路

1. 串联电路的谐振条件与谐振频率

在正弦电压的作用下，图 5-2 所示的 RLC 串联谐振电路的复阻抗为

$$Z = R + \mathrm{j}\left(\omega L - \frac{1}{\omega C}\right) = R + \mathrm{j}X = |Z| \angle \varphi$$

若电源电压与回路电流同相位，即当 Z 呈阻性时，电路发生谐振，则有

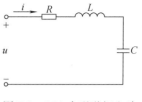

图 5-2　*RLC* 串联谐振电路

$$X_\mathrm{L} - X_\mathrm{C} = 0 \rightarrow \omega L - \frac{1}{\omega C} = 0 \rightarrow \omega L = \frac{1}{\omega C} \qquad (5\text{-}1)$$

即串联谐振电路产生谐振的条件是：感抗等于容抗。

由式（5-1）得谐振角频率为

$$\omega_0 = \frac{1}{\sqrt{LC}} \qquad (5\text{-}2)$$

或谐振频率

$$f_0 = \frac{1}{2\pi\sqrt{LC}} \qquad (5\text{-}3)$$

由式（5-3）可见，谐振频率由电路参数决定，与信号源无关，因此称为电路的固有频率。要想发生谐振，必须使外加电压的频率 f 与电路的固有频率 f_0 相等，即 $f = f_0$。

在实际应用中，常利用改变电路参数 L 或 C 的方法来使电路在某一频率下发生谐振。相反，如果在电路设计中不希望或要防止发生谐振，往往就要调整参数，使 L、C、ω 之间的关系不满足谐振条件。

【例 5-1】　某收音机的输入电路可简化为一个线圈和可变电容相串联的电路。已知线圈参数为 $L = 500\mu\mathrm{H}$，$R = 10\Omega$，若调节电容 C 收听中波 700kHz 电台的节目，则 C 应为何值？

解：由式（5-1）可知

$$C = \frac{1}{\omega_0^2 L}$$

代入数据，求得

$$C = \frac{1}{(2\pi \times 700 \times 10^3)^2 \times 500 \times 10^{-6}}\mathrm{F} = 103.5 \times 10^{-12}\mathrm{F} = 103.5\mathrm{pF}$$

2. 串联谐振电路的基本特征

1）当谐振时，电路的电抗 $X = 0$，电路的复阻抗最小且为纯电阻，即

$$Z = Z_0 = R + \mathrm{j}X = R \qquad (5\text{-}4)$$

2）当谐振时，感抗与容抗相等，且等于电路的特性阻抗，即

$$\omega_0 L = \frac{1}{\omega_0 C} = \sqrt{\frac{L}{C}} = \rho \qquad (5\text{-}5)$$

可以看出，特性阻抗 ρ 由电路参数 L 与 C 决定，与电源频率 f（或 ω）无关，它是电路的固有参数。特性阻抗的单位为欧［姆］，它是衡量电路特性的重要参数。

3）当谐振时，电路中的电流最大，且与外加电源电压同相位，即

$$\dot{I}_0 = \frac{\dot{U}_\mathrm{S}}{Z_0} = \frac{\dot{U}_\mathrm{S}}{R} \qquad (5\text{-}6)$$

以上结论，是串联谐振电路的一个重要特征，常以此来判断电路是否发生了谐振。

4）当谐振时，电感与电容两端的电压大小相等、相位相反；其大小为电源电压的 Q

倍，即

$$U_{L0} = I_0 X_L = \frac{U_S}{R} \omega_0 L = \frac{\omega_0 L}{R} U_S = \frac{\rho}{R} U_S = Q U_S$$

$$U_{C0} = I_0 X_C = \frac{U_S}{R} \frac{1}{\omega_0 C} = \frac{\frac{1}{\omega_0 C}}{R} U_S = \frac{\rho}{R} U_S = Q U_S$$

其中

$$Q = \frac{\omega_0 L}{R} = \frac{1}{\omega_0 CR} = \frac{\rho}{R} \tag{5-7}$$

式中，Q 称为串联谐振回路的品质因数，是谐振电路的一个重要参数。Q 值的大小可达几十甚至几百，一般为 50～200。因此，串联谐振也称为电压谐振。在实际电路中，应特别注意电感、电容元件的耐压问题。

在无线电工程中，微弱的信号可通过串联谐振在电感或电容上获得高于信号电压许多倍的输出信号而加以利用。但在电力工程中，若电压为 380V，$Q = 10$，则在谐振时电感或电容上的电压就是 3800V，这是很危险的，如果 Q 值再大，就更危险。所以在电力工程中应避免发生串联谐振情况。

5) 当谐振时，电路的无功功率为零，电源供给电路的能量全部被消耗在电阻上。

当电路谐振时，因为 $\varphi = 0$，所以电路的无功功率为 0，即

$$Q = Q_L - Q_C = U_S I \sin\varphi = 0$$

上式说明，谐振时电感和电容之间进行着能量的相互交换，而与电源之间无能量交换，电源只向电阻提供有功功率 P。

【例 5-2】 已知在 RLC 串联电路中，$R = 20\Omega$，$L = 250\mu H$，$C = 346pF$，接于有效值为 2.5V 的正弦交流电源上。当电路发生谐振时，求：（1）电路的谐振频率 f_0。（2）电路的特性阻抗 ρ 和品质因数 Q。（3）电路的电流 I。（4）各元件上的电压有效值。

解：（1）电路的谐振频率为

$$f_0 = \frac{1}{2\pi \sqrt{LC}} = \frac{1}{2 \times 3.14 \sqrt{250 \times 10^{-6} \times 346 \times 10^{-12}}} Hz = 541.42 kHz$$

（2）电路的特性阻抗和品质因数为

$$\rho = \sqrt{\frac{L}{C}} = \sqrt{\frac{250 \times 10^{-6}}{346 \times 10^{-12}}} \Omega = 850\Omega$$

$$Q = \frac{\rho}{R} = \frac{850}{20} = 42.5$$

（3）谐振时的电路电流为

$$I = \frac{U}{R} = \frac{2.5}{20} A = 0.125 A$$

（4）谐振时电路各元器件上的电压为

$$U_R = U = 2.5V$$

$$U_L = QU = 42.5 \times 2.5V = 106.25V$$

$$U_C = U_L = 106.25V$$

5.1.2 并联谐振电路

并联谐振电路是由电感线圈与电容器并联组成的。并联谐振电路如图 5-3 所示。R 是线圈本身的电阻，电容器的损耗较小，因此，电容支路认为只有纯电容。

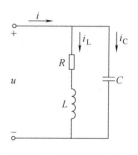

1. 并联电路的谐振条件

线圈支路复阻抗为 $Z_1 = R + j\omega L$，电容支路复阻抗为 $Z_2 = -j\dfrac{1}{\omega C}$，电路中的总电流为

图 5-3　并联谐振电路

$$\dot{I} = \dot{I}_L + \dot{I}_C$$

$$= \frac{\dot{U}}{Z_1} + \frac{\dot{U}}{Z_2}$$

$$= \frac{\dot{U}}{R + j\omega L} + \frac{\dot{U}}{-j\dfrac{1}{\omega C}}$$

$$= \left\{ \frac{R}{R^2 + (\omega L)^2} + j\left[\omega C - \frac{\omega L}{R^2 + (\omega L)^2} \right] \right\} \dot{U}$$

欲使该并联电路发生谐振，总电压 $\dot{U}$ 与总电流 $\dot{I}$ 必须同相位，即上式中的虚部应等于零。因此，并联谐振条件为

$$\omega C = \frac{\omega L}{R^2 + (\omega L)^2} \tag{5-8}$$

实际上，在电路发生谐振时，电感线圈的电阻 R 远小于 $\omega_0 L$，则式（5-8）可以简写为

$$\omega L \approx \frac{1}{\omega C} \tag{5-9}$$

相应的 ω_0 和 f_0 也可以简写为

$$\omega_0 \approx \frac{1}{\sqrt{LC}} \tag{5-10}$$

$$f_0 \approx \frac{1}{2\pi\sqrt{LC}} \tag{5-11}$$

此结果表明，由同样大小的 L、C 组成的串、并联谐振电路，它们的谐振频率是近似相等的。一般可以利用式（5-11）计算并联谐振频率。

2. 并联谐振电路的基本特征

1）当谐振时，复阻抗呈纯电阻性，且阻抗最大，回路端电压与总电流同相。在 $R \ll \sqrt{\dfrac{L}{C}}$ 时，谐振阻抗的模值为

$$|Z_0| = \frac{R^2 + (\omega_0 L)^2}{R} \approx \frac{(\omega_0 L)^2}{R} \approx \frac{1}{R(\omega_0 C)^2} = \frac{\rho^2}{R} = \frac{L}{CR} = Q\rho = Q^2 R = Q\omega_0 L \tag{5-12}$$

式中，$\rho = \omega_0 L = \dfrac{1}{\omega_0 C} = \sqrt{\dfrac{L}{C}}$，仍为特性阻抗，$Q = \dfrac{\rho}{R}$ 仍为品质因数。

2）若电源为电压源，则当谐振时，由于谐振阻抗最大，所以电路的总电流最小，且与总电压同相位。并联谐振电路的相量图如图 5-4 所示。

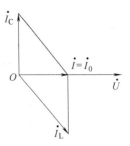

$$\dot{I}_0 = \frac{\dot{U}_\mathrm{S}}{Z_0} = \frac{\dot{U}_\mathrm{S}}{\dfrac{L}{RC}} = \frac{RC}{L}\dot{U}_\mathrm{S} \qquad (5\text{-}13)$$

3）若电源为电流源，则当谐振时，由于谐振阻抗最大，所以电路的端电压最大，且与总电流同相位。

图 5-4　并联谐振
电路的相量图

$$\dot{U}_0 = \dot{I}_\mathrm{S}Z_0 = \frac{L}{RC}\dot{I}_\mathrm{S} \qquad (5\text{-}14)$$

4）当谐振时，电感支路电流与电容支路电流的大小近似相等，相位近似相反，如图 5-4 所示，大小为总电流的 Q 倍。

$$\dot{I}_{\mathrm{L0}} = \frac{\dot{U}_0}{R + \mathrm{j}\omega_0 L} \approx \frac{\dot{U}_0}{\mathrm{j}\omega_0 L} = -\mathrm{j}Q\dot{I}_0$$

$$\dot{I}_{\mathrm{C0}} = \frac{\dot{U}_0}{-\mathrm{j}\dfrac{1}{\omega_0 C}} = \mathrm{j}Q\dot{I}_0$$

$$I_{\mathrm{L0}} = I_{\mathrm{C0}} = QI_0 \qquad (5\text{-}15)$$

并联谐振电路的品质因数通常在几十至几百之间，故并联谐振又称为电流谐振。

【例 5-3】　已知线圈的电阻为 2Ω，电感 $L = 40\mu\mathrm{H}$，电容 $C = 0.001\mu\mathrm{F}$，将电感与电容并联后接于 15V 的正弦交流电源上，其电路如图 5-3 所示。当电路发生谐振时，求：（1）电路的谐振频率 f_0。（2）谐振时总的复阻抗 Z_0。（3）电路的品质因数 Q。（4）谐振时的总电流 I_0 以及电感、电容支路上电流的有效值。

解： 由于 $R = 2\Omega \ll \sqrt{\dfrac{L}{C}} = 200\Omega$，所以可用近似公式计算。

（1）谐振频率为

$$f_0 = \frac{1}{2\pi\sqrt{LC}} = \frac{1}{2 \times 3.14\sqrt{40 \times 10^{-6} \times 0.001 \times 10^{-6}}}\mathrm{Hz} = 0.8 \times 10^6\mathrm{Hz} = 800\mathrm{kHz}$$

（2）谐振时的总复阻抗为

$$Z_0 = \frac{L}{RC} = \frac{40 \times 10^{-6}}{2 \times 0.001 \times 10^{-6}}\Omega = 20000\Omega = 20\mathrm{k}\Omega$$

（3）品质因数为

$$Q = \frac{\omega_0 L}{R} = \frac{2\pi f_0 L}{R} = \frac{2 \times 3.14 \times 0.8 \times 10^6 \times 40 \times 10^{-6}}{2} \approx 100$$

（4）谐振时的总电流为

$$I_0 = \frac{U}{Z} = \frac{15}{20000}\mathrm{A} = 7.5 \times 10^{-4}\mathrm{A} = 0.75\mathrm{mA}$$

当谐振时，电感和电容支路上的电流为

$$I_{\mathrm{L0}} = I_{\mathrm{C0}} = QI_0 = 100 \times 7.5 \times 10^{-4}\mathrm{A} = 75\mathrm{mA}$$

5.2 谐振电路的选择性和通频带

学习任务

1）了解串联谐振电路的频率特性曲线与电路品质因数 Q 的关系。

2）了解品质因数 Q 对通频带的影响。

5.2.1 串联谐振电路的选择性和通频带

1. 串联谐振电路的选择性

在一定值的电压作用下，串联谐振时，电路的电流达到最大 I_0，当 ω 偏离 ω_0 时，电路阻抗的增大，电流值会下降；ω 偏离 ω_0 越远，电流下降越大，表明电路具有选择最接近于谐振频率附近信号的性能，这种性能在无线电技术中称为选频性。串联谐振电路的选频特性可以用能表明电流、电压与频率关系的谐振曲线来形象地描述。

串联谐振电路的品质因数 Q 对其选频特性有很大的影响。当串联谐振电路输入一系列幅度相同、而频率不同的电压信号时，通过理论推导，可以得到各信号电流与频率之间的关系为

$$I(\omega) = \frac{I_0}{\sqrt{1 + Q^2 \left(\dfrac{\omega}{\omega_0} - \dfrac{\omega_0}{\omega} \right)^2}} \tag{5-16}$$

工程上常把电流谐振曲线用归一化表示，即横坐标用 ω/ω_0 表示，纵坐标用 I/I_0 表示，得到通用电流谐振曲线公式，即

$$\frac{I}{I_0} = \frac{1}{\sqrt{1 + Q^2 \left(\dfrac{\omega}{\omega_0} - \dfrac{\omega_0}{\omega} \right)^2}} \tag{5-17}$$

根据式（5-17），取不同的 Q 值，可以描绘出通用电流谐振曲线，如图 5-5 所示。

由图 5-5 所示的通用电流谐振曲线可见，选择性与品质因数 Q 有关，品质因数越大，曲线越尖锐，选择性越好。因此，选用高 Q 值的电路有利于从众多频率的信号中选择出所需要的信号，并且可以有效地抑制其他信号的干扰。

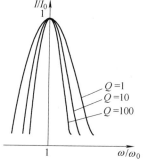

图 5-5 通用电流谐振曲线

2. 串联谐振电路的通频带

一个实际信号往往不是一个单一的频率，而是占有一定的频率范围，这个范围称为频带。例如，声音信号大约在 20 ~ 20000Hz 的频率范围，无线电调幅广播电台信号的频带宽度（频率范围）为 9kHz，电视广播信号频率范围约 8MHz。当具有一定频带范围的信号通过串联谐振电路时，要求各频率成分的电压在电路中产生的电流尽量保持原来的比例，以减小失真。理想的电流谐振曲线应当是如图 5-6 所示，即在信号频带内电流恒定，在信号频带外电流为零，信号才能不失真地通过回路。然而，这种理想的谐振曲线是难以得到的，实际上只能设法将频率失真控制在允许的范围内。因此，在实际应用中把谐振曲线上 I/I_0 的值为 $1/\sqrt{2}$（即 0.707）所对应的两个频率之间的宽度称为通频带，用 BW 表示，单位为赫〔兹〕（Hz）

谐振电路的通频带如图 5-7 所示。

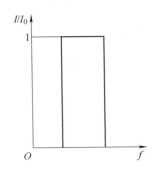

图 5-6 理想的电流谐振曲线

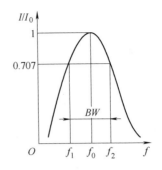

图 5-7 谐振电路的通频带

通频带的边界频率 f_1 和 f_2 分别称为上边界频率和下边界频率。通频带为

$$BW = f_2 - f_1 = \frac{f_0}{Q} \tag{5-18}$$

由式（5-18）可以看出，通频带 BW 与品质因数 Q 成反比，Q 值越高，谐振曲线越尖锐，电路的选择性越好，但电路的通频带也就越窄；反之，Q 值越低，谐振曲线越平滑，选择性越差，但电路的通频带越宽。因此，电路的选择性和通频带之间存在着矛盾，在实际应用中，应根据需要兼顾 BW 与 Q 的取值，首先应该保证信号通过电路后的幅度失真不超过允许的范围，然后尽量提高电路的选择性。

【例 5-4】 已知串联谐振电路的谐振频率 $f_0 = 7 \times 10^5 \text{Hz}$，电路中的 $R = 10\Omega$，要求电路的通频带 $BW = 10^4 \text{Hz}$，试求电路的品质因数、电感和电容。

解：电路的品质因数为

$$Q = \frac{f_0}{BW} = \frac{7 \times 10^5}{10^4} = 70$$

因为

$$Q = \frac{\omega_0 L}{R}$$

所以电感

$$L = \frac{QR}{\omega_0} = \frac{70 \times 10}{2\pi \times 7 \times 10^5} \text{H} = 15.9 \times 10^{-5} \text{H} = 159 \mu\text{H}$$

电容

$$C = \frac{1}{\omega_0^2 L} = \frac{1}{(2\pi \times 7 \times 10^5)^2 \times 159 \times 10^{-6}} \text{pF} = 325.4 \text{pF}$$

【例 5-5】 已知某晶体管收音机的输入调谐电路的电感量为 $310\mu\text{H}$，欲接收载波频率为 540kHz 的电台信号，问这时的调谐电容为多大？若电路的 $Q = 50$，频率为 540kHz 的电台信号在线圈中的感应电压为 1mV，同时进入输入调谐电路的另一电台信号频率为 600kHz，在线圈中的感应电压也为 1mV，则求两信号在电路中产生的电流各为多大？

解：（1）欲接收载波频率为 540kHz 的电台信号，就应使输入调谐电路的谐振频率也为 540kHz，由式 $f_0 = \frac{1}{2\pi\sqrt{LC}}$ 可推出

$$C = \frac{1}{(2\pi f_0)^2 L} = \frac{1}{(2 \times 3.14 \times 540 \times 10^3)^2 \times 310 \times 10^{-6}} \text{F} = 280.50 \text{pF}$$

（2）由于电路对频率为540kHz的信号产生谐振，所以回路的电流 I_0 为

$$I_0 = \frac{U}{R} = \frac{U}{\frac{\rho}{Q}} = \frac{QU}{2\pi f_0 L} = \frac{50 \times 1 \times 10^{-3}}{2 \times 3.14 \times 540 \times 10^3 \times 310 \times 10^{-6}} \text{A} \approx 47.56 \times 10^{-6} \text{A} = 47.56 \mu\text{A}$$

频率为600kHz的电压产生的电流为

$$I = I_0 \frac{1}{\sqrt{1 + Q^2 \left(\frac{f}{f_0} - \frac{f_0}{f} \right)^2}} = \frac{47.56}{\sqrt{1 + 50^2 \left(\frac{600}{540} - \frac{540}{600} \right)^2}} \mu\text{A} = 4.49 \mu\text{A}$$

此例说明，当电压值相同、频率不同的两个信号通过串联谐振电路时，电路的选择性使两信号在回路中产生的电流相差10倍以上。

5.2.2 并联谐振电路的谐振曲线与通频带

对于并联谐振电路而言，当输入一系列幅度相同、而频率不同的电流信号时，只有频率等于谐振频率的电流信号，在电路两端得到的电压是最大的。在 $R \ll \omega_0 L$ 的条件下，由推导可得通用电压谐振曲线公式，即

$$\frac{U}{U_0} = \frac{1}{\sqrt{1 + Q^2 \left(\frac{\omega}{\omega_0} - \frac{\omega_0}{\omega} \right)^2}} \qquad (5\text{-}19)$$

由式（5-19）可以绘出通用电压谐振曲线，如图5-8所示，它与串联谐振电路的通用电流谐振曲线形状相同。

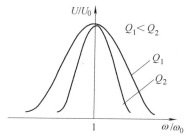

图5-8 通用电压谐振曲线

对于并联谐振电路，常将端口电压 $U \geq \frac{1}{\sqrt{2}} U_0 = 0.707 U_0$ 的频率范围称为该电路的通频带，其表示形式与串联谐振电路的通频带相同，即 $BW = f_2 - f_1 = \frac{f_0}{Q}$。

5.3 Multisim 对 *RLC* 串联谐振回路特性的仿真测试

串联谐振电路如图5-9所示。当选用Multisim仿真软件验证电路发生串联谐振时，电路中的电流最大。根据电路提供的参数，$R = 1\Omega$，$C = 1\text{mF}$，$L = 1\text{mH}$，由公式

$$f_0 = \frac{1}{2\pi \sqrt{LC}}$$

可以算出，当 $f_0 = 159\text{Hz}$ 时电路发生谐振，此时电路中的电流最大。电流读数如图5-10中的万用表所示，为10A。当改变信号源频率为160Hz时，万用表读数如图5-11所示为9.999A；再把信号源频率改为155Hz时，万用表读数如图5-12所示为9.986A。由以上万用表的数据可以看出，当电源频率与谐振频率相等（即电路发生谐振）时，电路中的电流最大。

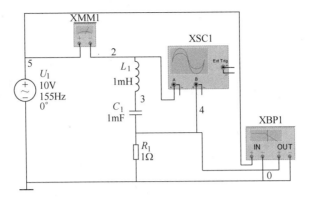

图 5-9　串联谐振电路

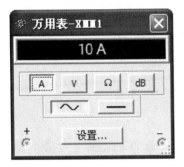

图 5-10　当 $f_0 = 159\text{Hz}$ 时的
万用表读数

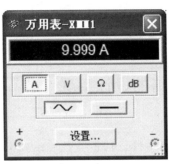

图 5-11　当 $f = 160\text{Hz}$ 时的
万用表读数

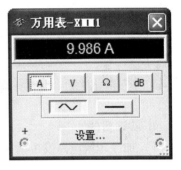

图 5-12　当 $f = 155\text{Hz}$ 时的
万用表读数

　　串联谐振电路如图 5-9 所示。选用 Multisim 仿真软件提供的示波器观察 *RLC* 串联谐振电路外加电压与谐振电流的波形，如图 5-13 所示。通过波形可以看出，当电路发生串联谐振时，外加电压与谐振电流同相位。

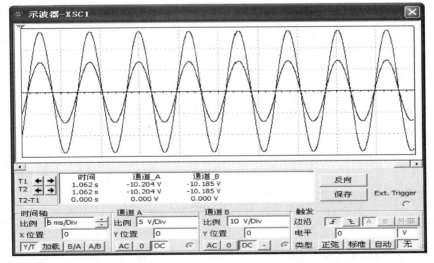

图 5-13　*RLC* 串联谐振电路外加电压与电流的波形

串联谐振电路如图 5-9 所示。选用 Multisim 仿真软件提供的波特图仪测定 RLC 串联谐振电路的频率特性。串联谐振电路的幅频特性曲线与相频特性曲线分别如图 5-14 和图 5-15 所示。

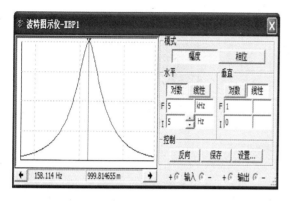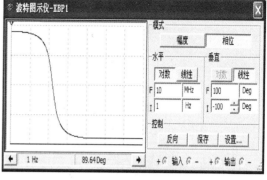

图 5-14　串联谐振电路的幅频特性曲线　　　图 5-15　串联谐振电路的相频特性曲线

5.4　技能训练　选频网络的设计实现

1. 实训目的

1）加深理解电路发生谐振的条件、特点，掌握电路品质因数 Q 的物理意义及其测定方法。

2）学习用实验方法绘制 RLC 串联电路的幅频特性曲线，研究电路参数对谐振特性的影响。

2. 原理说明

1）在图 5-16 所示的 RLC 串联电路中，当正弦交流信号源的频率 f 改变时，电路中的感抗、容抗随之而变，电路中的电流也随 f 而变。取电阻 R 上的电压 u_o 作为响应，当输入电压 u_i 的幅值维持不变时，在不同频率的信号激励下，测出 U_o 之值，然后以 f 为横坐标，以 U_o/U_i 为纵坐标（因 U_i 不变，故也可直接以 U_o 为纵坐标），绘出光滑的曲线，此即为幅频特性曲线，也称为串联谐振曲线，如图 5-17 所示。

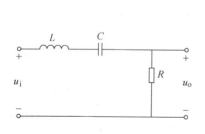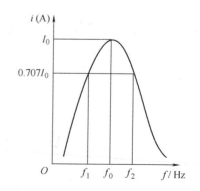

图 5-16　RLC 串联电路　　　　　　图 5-17　串联谐振曲线

2）在 $f=f_0$ 处，即幅频特性曲线尖峰所在的频率点称为谐振频率。此时 $X_L = X_C$，电路呈纯阻性，电路阻抗的模为最小。在输入电压 U_i 为定值时，电路中的电流达到最大值，且与输入电压 u_i 同相位。从理论上讲，此时 $U_i = U_R = U_o$，$U_L = U_o = QU_i$，式中的 Q 称为电路的品质因数。

3）电路品质因数 Q 值的两种测量方法。一种方法是根据公式 $Q = \dfrac{U_C}{U_o} = \dfrac{U_L}{U_o}$ 测定，U_C 与 U_L 分别为谐振时电容器 C 和电感线圈 L 上的电压；另一种方法是通过测量谐振曲线的通频带宽度 $BW = f_2 - f_1$，再根据 $Q = f_0/(f_2 - f_1)$ 求出 Q 值，式中 f_0 为谐振频率，f_2 和 f_1 是失谐时输出电压的幅度下降到最大值的 0.707 时的上、下频率点。Q 值越大，曲线越尖锐，通频带越窄，电路的选择性越好。在恒压源供电时，电路的品质因数、选择性与通频带只取决于电路本身的参数，而与信号源无关。

3. 实训设备（见表 5-1）

表 5-1 实训设备

序　　号	名　　　称	型号与规格	数　　量
1	函数信号发生器		1
2	交流毫伏表	$0 \sim 600\text{V}$	1
3	双踪示波器		1
4	频率计		1
5	谐振电路实训电路板	$R = 200\Omega$，$1\text{k}\Omega$； $C = 0.01\mu\text{F}$，$0.1\mu\text{F}$；L 约为 30mH	

4. 实训内容

1）确定谐振频率

自行设计谐振电路，准确地确定谐振点。需要注意的是，在确定谐振频率的过程中，要保证电源的输出电压不变。

2）测定该电路的频率特性，将测量数据记入自拟的数据表格中，据此画出 RLC 串联电路的谐振曲线。

3）改变电路参数中的电阻 R，重复上述步骤 2）的内容，比较在不同品质因数下，谐振曲线的区别。

5. 注意事项

1）信号源幅值不要太大，以免损坏元器件设备。

2）应在靠近谐振频率附近多取几个测试频率点。在变换频率测试前，应调整信号输出幅度，使其保持不变。

3）在测量 U_C 和 U_L 数值前，应将交流毫伏表的量程改大，而且在测量 U_L 与 U_C 时，毫伏表的"＋"端应接 C 与 L 的公共点，其接地端分别触及 L 和 C 的接地端。

6. 预习思考

1）根据自己设计的元器件参数值，估算电路的谐振频率。

2）改变电路的哪些参数可以使电路发生谐振，电路中 R 的数值是否影响谐振频率值？

3）如何判别电路是否发生谐振？测试谐振点的方案有哪些？

4）当电路发生串联谐振时，为什么输入电压不能太大？如果信号源给出 3V 的电压，那么当电路谐振时，用交流毫伏表测 U_L 和 U_C，应该选择用多大的量程？

5）要提高 RLC 串联电路的品质因数，电路参数应如何改变？

7. 实训报告

1）根据测量数据，绘出不同 Q 值时 3 条幅频特性曲线，即

$$U_o = f(f)，U_L = f(f)，U_C = f(f)$$

2）计算出通频带与 Q 值。说明不同 R 值对电路通频带与品质因数的影响。

3）对两种不同的测 Q 值的方法进行比较，分析误差原因。

4）在实际测定的谐振曲线中，谐振时是否有 $U_R = U$（电源电压）和 $U_L = U_C$ 关系？若此两个等式不成立，则试分析其原因。

5）通过这次实训，你在实训技能方面有哪些收获？

单元回顾

本单元主要分析了串联谐振电路和并联谐振电路的重要特性，如谐振条件、谐振频率、谐振阻抗、品质因数、电路的选择性及通频带等，下面将本章的主要内容列出，见表5-2。

表 5-2 串、并联谐振回路的特性比较

	串联谐振回路	并联谐振回路
电路形式		
谐振条件	$X_L = X_C$ 或 $\dfrac{1}{\omega_0 C} = \omega_0 L$	$\omega_0 C - \dfrac{\omega_0 L}{R^2 + (\omega_0 L)^2} = 0$
谐振频率	$f_0 = \dfrac{1}{2\pi \sqrt{LC}}$	$f_0 \approx \dfrac{1}{2\pi \sqrt{LC}}$
谐振阻抗	$Z_0 = R$（最小）	$Z_0 = \dfrac{L}{CR} = Q\rho$（最大）
特性阻抗	$\rho = \sqrt{\dfrac{L}{C}}$	$\rho = \sqrt{\dfrac{L}{C}}$
品质因数	$Q = \dfrac{\omega_0 L}{R} = \dfrac{1}{\omega_0 CR} = \dfrac{\rho}{R}$	$Q = \dfrac{\frac{\omega_0 C}{RC}}{L} = \dfrac{\omega_0 L}{R} = \dfrac{\rho}{R}$
元器件上的电压或电流	$U_{L0} = U_{C0} = QU_S$	$I_{L0} \approx QI_0，I_{C0} \approx QI_0$
谐振曲线		

	串联谐振回路	并联谐振回路
通频带	$BW = f_2 - f_1 = \dfrac{f_0}{Q}$	$BW = f_2 - f_1 = \dfrac{f_0}{Q}$
失谐时阻抗的性质	1）当 $f > f_0$ 时，呈电感性 2）当 $f < f_0$ 时，呈电容性	1）当 $f > f_0$ 时，呈电容性 2）当 $f < f_0$ 时，呈电感性
对电源的要求	适用于低内阻的信号源	适用于高内阻的信号源

思考与练习

1. 填空题

1）_____元器件和_____元器件串联可组成串联谐振电路，该电路的谐振条件是_____，此时谐振频率 f_0 = _____。

2）当电源角频率一定时，通过改变_____和_____的参数值可以改变 ω_0，使电路谐振，这一过程称为_____。

3）串联谐振电路的特性阻抗 ρ = _____，品质因数 Q = _____。

4）串联谐振时电流 I_0 = _____，由此可知，当串联谐振时电路中流过的电流和端口电压的相位关系是_____，大小关系为_____。

5）由串联谐振电路的电流谐振曲线可以看出，串联谐振电路具有_____特性，且 Q 值越大，曲线的形状_____，其选择性_____。

6）通频带用_____ 表示，它的国际单位是_____。通频带与品质因数 Q 的关系是_____。

2. 判断下列说法是否正确，用"√""×"表示判断结果，并填入括号内。

1）当串联谐振电路谐振时，阻抗最大，电流最小。（　　　）

2）谐振电路的品质因数越高，电路选择性越好，因此实用中 Q 值越大越好。（　　　）

3）串联谐振在 L 和 C 上将出现过电压现象，因此也把串联谐振称为电压谐振。（　　　）

4）并联谐振在 L 和 C 支路上有过电流现象，因此常把并联谐振称为电流谐振。（　　　）

5）当串联谐振电路谐振时，无功功率为 0，电路中无能量交换。（　　　）

6）当串联谐振电路谐振时，电阻上的电压大小等于电源电压。（　　　）

7）品质因数高的电路对非谐振频率电流具有较强的抑制能力。（　　　）

8）在谐振状态下，电源供给电路的功率全部被消耗在电阻上。（　　　）

3. 一个收音机的接收线圈电阻 $R = 20\Omega$，$L = 2.5 \times 10^{-4}$H，若调节电容 C 收听 720kHz 的电台，则此时的电容 C 应为多大？回路的品质因数 Q 为多少？

4. 已知一串联谐振电路的参数 $R = 10\Omega$，$L = 0.13$mH，$C = 558$pF，外加电压 $U_S = 5$V。试求电路在谐振时的电流、品质因数及电感和电容上的电压。

5. 将 RLC 串联电路接到电压 $U_S = 10$V，$\omega = 10^4$rad/s 的电源上，调节电容 C 使电路中的电流达到最大值 100mA，这时电容上的电压为 600V，求 R、L、C 的值及电路的品质因数。

6. 在 RLC 串联电路中，已知 $R = 5\Omega$，$L = 500\mu H$，$C = 103.5pF$，$U_s = 10\mu V$。求：（1）谐振频率 f_0。（2）特性阻抗 ρ。（3）电容和电感上的电压 U_{C0}、U_{L0}。（4）品质因数 Q。（5）通频带。

7. 已知串联谐振电路的谐振频率 $f_0 = 700kHz$，电容 $C = 200pF$，通频带宽度 $BW = 10kHz$，试求电路电阻及品质因数。

8. 串联谐振电路的谐振频率 $f_0 = 600kHz$，电阻 $R = 10\Omega$，若 $BW = 10kHz$，试求谐振电路的品质因数 Q、电感 L 和电容 C 各为多少？

9. 一线圈与电容并联，已知谐振时的阻抗 $|Z_0| = 10k\Omega$，$L = 0.02mH$，$C = 200pF$，求线圈的电阻 R 和回路的品质因数 Q。

10. 串联谐振电路的电流谐振曲线如图 5-18 所示，求电路的品质因数 Q。若 $R = 10\Omega$，则 L 和 C 又为多少？

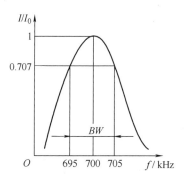

图 5-18 题 10 图

第6单元　互感耦合电路的分析

情景导入

电子电路在工作时，常常需要不同电压、不同功率的直流供电。当然，可以用现成的直流电源如干电池、蓄电池直接提供。但当一个电子设备需要多种功率、多种直流电压时，用这种方式供电就显得力不从心了。所以，除去小功率、单一供电的便携式电器用电池外，其他所有的电器都是用廉价的交流电作为动力的。但民用单相交流电只有220V一种电压，这就需要一种器件能将220V的交流电变换成一个或多个所需的交流电压，再由电子电路处理得到需要的直流电压。能够完成这一功能的器件，就是电源变压器。所以说，电源变压器是用来改变交流电压、交流电流的器件。也就是说，当将一个固定电压的交流电加到电源变压器上时，它可以变换成需要的交流电压，进而再转换成直流电。

变压器是利用电磁感应原理制成的变换交流电压、电流、相数的装置。电源变压器的最基本形式，包括两组绕有导线的线圈，并且彼此以电感方式融合在一起。当一交流电流（具有某一已知频率）流于其中之一组线圈时，在另一组线圈中将感应出具有相同频率的交流电压，而感应的电压大小取决于两线圈耦合及磁交链的程度。电源变压器原理图（即变压器原理）如图6-1所示。要想更好地了解电源变压器的工作原理，首先就要了解互感耦合电路。

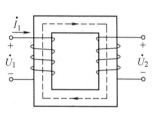

图6-1　电源变压器原理图

互感耦合电路是一种特殊的正弦交流电路，在分析使用该电路时应考虑电感线圈之间存在的互感现象。前面所介绍的正弦交流电路忽略了互感的影响，但是在实际工作中，互感耦合电路使用的更多。例如，在电气工程、电子工程、通信工程和测量仪器中，互感耦合电路被应用得非常广泛，有输配电用的电力变压器、测量用的电流互感器和电压互感器等。本章重点介绍互感耦合电路的特点、分析方法以及变压器的工作原理。

6.1　互感及互感电压

学习任务

1）理解互感现象及互感系数、耦合系数的概念，掌握互感电压的计算方法。

2）理解耦合电感上电压与电流的关系。

3）掌握同名端的概念及同名端的判别方法。

4）掌握互感电压极性的判别方法。

6.1.1　互感现象

1. 互感现象概述

在交流电路中，如果在一个线圈的附近还有另一个线圈，当其中一个线圈中的电流变化时，不仅在本线圈中产生感应电压，而且在另一个线圈中也会产生感应电压，这种现象称为互感耦合或互感现象，由此而产生的感应电压称为互感电压，这样的两个线圈称为互感线圈。

互感现象在电工和电子技术中应用非常广泛，如电力变压器、电流互感器、电压互感器和中轴变压器等都是根据互感原理制成的。

2. 互感系数 *M* 与耦合系数 *k*

（1）互感系数

图 6-2 所示是两个相邻的耦合线圈（电感）、匝数分别为 N_1 和 N_2，为介绍方便，规定每个线圈的电压、电流取关联参考方向，且每个线圈的电流的参考方向和该电流所产生的磁通的参考方向符合右手螺旋法则。

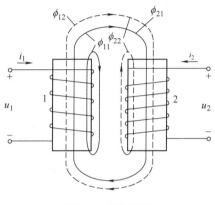

图 6-2　耦合线圈

如图 6-2 所示，在匝数为 N_1 的线圈 1 中，流过的电流为 i_1，其产生自感磁通 ϕ_{11} 的一部分穿过匝数为 N_2 的线圈 2。对于线圈 2 来说，这部分磁通不是由本身电流产生的，而是由其他线圈中电流产生的，这部分磁通称为互感磁通，用 ϕ_{21} 表示，对应的磁链叫做互感磁链，用 ψ_{21} 表示，因此 ψ_{21} 是 i_1 的函数。同理，当线圈 2 通有电流 i_2 流过时，它产生的自感磁通 ϕ_{22} 的一部分穿过了线圈 1，称为互感磁通 ϕ_{12}，对应的磁链也叫做互感磁链，用 ψ_{12} 表示，因此 ψ_{12} 是 i_2 的函数。这种由于一个线圈电流所产生的磁通，穿过另一个线圈的现象，叫做磁耦合。若穿过线圈每一匝的磁通都相等，则以上的自感磁链与自感磁通、互感磁链与互感磁通之间有如下关系

$$\psi_{11} = N_1\phi_{11} \qquad \psi_{22} = N_2\phi_{22}$$
$$\psi_{12} = N_1\phi_{12} \qquad \psi_{21} = N_2\phi_{21}$$

上式中的相关物理量均采用双下标标注，如 ψ_{11} 表示线圈 1 的电流在线圈 1 中产生的磁链，即自感磁链；ψ_{12} 表示线圈 2 的电流在线圈 1 中产生的互感磁链；而 ψ_{21} 则表示线圈 1 的电流在线圈 2 中产生的互感磁链。

类似于自感系数的定义，互感系数的定义为

$$M_{21} = \frac{\psi_{21}}{i_1} \tag{6-1}$$

$$M_{12} = \frac{\psi_{12}}{i_2} \tag{6-2}$$

式（6-1）表明线圈 1 对线圈 2 的互感系数 M_{21} 等于穿过线圈 2 的互感磁链 ψ_{21} 与产生该磁链的电流 i_1 之比。式（6-2）表明线圈 2 对线圈 1 的互感系数 M_{12} 等于穿过线圈 1 的互感磁链 ψ_{12} 与产生该磁链的电流 i_2 之比。可以证明 $M_{12} = M_{21} = M$，因而可以一律用 M 表示。互感系数简称为互感，在国际单位制中，M 的单位为亨［利］，符号为 H（亨）。

应该指出的是，当两个互感线圈的构成和相对位置确定时，线圈间的互感 M 是线圈的固有参数。M 的大小取决于两个线圈的匝数、几何尺寸、相对位置和磁介质。当磁介质为非铁磁性介质时，M 是常数，本章介绍的互感 M 均为常数。

（2）耦合系数

一般情况下，两个耦合线圈的电流所产生的磁通，只有部分磁通相互交链，彼此不交链的那部分磁通称为漏磁通。两耦合线圈相互交链的磁通越大，表明两个线圈耦合得越紧密。因为 $\phi_{21} \leqslant \phi_{11}$，$\phi_{12} \leqslant \phi_{22}$，所以

$$M^2 = M_{21}M_{12} = \frac{\psi_{21}}{i_1}\frac{\psi_{12}}{i_2} = \frac{N_2\phi_{21}}{i_1}\frac{N_1\phi_{12}}{i_2} \leqslant \frac{N_1\phi_{11}}{i_1}\frac{N_2\phi_{22}}{i_2} = L_1L_2$$

式中，L_1 与 L_2 分别为线圈 1 和线圈 2 的自感系数，由上式很容易得

$$M \leqslant \sqrt{L_1L_2} \tag{6-3}$$

即两线圈的互感系数不大于两线圈自感系数的几何平均值。

上式仅说明互感 M 比 $\sqrt{L_1L_2}$ 小（最多相等），但并不能说明 M 比 $\sqrt{L_1L_2}$ 小到什么程度。为此，工程中常用耦合系数 k 来衡量两线圈耦合的紧密程度，其定义式为

$$k = \frac{M}{\sqrt{L_1L_2}} \tag{6-4}$$

一般情况下，k 值小于 1，k 值越大，说明两个线圈之间的耦合越紧。当 $k = 1$ 时，称为全耦合；当 $k = 0$ 时，说明两线圈没有耦合。

两个线圈之间的耦合程度或耦合系数 k 的大小与线圈的结构、两个线圈相互位置以及周围磁介质的性质有关。若两个线圈靠得很近或被紧密绕在一起，如图 6-3a 所示，其 k 值可能接近 1；反之，如果它们相隔较远，或者它们的轴线相互垂直，如图 6-3b 所示，那么其 k 值可能接近零。由此可见，改变或调整两线圈的相互位置，可以改变耦合系数 k 的大小。在工程上有时为了避免线圈之间的相互干扰，应尽量减小互感的作用，除了采用磁屏蔽方法外，还可以合理布置线圈的相互位置。然而在电力、电子技术中，为了利用互感原理有效地、更好地传输能量和信号，往往采用极紧密的耦合方式，使 k

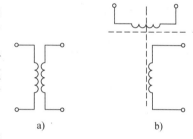

图 6-3 耦合系数 k 与
线圈相互位置的关系
a) $k \approx 1$ b) $k \approx 0$

值尽可能接近 1，一般通过合理地绕制线圈和采用铁磁材料制成芯子就能够达到这一目的。

6.1.2 互感电压

在图 6-2 中，当线圈 1 中的电流变化时，在线圈 2 中产生了变化的互感磁链 ψ_{21}，即 $\psi_{21} = Mi_1$，而 ψ_{21} 的变化将在线圈 2 中产生互感电压 u_{21}。同理，当线圈 2 中的电流变化时，也将在线圈 1 中产生互感电压 u_{12}。像这样两线圈因变化的互感磁通而产生的感应电动势或电压称为互感电动势或互感电压。

若选择互感电压的参考方向与互感磁通的参考方向符合右手螺旋关系，互感磁通的参考方向与产生它的电流参考方向也符合右手螺旋关系，则由电磁感应定律可得以下关系式

$$\left. \begin{aligned} u_{21} &= \frac{\mathrm{d}\psi_{21}}{\mathrm{d}t} = M\frac{\mathrm{d}i_1}{\mathrm{d}t} \\ u_{12} &= \frac{\mathrm{d}\psi_{12}}{\mathrm{d}t} = M\frac{\mathrm{d}i_2}{\mathrm{d}t} \end{aligned} \right\} \tag{6-5}$$

可见，互感电压与产生它的电流的变化率成正比。

当线圈中的电流为正弦交流时，互感电压与电流的大小关系如下

$$U_{21} = \omega M I_1$$
$$U_{12} = \omega M I_2$$

(6-6)

由于在线圈中，电压始终超前于电流90°，所以可用相量表示为

$$\dot{U}_{21} = j\omega M \dot{I}_1$$
$$\dot{U}_{12} = j\omega M \dot{I}_2$$

(6-7)

6.1.3 耦合电感上电压与电流的关系

在耦合电感通电流后，若其自感磁通与互感磁通方向一致，则称为磁通相助，如图6-2所示。各线圈中的总磁链包含自感磁链和互感磁链两部分。在磁通相助的情况下，两线圈的总磁链分别为

$$\psi_1 = \psi_{11} + \psi_{12} = L_1 i_1 + M i_2$$
$$\psi_2 = \psi_{22} + \psi_{21} = L_2 i_2 + M i_1$$

如图6-2所示，当i_1为时变电流时，磁通也将随时间变化，从而在线圈两端产生感应电压u_{11}和u_{21}。当i_1、u_{11}、u_{21}方向与φ符合右手螺旋时，根据电磁感应定律和楞次定律可得自感电压u_{11}与互感电压u_{21}如下

$$u_{11} = \frac{d\psi_{11}}{dt} = L_1 \frac{di_1}{dt}$$

$$u_{21} = \frac{d\psi_{21}}{dt} = M \frac{di_1}{dt}$$

由此可知，当两个线圈同时被通以电流时，每个线圈两端的电压均包含自感电压和互感电压。设两线圈电压、电流参考方向关联，根据电磁感应定律，有

$$u_1 = \frac{d\psi_1}{dt} = L_1 \frac{di_1}{dt} + M \frac{di_2}{dt}$$

$$u_2 = \frac{d\psi_2}{dt} = L_2 \frac{di_2}{dt} + M \frac{di_1}{dt}$$

若改变线圈2的绕向，如图6-4所示，则自磁通与互磁通方向相反，称为磁通相消。这时，两线圈的总磁链分别为

$$\psi_1 = \psi_{11} - \psi_{12} = L_1 i_1 - M i_2$$
$$\psi_2 = \psi_{22} - \psi_{21} = L_2 i_2 - M i_1$$

两线圈电压为

$$u_1 = \frac{d\psi_1}{dt} = L_1 \frac{di_1}{dt} - M \frac{di_2}{dt}$$

$$u_2 = \frac{d\psi_2}{dt} = L_2 \frac{di_2}{dt} - M \frac{di_1}{dt}$$

分析表明：耦合电感上的电压等于自感电压与互感电压的代数和。在线圈电压、电流参考方向关联的

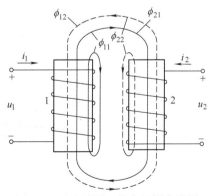

图6-4 改变线圈2绕向的耦合线圈

条件下，自感电压前取"＋"，否则自感电压前取"－"；当磁通相助时，互感电压前取"＋"；当磁通相消时，互感电压前取"－"。

若线圈电压、电流为关联参考方向，则有

$$u_1 = \frac{\mathrm{d}\psi_1}{\mathrm{d}t} = L_1 \frac{\mathrm{d}i_1}{\mathrm{d}t} \pm M \frac{\mathrm{d}i_2}{\mathrm{d}t}$$

$$u_2 = \frac{\mathrm{d}\psi_2}{\mathrm{d}t} = L_2 \frac{\mathrm{d}i_2}{\mathrm{d}t} \pm M \frac{\mathrm{d}i_1}{\mathrm{d}t}$$

(6-8)

在正弦交流电路中，其相量形式的方程为

$$\dot{U}_1 = \mathrm{j}\omega L_1 \dot{I}_1 \pm \mathrm{j}\omega M \dot{I}_2$$

$$\dot{U}_2 = \mathrm{j}\omega L_2 \dot{I}_2 \pm \mathrm{j}\omega M \dot{I}_1$$

(6-9)

通过以上分析可知，互感电压的正、负与电流的参考方向与线圈的相对位置和绕向有关。

6.1.4 同名端

对于自感电压，由于电压电流为同一线圈上的，只要参考方向确定了，其数学描述便可容易地写出，所以不用考虑线圈绕向。但要确定互感电压的极性，就必须知道互感磁通与自感磁通是相助还是相消，要弄清这些，又与产生互感电压电流的实际方向、变化趋势、线圈的绕向和相对位置有关。而实际电路中的互感线圈往往是密封起来的，线圈的相对位置和绕向都看不到，况且在电路中将线圈的绕向和空间位置画出来既麻烦又不易表示清晰，要判定互感电压实际极性很困难。为了方便地判定互感电压的实际极性，人们规定了一种标志，即同名端，由同名端与电流参考方向就可以判定互感电压的极性，这里引出"同名端"的概念。

1. 同名端的定义及判别

所谓同名端，是指耦合线圈中的这样一对端钮：当线圈电流同时流入（或流出）该对端钮时，若各线圈中的自感磁链和互感磁链的参考方向一致，就认为磁通相助，即产生的磁通相互增强，则这一对端钮称为耦合线圈的同名端；反之，称为异名端。同一组同名端通常用"·"、"△"或"＊"表示。未用黑点、三角或星号作标记的两个端子也是同名端。同名端总是成对出现的，当有两个以上的线圈彼此间都存在磁耦合时，对同名端应一对一对地加以标记，每一对需用不同的符号标出。必须指出的是，耦合线圈的同名端只取决于线圈的绕向和线圈间的相对位置，而与线圈中电流的方向无关。

在已知线圈绕向和相对位置的情况下，可以根据同名端的性质（如图 6-5 所示）判断同名端。在图 6-5a 中，电流 i_1 与 i_2 同时流入左端线圈的 1 端钮与右边线圈的 3 端钮，根据右手螺旋法则，它们产生的磁通如图 6-5a 中所示。可以看出，ϕ_1、ϕ_2 是相互增强的，则 1 与 3 是同名端，2 与 4 也是同名端。

在图 6-5b 中，设电流分别从端钮 1 和端钮 3 流入，根据右手螺旋法则，它们产生的磁通是相互增强的，所以端钮 1 和端钮 3 是同名端，2 和 4 也是同名端。

在采用同名端标记后，就可以不用画出线圈的绕向。图 6-5b 所示的两个互感线圈可用如图 6-6 所示的耦合电感的电路符号来表示。

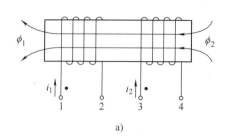

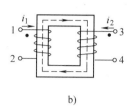

a)

b)

图 6-5　同名端的性质

对于未标出同名端的任何一对耦合线圈，可用图 6-7 所示的电路来确定其同名端。在该电路中，当开关 S 迅速闭合时，i_1 将从线圈 L_1 的 1 端流入，且 $\dfrac{\mathrm{d}i}{\mathrm{d}t}>0$。如果电压表正向偏转，就表示线圈 L_2 中的互感电压 $u_{21}=M\dfrac{\mathrm{d}i}{\mathrm{d}t}>0$，则可判定电压表的正极所接端钮 3 与 i_1 的流入端钮 1 为同名端；反之，如果电压表反向偏转，就表示线圈 L_2 中的互感电压 $u_{21}=-M\dfrac{\mathrm{d}i}{\mathrm{d}t}<0$，即可判定电压表正极所接端钮 3 与 1 为异名端，而端钮 1 与 4 为同名端。

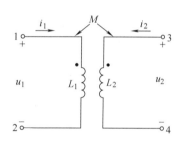

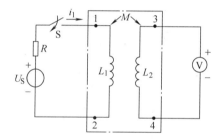

图 6-6　耦合电感的电路符号　　　　　图 6-7　同名端的测定

2. 同名端的应用

在引入同名端概念后，根据各线圈电压和电流的参考方向，就能从耦合电感直接写出其伏安关系式。具体规则是：若耦合电感的线圈电压与电流参考方向为关联参考方向，则该线圈的自感电压前取正号，否则取负号；若耦合电感线圈的线圈电压的正极性端与在该线圈中产生互感电压的另一线圈的电流的流入端为同名端，则该线圈的互感电压前取正号，否则取负号。

根据这一结论，就可以直接写出图 6-6 所示的电路模型对应的伏安关系式。由图可以看出，若耦合电感的线圈电压与电流参考方向为关联参考方向，则其自感电压都为正；同时线圈 L_1 端的互感电压 u_{12} 是由流入线圈 L_2 的电流 i_2 产生，电流 i_2 由 3 端钮流入线圈 L_2，并且在线圈 L_1 处电感电压参考正极性在 1 端钮，而 3 端钮与 1 端钮是同名端，则在线圈 L_1 端的互感电压 u_{12} 取正。同理可推断出互感电压 u_{21} 也为正，则图 6-6 对应的伏安关系为

$$u_1=L_1\frac{\mathrm{d}i_1}{\mathrm{d}t}+M\frac{\mathrm{d}i_2}{\mathrm{d}t}\qquad\qquad u_2=L_2\frac{\mathrm{d}i_2}{\mathrm{d}t}+M\frac{\mathrm{d}i_1}{\mathrm{d}t}$$

【例6-1】 判断图6-8所示的互感线圈的同名端。

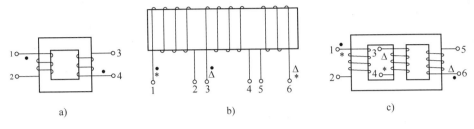

图6-8 例6-1图

解： 根据同名端的定义，利用电磁感应定律判断。

在图6-8a中，端钮1、4为同名端，2、3为同名端。

在图6-8b中，端钮1、3为同名端，1、6为同名端，3、6为同名端，2、4为同名端，2、5为同名端，4、5为同名端。

在图6-8c中，端钮1、4为同名端，1、6为同名端，3、6为同名端，4、5为同名端、2、3为同名端，2、5为同名端。

【例6-2】 4个互感线圈如图6-9所示，已知同名端和各线圈上电压电流的参考方向，试写出每一互感线圈上的电压和电流关系。

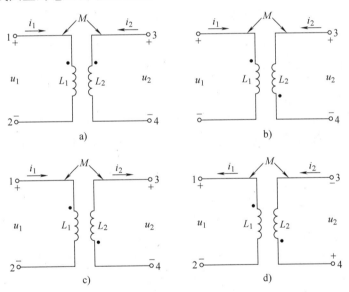

图6-9 例6-2图

解： 由互感电压参考方向与产生其电流对同名端的参考方向一致这个结论可得出

图6-9a所示互感线圈对应的电压电流关系为

$$u_1 = L_1 \frac{\mathrm{d}i_1}{\mathrm{d}t} + M \frac{\mathrm{d}i_2}{\mathrm{d}t} \qquad u_2 = L_2 \frac{\mathrm{d}i_2}{\mathrm{d}t} + M \frac{\mathrm{d}i_1}{\mathrm{d}t}$$

图6-9b所示互感线圈对应的电压电流关系为

$$u_1 = L_1 \frac{\mathrm{d}i_1}{\mathrm{d}t} - M \frac{\mathrm{d}i_2}{\mathrm{d}t} \qquad u_2 = L_2 \frac{\mathrm{d}i_2}{\mathrm{d}t} - M \frac{\mathrm{d}i_1}{\mathrm{d}t}$$

图 6-9c 所示互感线圈对应的电压电流关系为

$$u_1 = L_1 \frac{di_1}{dt} + M \frac{di_2}{dt} \qquad u_2 = -L_2 \frac{di_2}{dt} - M \frac{di_1}{dt}$$

图 6-9d 所示互感线圈对应的电压电流关系为

$$u_1 = -L_1 \frac{di_1}{dt} - M \frac{di_2}{dt} \qquad u_2 = -L_2 \frac{d\,i_2}{dt} - M \frac{d\,i_1}{dt}$$

6.2 含耦合电感电路的分析

学习任务

1）掌握耦合电感的连接方式及等效电感的计算。

2）掌握耦合电感电路的分析计算方法。

在分析含有耦合电感元件的电路时，重点是掌握这类多端元器件的特性，即耦合电感的电压不仅与本电感的电流有关（自感电压），而且与其他耦合电感的电流有关（互感电压）。分析耦合电路一般采用的方法有直接列写方程分析法和等效电路分析法。耦合电感的两个线圈在实际电路中，一般要以某种方式相互连接，基本的连接方式有串联、并联和 T 形连接。在电路分析中，将按上述连接方式的耦合电感用无耦合的等效电路去代替的过程，称为去耦等效。本节将介绍 3 种基本连接方式及其去耦等效。为了将问题简化，在分析电路时暂不考虑线圈的内阻。

6.2.1 耦合电感的串联

1. 耦合电感的顺向串联

当两个互感耦合线圈流过同一电流时，电流都是由线圈的同名端流入或流出，即异名端相接，由于互感起"增助"作用，所以这种连接方式称为顺向串联。耦合电感的顺向串联电路如图 6-10a 所示。

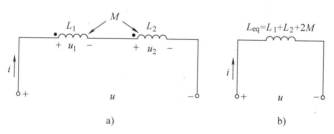

图 6-10　耦合电感的顺向串联电路

a）顺向串联电路　b）顺向串联后的等效电感

按图示电压、电流的参考方向，KVL 方程为

$$u = u_1 + u_2 = L_1 \frac{di}{dt} + M \frac{di}{dt} + L_2 \frac{di}{dt} + M \frac{di}{dt} = (L_1 + L_2 + 2M) \frac{di}{dt} = L_{eq} \frac{di}{dt} \qquad (6\text{-}10)$$

其中

$$L_{eq} = L_1 + L_2 + 2M \qquad (6\text{-}11)$$

式（6-11）中，L_{eq} 为耦合线圈顺向串联后的等效电感，如图 6-10b 所示。可以看出顺向串联使等效电感加大。

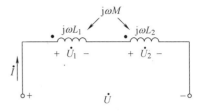

在正弦稳态激励下，应用相量分析，则图 6-10a 所示的相量模型如图 6-11 所示。若将上述关系使用相量形式进行表示，则可以得到

$$\dot{U} = \dot{U}_1 + \dot{U}_2 = (j\omega L_1 + j\omega L_2 + 2j\omega M)\dot{I} = Z\dot{I}$$

其中等效阻抗为

$$Z = j\omega L_1 + j\omega L_2 + 2j\omega M \qquad (6\text{-}12)$$

图 6-11　图 6-10a 所示的相量模型

可见，顺向串联使等效阻抗加大。

2. 耦合电感的反向串联

当两个互感耦合线圈如图 6-12a 所示连接时，电流都是由线圈的异名端流入或流出，即同名端相联接，由于互感起"削弱"作用，所以这种联接方式称为反向串联。

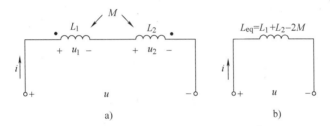

图 6-12　耦合电感的反向串联电路

a）反向串联电路　b）反向串联等效电感

按图 6-12 所示电压、电流的参考方向，KVL 方程为

$$u = u_1 + u_2 = L_1 \frac{di}{dt} - M \frac{di}{dt} + L_2 \frac{di}{dt} - M \frac{di}{dt} = (L_1 + L_2 - 2M)\frac{di}{dt} = L_{eq}\frac{di}{dt} \qquad (6\text{-}13)$$

其中

$$L_{eq} = L_1 + L_2 - 2M \qquad (6\text{-}14)$$

式（6-14）中，L_{eq} 为耦合线圈反向串联后的等效电感。由图 6-12b 所示可以看出，反向串联使等效电感减小。

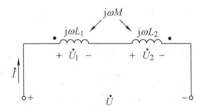

在正弦稳态激励下，应用相量分析，则图 6-12a 所示的相量模型如图 6-13 所示。若将上述关系使用相量形式进行表示，则可以得到

$$\dot{U} = \dot{U}_1 + \dot{U}_2 = (j\omega L_1 + j\omega L_2 - 2j\omega M)\dot{I} = Z\dot{I}$$

其中等效阻抗为

图 6-13　图 6-12a 所示的相量模型

$$Z = j\omega L_1 + j\omega L_2 - 2j\omega M \qquad (6\text{-}15)$$

可见，反向串联使等效阻抗减小。

由上述分析可知，顺向串联时的等效电感大于两电感之和，这是由于互感磁链与自感磁链相互加强导致的；反向串联时的等效电感小于两电感之和，这是由于互感磁链与自感磁链相互削弱导致的。同时应当注意的是，即使在反向串联时，两元器件串联的等效电感也不可能为负值，因为互感磁链是自感磁链的一部分，所以

$$L_1 + L_2 > 2M$$

因此反向串联时

$$L_{eq} = L_1 + L_2 - 2M \geqslant 0$$

即

$$M \leqslant \frac{1}{2}(L_1 + L_2) \qquad (6\text{-}16)$$

由（6-16）可知，互感不大于两个自感的算术平均值，整个电路仍呈感性。

比较式（6-11）和式（6-14）两式可知，顺向串联的等效电感比反向串联的等效电感大 $4M$。根据此结论可以给出测量互感系数的方法，即把两线圈顺接一次，反接一次，则可得到互感系数为

$$M = \frac{1}{4}(L_{顺} - L_{反}) \qquad (6\text{-}17)$$

【例6-3】 电路如图6-14所示。已知 $L_1 = 1\mathrm{H}$，$L_2 = 2\mathrm{H}$，$M = 0.5\mathrm{H}$，$R_1 = R_2 = 1\mathrm{k\Omega}$，$u_S = 100\sqrt{2}\sin628t\mathrm{V}$。试求电流 i。

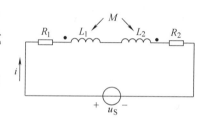

图6-14 例6-3图

解：由图可以看出，电感是反向串联的，根据已知条件，得

$$\begin{aligned}
Z &= R_1 + R_2 + \mathrm{j}\omega(L_1 + L_2 - 2M) \\
&= \left[2000 + \mathrm{j}628(1 + 2 - 2 \times 0.5)\right]\Omega \\
&= 2000 + \mathrm{j}1256\,\Omega \\
&= 2362 \angle 32.1°\,\Omega
\end{aligned}$$

又因为

$$\dot{U}_S = 100 \angle 0°\mathrm{V}$$

所以

$$\dot{I} = \frac{\dot{U}_S}{Z} = \frac{100 \angle 0°}{2362 \angle 32.1°}\mathrm{A} = 42.3 \angle -32.1°\mathrm{mA}$$

$$i = 42.3\sqrt{2}\sin(628t - 32.1°)\mathrm{mA}$$

6.2.2 耦合电感的并联

当耦合电感的两线圈并联时也有两种接法。一种接法是两线圈的同名端两两相接，称为耦合电感同侧并联（顺并），如图6-15a所示；另一种接法是两线圈的异名端两两相接，称为耦合电感异侧并联（反并），如图6-15b所示。

1. 耦合电感的同侧并联

在正弦稳态激励下，应用相量分析，则图6-15a所示的同侧并联相量模型如图6-16a所示。在给定电压、电流参考方向下，不计线圈电阻，根据 KCL 与 KVL 可列出以下方程式

$$\dot{U} = \mathrm{j}\omega L_1 \dot{I}_1 + \mathrm{j}\omega M \dot{I}_2$$

$$\dot{U} = \mathrm{j}\omega L_2 \dot{I}_2 + \mathrm{j}\omega M \dot{I}_1 \qquad (6\text{-}18)$$

$$\dot{I} = \dot{I}_1 + \dot{I}_2$$

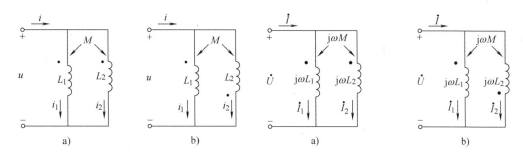

图 6-15　耦合电感的并联　　　　　　　图 6-16　耦合电感并联相量模型

a）耦合电感同侧并联　b）耦合电感异侧并联　　a）同侧并联相量模型　b）异侧并联相量模型

求解方程组可分别得到 $\dot{I}_1$ 和 $\dot{I}_2$，并可进一步推导出 $\dot{I}$ 的表达式

$$\dot{I} = \dot{I}_1 + \dot{I}_2 = \frac{(L_1 + L_2 - 2M)}{j\omega(L_1 L_2 - M^2)}\dot{U} \tag{6-19}$$

由此可得等效阻抗为

$$Z = \frac{\dot{U}}{\dot{I}} = j\omega\frac{L_1 L_2 - M^2}{L_1 + L_2 - 2M} = j\omega L_{eq} \tag{6-20}$$

即对于图 6-15a 所示的同侧并联等效电感为

$$L_{eq} = \frac{L_1 L_2 - M^2}{L_1 + L_2 - 2M} \tag{6-21}$$

在公式（6-18）中，列写 KCL 可得方程 $\dot{I}_2 = \dot{I} - \dot{I}_1$，$\dot{I}_1 = \dot{I} - \dot{I}_2$，将其分别代入式（6-18）电压方程中，则有

$$\left.\begin{array}{l}\dot{U} = j\omega L_1 \dot{I}_1 + j\omega M(\dot{I} - \dot{I}_1) = j\omega(L_1 - M)\dot{I}_1 + j\omega M\dot{I} \\ \dot{U} = j\omega L_2 \dot{I}_2 + j\omega M(\dot{I} - \dot{I}_2) = j\omega(L_2 - M)\dot{I}_2 + j\omega M\dot{I}\end{array}\right\} \tag{6-22}$$

由式（6-22）可以看出，可以用图 6-17c 所示电路来代替图 6-16a 所示电路。图 6-17c 是图 6-16a 消去互感后的等效电路，称为耦合电感同侧并联去耦等效电路的相量模型。把耦合互感电路化为等效的无互感电路的方法称为互感消去法，或称为去耦法。应用去耦法，可解决互感串、并联电路等效电感求解的问题。图 6-17a 所示是图 6-15a 所示相应的耦合电感同侧并联去耦等效电路。

2. 耦合电感的异侧并联

在正弦稳态激励下，应用相量分析，则图 6-15b 所示的相量模型如图 6-16b 所示。在给定电压、电流参考方向下，不计线圈电阻，根据 KCL 与 KVL 可列出以下方程式

$$\dot{U} = j\omega L_1 \dot{I}_1 - j\omega M\dot{I}_2$$

$$\dot{U} = j\omega L_2 \dot{I}_2 - j\omega M\dot{I}_1$$

$$\dot{I} = \dot{I}_1 + \dot{I}_2$$

求解方程组可分别得到 $\dot{I}_1$ 和 $\dot{I}_2$，并可进一步推到出 $\dot{I}$ 的表达式

$$\dot{I} = \dot{I}_1 + \dot{I}_2 = \frac{(L_1 + L_2 + 2M)}{j\omega(L_1 L_2 - M^2)}\dot{U}$$

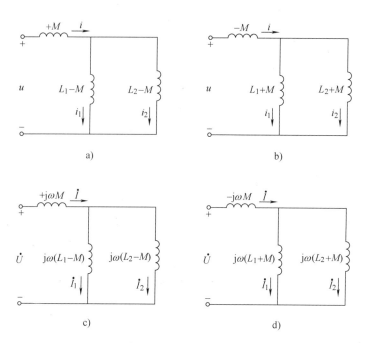

图 6-17 耦合电感并联的去耦等效电路

a）耦合电感同侧并联去耦等效电路　b）耦合电感异侧并联去耦等效电路

c）耦合电感同侧并联去耦等效电路相量模型　d）耦合电感异侧并联去耦等效电路相量模型

由此可得等效阻抗为

$$Z = \frac{\dot{U}}{\dot{I}} = j\omega \frac{L_1 L_2 - M^2}{L_1 + L_2 + 2M} = j\omega L_{eq}$$

即对于图 6-15b 所示的耦合电感异侧并联等效电感为

$$L_{eq} = \frac{L_1 L_2 - M^2}{L_1 + L_2 + 2M} \tag{6-23}$$

　　同理，图 6-17d 所示是图 6-16b 所示的消去互感后的耦合电感异侧并联去耦等效电路的相量模型。图 6-17b 所示是图 6-15b 相应的耦合电感异侧并联去耦等效电路。比较式（6-21）和式（6-23）可知，当同名端相接（同侧并联）时，耦合电感并联的等效电感大；反之，当异名端相接（异侧并联）时，耦合电感并联的等效电感小。因此，应注意同名端的连接对等效电路参数的影响。同时应该注意的是，在任何一种情况下，等效电感都不可能成为负值，即

$$L_{eq} = \frac{L_1 L_2 - M^2}{L_1 + L_2 \mp 2M} \geqslant 0$$

6.2.3　耦合电感的 T 形连接

　　如果耦合电感的两个线圈各取一端连接起来，就会与第三条支路形成一个仅含 3 条支路的共同节点，这个共同节点称为耦合电感的 T 形连接。显然，耦合电感的并联也属于 T 形连接。T 形连接也有两种接法：一种接法是将同名端相接，构成如图 6-18a 所示的同名端相接 T 形连接电路；另一种接法是将异名端相接，构成如图 6-18b 所示的异名端相接 T 形连接电路。

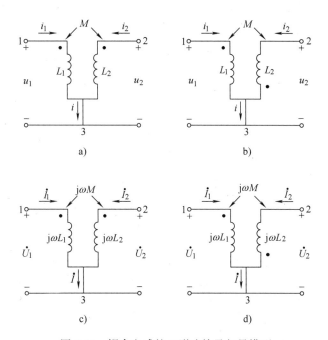

图 6-18　耦合电感的 T 形连接及相量模型

a）同名端相接 T 形连接电路　b）异名端相接 T 形连接电路

c）同名端相接 T 形连接相量模型　d）异名端相接 T 形连接相量模型

如图 6-18c 所示，根据互感电压与同名端的关系，可得端点间电压为

$$\dot{U}_1 = \mathrm{j}\omega L_1 \dot{I}_1 + \mathrm{j}\omega M \dot{I}_2$$
$$\dot{U}_2 = \mathrm{j}\omega L_2 \dot{I}_2 + \mathrm{j}\omega M \dot{I}_1$$

（6-24）

根据各支路电流的关系

$$\dot{I} = \dot{I}_1 + \dot{I}_2$$

可得

$$\dot{U}_1 = \mathrm{j}\omega L_1 \dot{I}_1 + \mathrm{j}\omega M (\dot{I} - \dot{I}_1) = \mathrm{j}\omega (L_1 - M) \dot{I}_1 + \mathrm{j}\omega M \dot{I}$$
$$\dot{U}_2 = \mathrm{j}\omega L_2 \dot{I}_2 + \mathrm{j}\omega M (\dot{I} - \dot{I}_2) = \mathrm{j}\omega (L_2 - M) \dot{I}_2 + \mathrm{j}\omega M \dot{I}$$

（6-25）

同理，异名端相接 T 形连接相量模型如图 6-18d 所示。根据互感电压与同名端的关系，可得端点间电压为

$$\dot{U}_1 = \mathrm{j}\omega L_1 \dot{I}_1 - \mathrm{j}\omega M \dot{I}_2$$
$$\dot{U}_2 = \mathrm{j}\omega L_2 \dot{I}_2 - \mathrm{j}\omega M \dot{I}_1$$

可推出

$$\dot{U}_1 = \mathrm{j}\omega (L_1 + M) \dot{I}_1 - \mathrm{j}\omega M \dot{I}$$
$$\dot{U}_2 = \mathrm{j}\omega (L_2 + M) \dot{I}_2 - \mathrm{j}\omega M \dot{I}$$

（6-26）

根据上述分析，从而可得到耦合电感 T 形连接时的去耦等效电路，如图 6-19 所示。

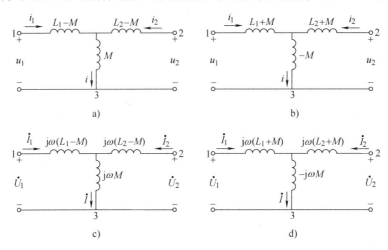

a)

b)

c)

d)

图 6-19　耦合电感 T 形连接时的去耦等效电路

a）同名端相接 T 形连接去耦等效电路　b）异名端相接 T 形连接去耦等效电路
c）同名端相接 T 形连接去耦等效相量模型　d）异名端相接 T 形连接去耦等效相量模型

【例 6-4】　求图 6-20a 和图 6-20b 所示电路的端口等效电感 L_{ab}。

解：图 6-20a 中两电感为异侧相接 T 形结构，去耦等效电路如图 6-20c 所示，则等效电感为

$$L_{ab} = \left(9 + \frac{-3 \times 12}{12 - 3} \right)\text{H} = 5\text{H}$$

图 6-20b 中 5H 和 6H 电感为同侧相接的 T 形结构，2H 和 3H 电感为异侧相接的 T 形结构，应用 T 形去耦等效得如图 6-20d 所示电路，则等效电感为

$$L_{ab} = \left[1 + 3 + \frac{3 \times (2+4)}{2 + 4 + 3} \right]\text{H} = 6\text{H}$$

【例 6-5】　求如图 6-21a 所示电路的端口复阻抗 Z_{ab}。

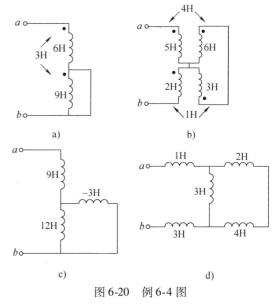

a)

b)

c)

d)

图 6-20　例 6-4 图

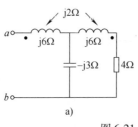

a)

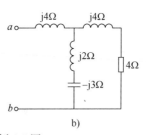

b)

图 6-21　例 6-5 图

解：图6-21a 中的电感为同侧相接的 T 形结构，其去耦等效电路如图 6-21b 所示，则复阻抗为

$$Z_{ab} = \left[j4 + \frac{(4+j4)(j2-j3)}{4+j4+j2-j3} \right]\Omega = \left[j4 + \frac{4-j4}{4+j3} \right]\Omega = \left[j4 + 0.16 - j1.12 \right]\Omega = (0.16 + j2.88)\Omega$$

6.2.4 含有耦合电感电路的计算

含耦合电感电路的分析计算有两种方法，一是"直接法"，二是去耦等效电路法。对于含有耦合电感的正弦电路，仍可采用相量法进行分析。原则上，前面介绍过的各种分析方法和网络定理均可运用，还应该注意耦合互感元器件的特殊性，那就是在考虑其电压时，不仅要涉及自感电压，还要涉及互感电压；而互感电压的确定又要顾及同名端的位置及电压、电流参考方向的选取，这就增加了列写电路方程的复杂性。鉴于互感电压是由流经另一线圈的支路电路引起的，即它与支路电流直接发生联系，故运用支路电流法分析互感电路，较之其他方法反而显得既方便又直观。此外，也可以运用回路分析法等其他方法。但是一般不直接运用节点法，因为连有互感元器件的节点，其电压可能是几个支路电流的多元函数，具有互感的支路电流与节点电压的关系不能用简单的表达式直接写出。当然，去耦后再运用节点法就没有问题了。

【例6-6】 在图 6-22a 所示的电路中，已知 $R_1 = 6\Omega$，$R_2 = 6\Omega$，$1/\omega C = 12\Omega$，$\omega L_1 = 4\Omega$，$\omega L_2 = 12\Omega$，$\omega M = 6\Omega$，$\dot{U} = 80 \angle 0°$V，试求当开关打开和闭合时的电流 $\dot{I}$。

解：（1）当开关打开时，电路中的耦合电感顺向串联连接，此时从 a、b 端看入的等效阻抗 Z 为

$$\begin{aligned} Z &= R_1 + R_2 + j\omega(L_1 + L_2 + 2M) + \frac{1}{j\omega C} \\ &= \left[6 + 6 + j(4 + 12 + 12) - j12 \right]\Omega \\ &= (12 + j16)\Omega \end{aligned}$$

故

$$\dot{I} = \frac{\dot{U}}{Z} = \frac{80 \angle 0°}{12 + j16}A = \frac{80 \angle 0°}{20 \angle 53.1°}A = 4 \angle -53.1°A$$

（2）当开关闭合时，电路中耦合电感作为异名端相接，以 T 形连接，其去耦等效电路如图 6-22b 所示，此时，从 a、b 端看入的等效阻抗 Z' 为

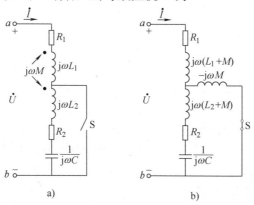

图6-22 例6-6图

$$Z' = R_1 + j\omega(L_1 + M) + \frac{-j\omega M\left[R_2 + j\omega(L_2 + M) + \dfrac{1}{j\omega C}\right]}{-j\omega M + R_2 + j\omega(L_2 + M) + \dfrac{1}{j\omega C}}$$

$$= \left[6 + j10 + \frac{-j6 \times (6 + j6)}{-j6 + 6 + j6}\right]\Omega$$

$$= (6 + j10 - j6 + 6)\Omega$$

$$= (12 + j4)\Omega$$

故

$$\dot{I} = \frac{\dot{U}}{Z'} = \frac{80\ \angle 0°}{12 + j4}A = \frac{80\ \angle 0°}{4\ \sqrt{10}\angle 18.4°}A = 2\sqrt{10}\angle -18.4°A = 6.32\ \angle -18.4°A$$

【例 6-7】 电路及参数如图 6-23a 所示。求流经 5Ω 电阻的电流 $\dot{I}$。

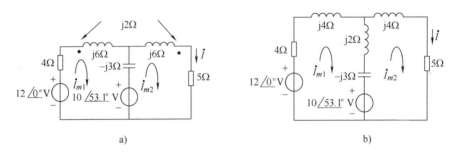

图 6-23   例 6-7 图

解：先用去耦法得到图 6-23a 所示的去耦等效电路，如图 6-23b 所示；再用网孔电流法求解。设电路电流如图所示，得电路方程如下

$$\begin{cases} (4 + j4 + j2 - j3)\dot{I}_{m1} - (j2 - j3)\dot{I}_{m2} = 12\ \angle 0° - 10\ \angle 53.1° \\ -(j2 - j3)\dot{I}_{m1} + (5 + j4 + j2 - j3)\dot{I}_{m2} = 10\ \angle 53.1° \end{cases}$$

整理后得

$$\begin{cases} (4 + j3)\dot{I}_{m1} + j\dot{I}_{m2} = 6 - j8 \\ j\dot{I}_{m1} + (5 + j3)\dot{I}_{m2} = 6 + j8 \end{cases}$$

则

$$\dot{I}_{m2} = 1.51\ \angle 34.3°A$$

$$\dot{I} = \dot{I}_{m2} = 1.51\ \angle 34.3°A$$

通过以上各例的分析和各种方法的运用，可以看出，含有耦合电感的电路分析原则与一般正弦电路的分析原则一样，不同的是要考虑互感电压。在列写电路方程时要特别注意的是，不要遗漏了互感电压项，不要搞错了互感电压项的正、负号。在运用戴维南定理时，更要注意不能把互感元件的两个线圈拆开。

6.3 变压器

学习任务

1）理解空心变压器电压与电流的关系。

2）掌握理想变压器电压、电流以及阻抗变换的关系。

变压器是利用电磁感应原理传输电能或电信号的器件，它具有变换电压、变换电流和变换阻抗的功能。比如，在电力系统中用电力变压器把发电机输出的电压升高后进行远距离传输，到达目的地后再用变压器把电压降低，以方便用户使用，以此减少传输过程中电能的损耗；在电子设备和仪器中，常用小功率电源变压器改变市电电压，再通过整流和滤波，得到电路所需要的直流电压；在放大电路中用耦合变压器传递信号或进行阻抗的匹配等。

变压器种类繁多，按照铁心与绕组的相互配置方式可分为心式变压器和壳式变压器；按照相数可分为单相变压器和多相变压器；按照绕组数可分为二绕组变压器和多绕组变压器；按照绝缘与散热方式可分为油浸式变压器、气体变压器和干式变压器等。

无论何种类型的变压器，其主要结构基本都是相似的，它通常由两个具有磁耦合的线圈组成，一个线圈与电源相接，称为一次线圈；另一个线圈与负载相接，称为二次线圈。常用的实际变压器有空心变压器和铁心变压器两种类型。所谓空心变压器，由两个绕在非铁磁材料制成的心子上、并用具有互感的绕组组成，其耦合系数较小，属于松耦合；铁心变压器由两个绕在铁磁材料制成的心子上、并用具有互感的绕组组成，其耦合系数可接近1，属于紧耦合。一般情况下，一次线圈与二次线圈的匝数不同，匝数多的线圈相应电压较高，因此称为高压线圈；反之，匝数少的线圈电压低，称为低压线圈。此外，变压器在正常运行时要发热，为防止变压器因过热而损坏，变压器必须采用一定的冷却方式和散热装置。

6.3.1 空心变压器

空心变压器是利用电磁感应原理制成的，可以用耦合电感来构成模型。图 6-24 所示是一个最简单的工作于正弦稳态下的空心变压器电路模型及等效电路。图中点画线线框内部分是空心变压器的相量模型，它由自感为 L_1 和 L_2、互感为 M 的耦合电感及电阻 R_1 和 R_2 组成，其中 R_1 和 R_2 分别为变压器一次线圈、二次线圈的电阻。

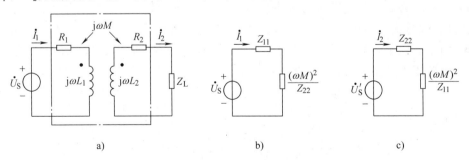

图 6-24　空心变压器电路模型及等效电路

a）空心变压器电路模型　b）一次侧等效电路　c）二次侧等效电路

设一次、二次电路电流相量分别为 $\dot{I}_1$ 和 $\dot{I}_2$，由 KVL 可得两电路的电压方程

$$\begin{cases} (R_1 + j\omega L_1)\,\dot{I}_1 - j\omega M\,\dot{I}_2 = \dot{U}_S \\ -j\omega M\,\dot{I}_1 + (R_2 + j\omega L_2 + Z_L)\,\dot{I}_2 = 0 \end{cases}$$

或简写为

$$\begin{cases} Z_{11}\dot{I}_1 - j\omega M\,\dot{I}_2 = \dot{U}_S \\ -j\omega M\,\dot{I}_1 + Z_{22}\dot{I}_2 = 0 \end{cases}$$

式中，$Z_{11} = R_1 + j\omega L_1$，$Z_{22} = R_2 + j\omega L_2 + Z_L$ 分别表示一次、二次电路的自阻抗，这是空心变压器电路的基本方程，由此可解得

$$\dot{I}_1 = \frac{Z_{22}\dot{U}_S}{Z_{11}Z_{22} + (\omega M)^2} = \frac{\dot{U}_S}{Z_{11} + \dfrac{(\omega M)^2}{Z_{22}}} \tag{6-27}$$

$$\dot{I}_2 = \frac{j\omega M\,\dot{U}_S}{Z_{11}Z_{22} + (\omega M)^2} = \frac{j\omega M\,\dot{I}_1}{Z_{22}} \tag{6-28}$$

由式（6-27）可得，空心变压器从一次线圈电源两端看进去的等效阻抗为

$$Z_i = Z_{11} + \frac{(\omega M)^2}{Z_{22}} \tag{6-29}$$

式中，$(\omega M)^2/Z_{22}$ 称为二次电路对一次电路的反映阻抗或引入阻抗，反映阻抗改变了二次电路阻抗的性质，反映了二次电路通过磁耦合对一次电路的影响。利用反映阻抗的概念，空心变压器从电源看进去的等效电路如图 6-24b 所示，该电路称为一次侧等效电路。由该等效电路可很方便地计算出一次电路的电流。

由式（6-28）可得空心变压器电路的二次侧等效电路，如图 6-24c 所示。图中电压源为

$$\dot{U}'_S = j\omega M \frac{\dot{U}_S}{Z_{11}}$$

式中，$\dot{U}'_S$ 是由互感引起的，相当于二次侧开路时由一次电流（$\dot{U}_S/Z_{11}$）在二次侧引起的互感电压；而 $(\omega M)^2/Z_{11}$ 则是一次侧对二次侧的反映阻抗。

另外，对空心变压器电路也可用去耦等效的方法进行分析。因为在图 6-24a 所示电路中，由电路下端相连得到图 6-25a 所示的电路，下端连线上无电流流过，所以对原电路无影响，但此时空心变压器中的耦合电感作 T 形连接，通过去耦等效得到图 6-25b 所示的等效电路，对该电路用正弦稳态的分析方法即可求解。

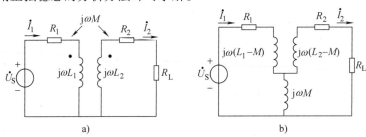

图 6-25　空心变压器电路的去耦等效电路

【例 6-8】 电路如图 6-24a 所示。已知 $R_1 = 20\Omega$，$R_2 = 0.08\Omega$，$R_L = 42\Omega$，$L_1 = 3.6\text{H}$，$L_2 = 0.06\text{H}$，$M = 0.465\text{H}$，$\omega = 314\text{rad/s}$，$\dot{U}_S = 115 \angle 0°\text{V}$，试求 $\dot{I}_1$、$\dot{I}_2$。

解： 应用初级等效电路可得

$$Z_{11} = R_1 + j\omega L_1 = (20 + j1130.4)\Omega$$

$$Z_{22} = R_2 + j\omega L_2 + Z_L = (42.08 + j18.85)\Omega$$

$$\frac{(\omega M)^2}{Z_{22}} = \frac{146^2}{46.11 \angle 24.1°}\Omega = 462.3 \angle -24.1°\Omega = (422 - j188.8)\Omega$$

则

$$\dot{I}_1 = \frac{Z_{22}\dot{U}_S}{Z_{11}Z_{22} + (\omega M)^2} = \frac{\dot{U}_S}{Z_{11} + \frac{(\omega M)^2}{Z_{22}}} = \frac{115 \angle 0°}{20 + j1130.4 + 422 - j188.8}\text{A} = 0.111 \angle -64.9°\text{A}$$

$$\dot{I}_2 = \frac{j\omega M \dot{I}_1}{Z_{22}} = \frac{j146 \times 0.111 \angle -64.9°}{42.08 + j18.85}\text{A} = \frac{16.2 \angle 25.1°}{46.11 \angle 24.1°}\text{A} = 0.351 \angle 1°\text{A}$$

6.3.2 理想变压器

铁心变压器是常见的实用变压器，也是电子设备中的重要器件，它不仅可以变换电压、电流，而且可以变换阻抗，故变压器又称为变量器。

对于变压器，从电路分析的角度首先将其模型化、理想化。理想变压器是实际变压器的理想化模型，是对互感元器件的理想科学抽象，是耦合电感满足下述 3 个理想化条件的极限情况。

1. 理想变压器的 3 个理想化条件

1）耦合电感无损耗，即线圈是理想的。

2）理想变压器无漏磁通，即耦合系数 $k = 1$，为全耦合。

3）自感系数 L_1、L_2 和互感系数 M 无限大，且 L_1/L_2 为常数。

在工程实际中不可能满足以上 3 个条件，但在一些实际工程概算中，在误差允许的范围内，把实际变压器当理想变压器对待，可使计算过程简化。以下介绍均针对线性变压器（即磁通与电流是线性关系）而言，理想变压器是一种线性非时变元器件。

2. 理想变压器的主要性能

理想变压器的示意图及其电路模型如图 6-26 所示。

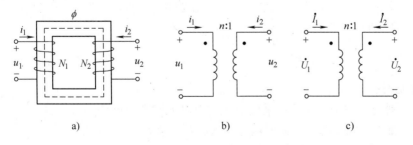

图 6-26 理想变压器的示意图及其电路模型

a）理想变压器示意图　b）理想变压器电路模型　c）理想变压器电路相量模型

如图 6-26 所示，理想变压器其形状与耦合电感相似，同名端仍然表示出两个线圈磁的耦合关系。但理想化使其有了本质的变化，其不再具有通常互感的含义，也不再用自感系数 L_1、L_2 和互感系数 M 来表示，惟一的参数是 N_1 与 N_2 之比，称为匝比或变比。变压器主要工作在正弦稳态电路中，画出其相量模型如图 6-26c 所示，两个电路模型的电压和电流的参考方向是可以任意设定的。满足上述 3 个理想条件的理想变压器与有互感的线圈有着质的区别，具有以下特殊性能。

（1）变压关系

理想变压器的一个重要特性是变压比。理想变压器的耦合系数为 1，说明一个线圈中电流产生的磁通全部与另一个线圈相交链，不存在漏磁通。显然 $\phi_{11} = \phi_{21}$，$\phi_{22} = \phi_{12}$，若设其一次、二次线圈的匝数分别为 N_1 和 N_2，则两个线圈的总磁链分别为

$$\begin{cases} \psi_1 = \psi_{11} + \psi_{12} = N_1(\phi_{11} + \phi_{12}) = N_1(\phi_{11} + \phi_{22}) = N_1\phi \\ \psi_2 = \psi_{22} + \psi_{21} = N_2(\phi_{22} + \phi_{21}) = N_2(\phi_{11} + \phi_{22}) = N_2\phi \end{cases}$$

式中，$\phi_{11} + \phi_{22}$ 称为主磁通。在如图 6-26b 所示的参考方向下，主磁通的变化在一次、二次线圈分别产生感应电压为

$$u_1 = \frac{\mathrm{d}\psi_1}{\mathrm{d}t} = N_1 \frac{\mathrm{d}\phi}{\mathrm{d}t}$$

$$u_2 = \frac{\mathrm{d}\psi_2}{\mathrm{d}t} = N_2 \frac{\mathrm{d}\phi}{\mathrm{d}t}$$

故得
$$\frac{u_1}{u_2} = \frac{N_1}{N_2} = n \tag{6-30}$$

式中，$n = N_1/N_2$ 为匝比或变比，它为正实数，是理想变压器的惟一参数。

同理，在正弦稳态下其相量形式为

$$\frac{\dot{U}_1}{\dot{U}_2} = \frac{N_1}{N_2} = n \tag{6-31}$$

式（6-30）说明，理想变压器输入端和输出端的电压比等于匝数比。若线圈匝数 $N_1 > N_2$（即 $n > 1$），则有 $u_1 > u_2$，此时理想变压器为降压变压器；若线圈匝数 $N_1 < N_2$（即 $n < 1$），则有 $u_1 < u_2$，此时理想变压器为升压变压器。另外，由式（6-31）以及 n 为正实数的结论可知，理想变压器一次、二次线圈电压同相。

需要注意的是，理想变压器的变压关系与两线圈中电流参考方向的假设无关，但与电压极性的设置有关。若 u_1、u_2 的参考方向的"+"极性端一个被设在同名端，一个被设在异名端，如图 6-27 所示，则此时 u_1 与 u_2 之比为

$$\frac{u_1}{u_2} = -\frac{N_1}{N_2} = -n \tag{6-32}$$

（2）变流关系

理想变压器的另一个重要特性是变电流。设电流参考方向与同名端之间的关系如图 6-26b 所示，根据耦合电感伏安关系为

$$u_1 = L_1 \frac{\mathrm{d}i_1}{\mathrm{d}t} + M \frac{\mathrm{d}i_2}{\mathrm{d}t}$$

将上式从 $-\infty$ 到 t 积分，则有

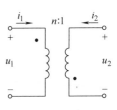

图 6-27　理想变压器
变压、变电流关系
的另一种配置

$$\int_{-\infty}^{t} u_1(t)\,\mathrm{d}t = L_1 i_1 + M i_2$$

$$i_1 = \frac{1}{L_1} \int_{-\infty}^{t} u_1(t)\,\mathrm{d}t - \frac{M}{L_1} i_2 \tag{6-33}$$

由于 $N_1\phi_{11} = L_1 i_1$，$N_1\phi_{12} = M i_2$，$N_2\phi_{22} = L_2 i_2$，$N_2\phi_{21} = M i_1$，且 $k=1$，代入 $\phi_{11} = \phi_{21}$，$\phi_{22} = \phi_{12}$ 中，所以有

$$\frac{L_1}{M} = \frac{M}{L_2} = \sqrt{\frac{L_1}{L_2}} = \frac{N_1}{N_2} = n$$

式（6-33）可表示为

$$i_1 = \frac{1}{L_1} \int_{-\infty}^{t} u_1(t)\,\mathrm{d}t - \frac{1}{n} i_2$$

式中，u_1 为有限值。若 $L_1 \to \infty$，即当满足理想化的第三个条件时，得

$$i_1 = -\frac{1}{n} i_2 \quad 或 \quad \frac{i_1}{i_2} = -\frac{1}{n}$$

则

$$\frac{i_1}{i_2} = -\frac{N_2}{N_1} = -\frac{1}{n} \tag{6-34}$$

即电流比等于负的匝比倒数。

同理，正弦稳态下其相量形式为

$$\frac{\dot{I}_1}{\dot{I}_2} = -\frac{N_2}{N_1} = -\frac{1}{n} \tag{6-35}$$

需要注意的是，理想变压器的变流关系与两线圈上电压参考方向的假设无关，但与电流参考方向的设置有关。若 i_1、i_2 的参考方向一个是从同名端流入，另一个是从同名端流出，如图 6-27 所示，则此时 i_1 与 i_2 之比为

$$\frac{i_1}{i_2} = \frac{N_2}{N_1} = \frac{1}{n} \tag{6-36}$$

通过上述分析，可以得到如图 6-26b 和图 6-27 所示的理想变压器的伏安关系，即

$$\begin{cases} u_2 = \dfrac{1}{n} u_1 \\[2mm] i_1 = -\dfrac{1}{n} i_2 \end{cases} \tag{6-37}$$

与

$$\begin{cases} u_2 = -\dfrac{1}{n} u_1 \\[2mm] i_1 = \dfrac{1}{n} i_2 \end{cases} \tag{6-38}$$

可以看出，式（6-37）是两个代数关系式。可见，理想变压器是一种无记忆元器件，也称为即时元器件。它只具有按式（6-37）改变电压、电流的能力；不论电压、电流是直流还是交流，电路是暂态还是稳态，都没有电感或耦合电感元件的作用。故图 6-26b 所示的理想变压器电路模型也可以表示为图 6-28 所示的理想变压器等效受控源的电路模型。

为了使用方便，将式（6-37）和式（6-38）统一起来，且使公式中不出现负号，可按如

下方式选定电压和电流的参考方向，即 u_1 和 u_2 的参考方向均选定从同名端指向另一端；i_1 流入同名端，而 i_2 流出同名端。例如，若将图 6-26b 中的 i_2 选择为相反的方向，而图 6-27 中的 u_2 选择为相反的方向，则这时理想变压器的伏安关系将统一为

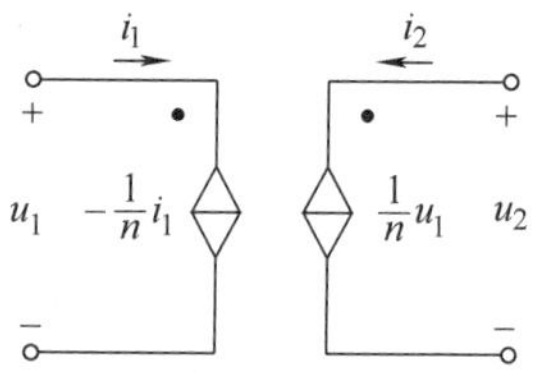

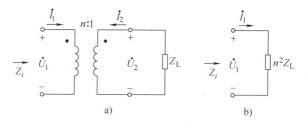

图 6-28　理想变压器等效受控源的电路模型

$$\begin{cases} u_2 = \dfrac{1}{n} u_1 \\ i_1 = \dfrac{1}{n} i_2 \end{cases} \quad 或 \quad \begin{cases} \dot{U}_2 = \dfrac{1}{n} \dot{U}_1 \\ \dot{I}_1 = \dfrac{1}{n} \dot{I}_2 \end{cases} \qquad (6\text{-}39)$$

（3）变阻抗关系

理想变压器除了具有变换电压、变换电流的作用外，还有变换阻抗的作用，以实现阻抗匹配。理想变压器电路如图 6-29a 所示。

图 6-29　理想变压器电路及阻抗变换后的等效电路

a）理想变压器电路　b）阻抗变换后的等效电路

当理想变压器二次侧接有阻抗为 Z_L 的负载时，由理想变压器的变压、变流关系可得一次侧的输入阻抗为

$$Z_i = \frac{\dot{U}_1}{\dot{I}_1} = \frac{n\dot{U}_2}{\frac{1}{n}\dot{I}_2} = n^2 \left(\frac{\dot{U}_2}{\dot{I}_2} \right) = n^2 Z_L \qquad (6\text{-}40)$$

由以上分析可知，理想变压器输入端的等效阻抗与负载阻抗成正比，比例常数是变压器匝比的平方。二次侧阻抗折合到一次侧的经阻抗变换后的等效电路如图 6-29b 所示，把 Z_i 称为二次侧对一次侧的折合等效阻抗。换言之，理想变压器具有变换阻抗的功能，二次侧折算到一次侧后，阻抗扩大了 n^2 倍，而一次侧电流 $\dot{I}_1$ 保持不变；一次侧折算到二次侧后，阻抗缩小了 $1/n^2$ 倍，即 $|Z_L| = \dfrac{1}{n^2}|Z_i|$。利用这一特性，即可达到阻抗匹配的目的。

若负载为纯电阻 R_L 时，则一次侧的输入阻抗也变为纯电阻性，其值为

$$R_i = \frac{u_1}{i_1} = \frac{nu_2}{\frac{1}{n}i_2} = n^2 \left(\frac{u_2}{i_2} \right) = n^2 R_L \qquad (6\text{-}41)$$

在实际电路中，理想变压器的阻抗变换特性得到广泛的应用。例如，在电信工程中常利用理想变压器来变换阻抗，以达到匹配传输的目的。在晶体管收音机中，把输出变压器接在扬声器和功率放大器之间，使放大器得到最佳负载，从而使负载得到最大功率，这也是利用了变压器具有阻抗变换这一特性。

需要注意的是，理想变压器的阻抗变换性质只改变阻抗的大小，不改变阻抗的性质。

（4）传输能量

由理想变压器的变压、变流关系得一次侧与二次侧吸收的功率和为

$$p = u_1 i_1 + u_2 i_2 = u_1 i_1 + \frac{1}{n} u_1 \times (-n i_1) = 0 \qquad (6-42)$$

上式表明，理想变压器既不被储能，也不被耗能，在电路中只起传递信号和能量的作用。如果在理想变压器的二次侧接上负载，那么一次侧电源提供的功率就将全部传输到负载上，即理想变压器本身消耗的功率为零。

综上所述，理想变压器是一种线性无损耗器件。它的唯一作用是按匝比 n 变换电压、电流和阻抗，也就是说，表征理想变压器的参数仅仅是匝比 n。在实际应用中，用高磁导率的铁磁材料作铁心的实际变压器，在绕制线圈时如果能使两个绕组的耦合系数 k 接近于 1，那么实际变压器的性能将接近于理想变压器，可近似地当做理想变压器来分析和计算。

【例 6-9】 电路如图 6-30a 所示，已知 $\dot{U}_S = 10 \angle 0° \text{V}$，$R_1 = 1\Omega$，负载 $R_2 = 50\Omega$，试求负载电阻上的电压 $\dot{U}_2$。

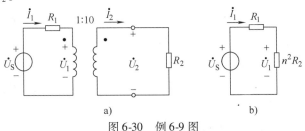

图 6-30 例 6-9 图

解： 利用阻抗变换关系将二次电阻折合到一次侧为

$$R_i = n^2 R_2 = \frac{50}{100}\Omega = 0.5\Omega$$

从而可以得到等效一次电路如图 6-30b 所示，由此可得

$$\dot{I}_1 (R_1 + R_i) = \dot{U}_S$$

$$\dot{I}_1 R_i = \dot{U}_1$$

所以

$$\dot{U}_1 = \dot{U}_S \frac{R_i}{R_1 + R_i} = 10 \angle 0° \times \frac{0.5}{1 + 0.5} \text{V} = 3.33 \angle 0° \text{V}$$

$$\dot{U}_2 = \frac{1}{n} \dot{U}_1 = 10 \dot{U}_1 = 33.3 \angle 0° \text{V}$$

【例 6-10】 已知信号源电动势 $E = 6\text{V}$，内阻 $r = 100\Omega$，扬声器的电阻 $R = 8\Omega$。（1）计算直接将扬声器接到信号源上时的输出功率。（2）若用 $N_1 = 300$ 匝、$N_2 = 100$ 匝的变压器耦合，则输出功率是多少？（3）若使输出功率达到最大，问匝数比为多少？此时输出功率等于多少？

解：（1）如图 6-31a 所示，当直接把扬声器接到信号源上时，输出功率为

$$P = I^2 R = \left(\frac{E}{R + r}\right)^2 R = \left(\frac{6}{8 + 100}\right)^2 \times 8 \text{W} = 25\text{mW}$$

（2）如图 6-31b 所示，当通过变压器耦合时，输出功率可利用变压器的输入等效电路来

计算。

从一次侧（输入等效电路）看，扬声器的一次侧输入阻抗为

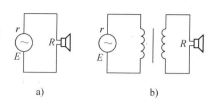

$$R' = \left(\frac{N_1}{N_2}\right)^2 R = \left(\frac{300}{100}\right)^2 \times 8\Omega = 72\Omega$$

图 6-31 例 6-10 图

a) 直接连接 b) 经变压器耦合连接

输出功率为 $\quad P = \left(\frac{E}{R'+r}\right)^2 R' = \left(\frac{6}{72+100}\right)^2 \times 72\mathrm{W} = 88\mathrm{mW}$

（3）若使输出功率达到最大，则要求扬声器的一次侧输入阻抗 $R' = r = 100\Omega$，即阻抗匹配。

因为 $\qquad R' = \left(\frac{N_1}{N_2}\right)^2 R = \left(\frac{N_1}{N_2}\right)^2 \times 8\Omega = 100\Omega$

所以 $\qquad \frac{N_1}{N_2} = \sqrt{\frac{R'}{R}} = \sqrt{\frac{100}{8}} = 3.54 \approx 4$

输出功率为 $\qquad P = \left(\frac{E}{R'+r}\right)^2 R' = \left(\frac{6}{100+100}\right)^2 \times 100\mathrm{W} = 90\mathrm{mW}$

可见，扬声器的电阻 $R = 8\Omega$，与信号源内阻 $r = 100\Omega$ 相差甚远，不匹配，若直接接上，则输出功率较小。若经变压器耦合，则负载阻抗与内阻（72Ω 与 100Ω）都比较接近，使输出功率变大。

6.4 技能训练 互感电路的观测

1. 实训目的

1）学会互感电路同名端、互感系数以及耦合系数的测定方法。

2）理解两个线圈相对位置的改变以及用不同材料制作线圈铁心时对互感的影响。

2. 原理说明

（1）判断互感线圈同名端的方法

1）直流法。电路如图 6-32 所示。在开关 S 闭合的瞬间，若毫安表的指针正偏，则可断定"1"、"3"为同名端；若指针反偏，则"1"、"4"为同名端。

2）交流电压法。

电路如图 6-33 所示。将两个绕组 N_1 和 N_2 的任意两端（如 2、4 端）联在一起，在其中的一个绕组（如 N_1）两端加一个低电压，另一绕组（如 N_2）开路，用交流电压表分别测出端电压 U_{13}、U_{12} 和 U_{34}。若 $U_{13} = U_{12} - U_{34}$，即是两个绕组端电压之差，则 1、3 是同名端；若 $U_{13} = U_{12} + U_{34}$，即是两绕组端电压之和，则 1、4 是同名端。

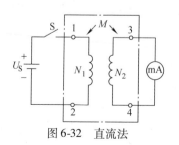

图 6-32 直流法

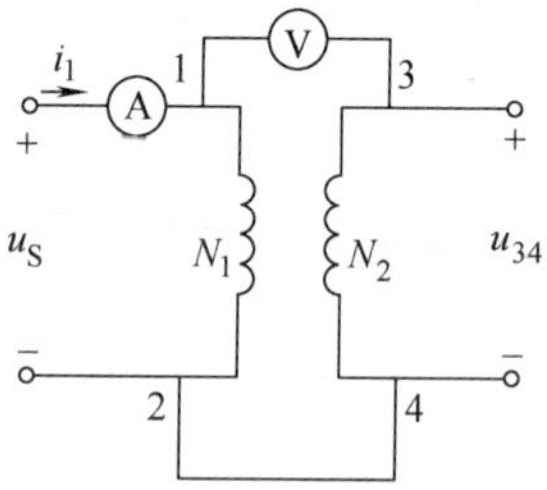

图 6-33 交流法

（2）两线圈互感系数 M 的测定

1）利用感应电压测量互感系数。在图 6-33 所示的 N_1 侧施加角频率为 ω 低压交流电压 u_S，线圈 3、4 端开路，则 3、4 两端的开路电压为 $U_{34} = \omega M I_1$，其中 I_1 是线圈 1、2 端的电流有效值。这样，可算得互感系数为 $M = U_{34} / \omega I_1$。

需要指出的是，为了减少测量误差，应尽量选用内阻较大的电压表和内阻较小的电流表。

2）利用两个互感耦合线圈串联测量互感系数。在两线圈顺接串联后，若两端接角频率为 ω 的正弦电压源 U_1，用电流表测量电流为 $I_{顺}$，则顺接串联后的等效电感为 $L_{顺} = U_1 / \omega I_{顺}$；在两线圈反接串联后，若两端也接角频率为 ω 的正弦电压源 U_1，用电流表测量电流为 $I_{反}$，则反接串联后的等效电感为 $L_{反} = U_1 / \omega I_{反}$。设两线圈的自感系数分别为 L_1、L_2，根据两线圈顺接串联、反接串联的等效电感的关系，有

$$\begin{cases} L_{顺} = L_1 + L_2 + 2M = \dfrac{U_1}{\omega I_{顺}} \\[2mm] L_{反} = L_1 + L_2 - 2M = \dfrac{U_1}{\omega I_{反}} \end{cases}$$

解上述方程组，得耦合线圈的互感系数为

$$M = \frac{L_{顺} - L_{反}}{4} = \frac{\dfrac{U_1}{\omega I_{顺}} - \dfrac{U_1}{\omega I_{反}}}{4} \tag{6-43}$$

（3）耦合系数 k 的测定

两个互感线圈耦合松紧的程度可用耦合系数 k 来表示，即

$$k = \frac{M}{\sqrt{L_1 L_2}}$$

利用电感元件阻抗特性的测定方法，可测出感抗 X_{L1} 和 X_{L2}；再用公式 $L_1 = X_{L1} / \omega$ 和 $L_2 = X_{L2} / \omega$ 求出各自的自感系数 L_1 和 L_2；最后，结合互感系数 M，计算出耦合系数 k。

3. 实训设备（见表 6-1）

表 6-1　实训设备

序　号	名　称	型号与规格	数　量
1	数字直流电压表	0～200V	1
2	数字直流电流表	0～200mA	2
3	交流电压表	0～500V	1
4	交流电流表	0～5A	1
5	空心互感线圈	N_1 为大线圈，N_2 为小线圈	1 对
6	直流稳压电源	0～30V	1
7	电阻器	30Ω/2W，510Ω/2W	各 1 个
8	电容	220μF	1
9	粗、细铁棒、铝棒		各 1 个

4. 实训内容

（1）分别用直流法和交流法测定互感线圈的同名端

在两线圈内插入一个公共 U 型铁心，以增强耦合的程度，分别用如图 6-32、图 6-33 所示的直流法（直流电源 $U = 5V$）和交流电压法（交流电源幅值为 7.5V、$f = 50Hz$），测定耦合线圈的同名端，将测量数据记入表 6-2 中，并记下两线圈的同名端标号。注意这两种方法测定的同名端是否相同。

表 6-2　判断同名端的实训数据

	方　法	U_{12}/V	U_{13}/V	U_{34}/V	同　名　端
实 测 数 据	直流法				
	交流法				

（2）测定互感耦合线圈的互感系数

按图 6-34a 所示接线，电压源是幅值为 1V、频率为 1kHz 的正弦电压，测量线圈 L_1 与 L_2 顺接串联时的电流 $I_{顺}$，记入表 6-3 中；按图 6-34b 所示接线，测量 L_1 与 L_2 反接串联时的电流 $I_{反}$，记入表 6-3 中，并由式 6-43 计算出互感 M。

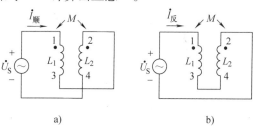

a)　　　　　　　　　　　　b)

图 6-34　互感系数测量电路

表 6-3　测定互感系数的实训数据

		$I_{顺}/\mu A$	$L_{顺}/mH$	M/mH
实 测 数 据	顺接串联			
	反接串联	$I_{反}/\mu A$	$L_{反}/mH$	

（3）测定互感耦合线圈的耦合系数

按图 6-35a 所示接线，电压源是幅值为 1V、频率为 1kHz 的正弦电压，将交流电流表串入电路测出电流 I_1，将测量数据记入表 6-4 中，并利用公式 $L_1 = U_{12}/\omega I_1$ 求出自感系数 L_1；按图 6-35b 所示接线，测出电流 I_2，将测量数据记入表 6-4 中，并利用公式 $L_2 = U_{34}/\omega I_2$ 求出自感系数 L_2。据公式 $k = M/\sqrt{L_1 L_2}$ 计算出耦合系数。

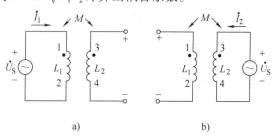

a)　　　　　　　　　　　　b)

图 6-35　耦合系数测量电路

表 6-4　测定耦合系数的实训数据

实测数据	L_2 开路	U_{12}/V	$I_1/\mu A$	L_1/mH	k
	L_1 开路	U_{34}/V	$I_2/\mu A$	L_2/mH	

5. 注意事项

1）在整个实验过程中，流过两个线圈的电流不得超过规定值；所加电压不要超过耦合线圈的额定电压。

2）在测定同名端及其他实验中，都应将小线圈套在大线圈中，并行插入铁心中。

6. 预习思考

1）为什么要标注同名端？

2）互感电压的参考方向如何确定？

3）在实际中使用的线圈和耦合电感之间的关系是什么？

4）除了在实训原理与说明中介绍的测定同名端的方法外，还有没有其他方法？

5）根据实训内容（3）的实验结果，讨论互感对输入端阻抗的影响。

6）影响互感 M 的因素有哪些？

7. 实训报告

1）写出实训步骤，将测量结果和计算值填入表 6-2、表 6-3、表 6-4 中。

2）根据实训中观测到的现象，讨论互感与哪些因素有关。

3）回答"预习思考"中的问题。

单元回顾

1. 互感现象

当一个线圈中通过的电流变化时，所产生的磁通穿过另一个线圈并产生感应电压的现象，称为互感现象或磁耦合。互感是电磁感应的基本内容之一。

2. 互感系数

定义为 $M_{21} = \psi_{21}/i_1$ 或 $M_{12} = \psi_{12}/i_2$，一般情况下 $M_{12} = M_{21} = M$。

互感 M 取决于两个线圈的几何尺寸、匝数、相对位置和磁介质。当磁介质为非铁磁性物质时，M 是常数。

3. 耦合系数

耦合系数 k 表示两个线圈磁耦合的紧密程度，定义为 $k = M/\sqrt{L_1 L_2}$。

4. 耦合电感的伏安关系

耦合电感是具有磁耦合的多个线圈的电路模型，以两个线圈为例，由 L_1、L_2 和 M 三个参数来表征理想化耦合电感。设两个线圈电压、电流分别取关联参考方向，则有

$$u_1 = \frac{d\psi_1}{dt} = L_1 \frac{di_1}{dt} \pm M \frac{di_2}{dt}$$

$$u_2 = \frac{d\psi_2}{dt} = L_2 \frac{di_2}{dt} \pm M \frac{di_1}{dt}$$

其相量形式为

$$\dot{U}_1 = j\omega L_1 \dot{I}_1 \pm j\omega M \dot{I}_2$$

$$\dot{U}_2 = j\omega L_2 \dot{I}_2 \pm j\omega M \dot{I}_1$$

在上面两式中，若线圈电压、电流取关联参考方向，则自感电压取正，否则取负；当两个线圈电流产生的磁通相互增强时，互感电压取正，否则取负。

5. 耦合电感的同名端

互感线圈产生的互感电压的极性与线圈的相对绕向有关。为了便于判断，引入同名端的概念。对于同名端，最简单的理解是两线圈绕法相同的一对端子称为同名端，或所起作用相同的一对端子称为同名端。进一步可理解为，若两电流分别流入这对端子，使线圈中的磁通相互增强的一对端子，或线圈产生互感电压与自感电压方向相同的一对端子称为同名端。

6. 耦合电感的连接及去耦等效

（1）耦合电感的串联

耦合电感串联等效电感为

$$L_{eq} = L_1 + L_2 \pm 2M$$

式中，当顺向串联时，M 前符号取正；当反向串联时，M 前符号取负。

（2）耦合电感的并联

耦合电感并联时的等效电感为

$$L_{eq} = \frac{L_1 L_2 - M^2}{L_1 + L_2 \mp 2M}$$

式中，当同侧并联（顺并）时，M 前符号取负；当异侧并联（反并）时，M 前符号取正。

（3）耦合电感的 T 形连接

三端连接的耦合电感可等效为由 3 个无耦合电感构成的 T 形电路。去耦等效电路如图 6-19a 所示。

7. 空心变压器

变压器是利用耦合线圈间的磁耦合来实现传递能量或信号的器件。一般地，变压器线圈绕在铁心上耦合系数接近 1，习惯称为铁心变压器；变压器线圈绕在非铁磁材料的心子上，线圈的耦合系数比较小，习惯称为空心变压器。

空心变压器电路分析依据的是耦合电感的伏安关系。分析常用的方法有列方程法、反映阻抗法、去耦等效法。

8. 理想变压器

理想变压器是实际变压器的理想化模型，是对互感元器件的理想科学抽象。理想变压器只有一个参数，即匝比 n。由于同名端不同，所以理想变压器有两个 VCR，但可以统一。按以下方法选定电压、电流参考方向，即 u_1 和 u_2 的参考方向均选定从同名端指向另一端；电流 i_1 流入同名端，而 i_2 流出同名端。这时，理想变压器的伏安关系统一为

$$\begin{cases} u_2 = \dfrac{1}{n}u_1 \\ i_1 = \dfrac{1}{n}i_2 \end{cases} \quad \text{或} \quad \begin{cases} \dot{U}_2 = \dfrac{1}{n}\dot{U}_1 \\ \dot{I}_1 = \dfrac{1}{n}\dot{I}_2 \end{cases}$$

理想变压器除了具有变换电压、变换电流的作用外，还有变换阻抗的作用，以实现匹配。当理想变压器二次侧接有阻抗为 Z_L 的负载时，由理想变压器的变压、变流关系可得一次侧的输入阻抗为

$$Z_i = \frac{\dot{U}_1}{\dot{I}_1} = \frac{n\dot{U}_2}{\frac{1}{n}\dot{I}_2} = n^2\left(\frac{\dot{U}_2}{\dot{I}_2}\right) = n^2 Z_L$$

即理想变压器输入端的等效阻抗与负载阻抗成正比，比例常数是变压器匝比的平方。

思考与练习

1. 填空题

1）互感系数简称为互感，用_____表示，其国际单位是____。它是线圈之间的固有参数，它取决于两线圈的_____、_____、_____和_____。

2）两线圈互相靠近，其耦合程度用耦合系数 k 表示，k 的表达式为_____，其取值范围是_____，当 $k=1$ 时成为_____。

3）已知两线圈，$L_1 = 12\text{mH}$，$L_2 = 3\text{mH}$，若 $k=0.4$，则 $M =$ _____；若两线圈全耦合，则 $M =$ ____。

4）有耦合电感的两线圈，$L_1 = 0.4\text{H}$，$L_2 = 0.1\text{H}$，耦合系数 $k=0.5$，电压、电流、磁链的参考方向均关联，且符合右手螺旋定则，已知 $i_1 = \sqrt{2}\sin 314t\text{A}$，$i_2 = 0\text{A}$，则 $M =$ _____，$\dot{U}_1 =$ _____，$\dot{U}_2 =$ _____。

5）有耦合电感的两线圈，$L_1 = 1\text{H}$，$L_2 = 2\text{H}$，$M = 1\text{H}$，将其顺向串联后，其等效电感 $L_{顺} =$ _____，将其反向串联后，其等效电感 $L_{反} =$ _____；将其同名端并联后，其等效电感为____，将其异名端并联后，其等效电感为____。

6）理想变压器的电压比为 $3:1$，若一次输入 6V 的交流电压，则二次电压为_____。

7）若理想变压器的匝比为 3，在变压器的二次侧接上 3Ω 的负载电阻，相当于直接在一次侧接上_____电阻。

8）有一信号源，内阻为 600Ω，负载阻抗为 150Ω，欲使负载获得最大功率，必须在电源和负载之间接一匹配变压器，变压器的电压比应为_____。

2. 试标出图 6-36 所示的耦合线圈的同名端。

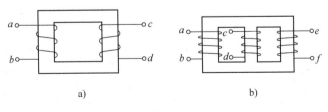

a)   b)

图 6-36　题 2 图

3. 互感线圈如图 6-37 所示。已知同名端和各线圈上电压和电流的参考方向，试写出每一互感线圈上的电压和电流的关系。

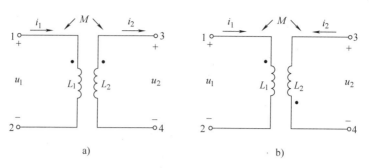

图 6-37   题 3 图

4. 当互感线圈顺向串联时，等效电感为 8H；当互感线圈反向串联时，等效电感为 4H，且 $L_2 = 2L_1$，求 L_1、L_2 和 M 各是多少？

5. 求图 6-38 所示电路的端口等效电感 L_{ab}。

6. 求图 6-39 所示电路的端口复阻抗 Z_{ab}。

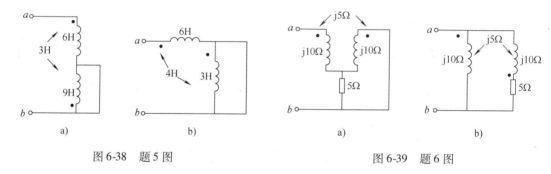

图 6-38   题 5 图   图 6-39   题 6 图

7. 两线圈串联电路如图 6-40 所示。已知 $L_1 = 1.5\text{mH}$，$L_2 = 2.5\text{mH}$，$M = 1\text{mH}$，电源电压 $u = 10\sqrt{2}\sin 1000t\text{V}$。试求电流 i。

8. 两线圈串联电路如图 6-41 所示。已知 $R_1 = 3\Omega$，$R_2 = 7\Omega$，$\omega L_1 = 9.5\Omega$，$\omega L_2 = 10.5\Omega$，$\omega M = 5\Omega$，电流 $\dot{I} = 2\angle 0°\text{A}$，求电压 $\dot{U}$。

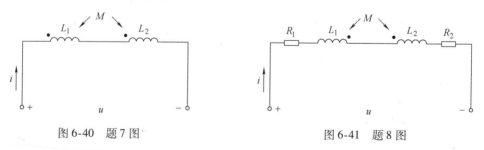

图 6-40   题 7 图   图 6-41   题 8 图

9. 电路如图 6-42 所示。已知 $R_1 = 3\Omega$，$R_2 = 5\Omega$，$\omega L_1 = 7.5\Omega$，$\omega L_2 = 12.5\Omega$，$\omega M = 6\Omega$，$\dot{U} = 50\angle 0°\text{V}$，试求当开关打开和闭合时的电流 $\dot{I}$、$\dot{I}_1$。

10. 电路如图 6-43 所示。已知 $j\omega L_1 = j4\Omega$，$\omega L_2 = j3\Omega$，$j\omega M = j2\Omega$，$1/j\omega C = -j2\Omega$，$R = 2\Omega$，$\dot{U} = 10\angle 0°\text{V}$，试求电流 $\dot{I}_1$、$\dot{I}_2$。

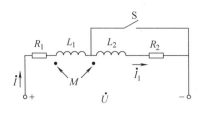

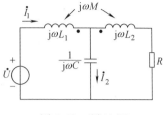

图 6-42　题 9 图　　　　　　　　图 6-43　题 10 图

11. 在图 6-44 所示的空心变压器电路中，已知 $L_1 = 0.2\mathrm{H}$，$L_2 = 0.1\mathrm{H}$，$M = 0.1\mathrm{H}$，$R = 10\Omega$，$\dot{U}_S = 142.3\sin1000t\mathrm{V}$，试求电压 $\dot{I}_1$。

12. 有一理想变压器，一次侧线圈被接在 220V 的正弦电压上，测得二次侧线圈的端电压为 20V，若一次侧线圈匝数为 220 匝，则求变压器的电压比和二次侧线圈的匝数各为多少？

13. 电路如图 6-45 所示。已知 $\dot{U}_S = 110\angle0°\mathrm{V}$，$R_1 = 5\Omega$，负载 $R_2 = 200\Omega$，试求 $\dot{I}_1$、$\dot{I}_2$、$\dot{U}_2$。

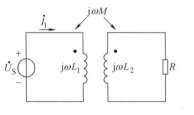

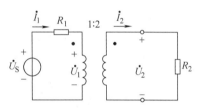

图 6-44　题 11 图　　　　　　　　图 6-45　题 13 图

14. 某晶体管收音机原配有 8Ω 的扬声器负载，欲改接 4Ω 的扬声器。已知输出变压器的一次、二次线圈匝数分别为 240 匝和 60 匝，若一次绕组匝数不变，则问二次绕组的匝数应如何变动才能使阻抗重新匹配？

15. 在收音机的输出电路中，其最佳负载为 1152Ω，而扬声器的电阻 $R_L = 8\Omega$，若要电路匹配，则该变压器的电压比应多大？

第7单元　Multisim 简介

7.1　概述

学习任务

1）了解 Multisim10 的功能及特点。

2）了解 EWB。

Multisim10 用软件的方法虚拟电子与电工元器件，虚拟电子与电工仪器和仪表，实现了"软件即元器件"、"软件即仪器"。它是一个电路设计、电路功能测试的虚拟仿真软件。

7.1.1　功能与特点

Multisim 是 Interactive Image Technologies（Electronics Workbench）公司推出的以 Windows 为基础的仿真工具，适用于初级的模拟/数字电路板的设计工作。它包含了电路原理图的图形输入、电路硬件描述语言输入方式，具有丰富的仿真分析能力。工程师们可以使用 Multisim 交互式地搭建电路原理图，并对电路进行仿真。Multisim 提炼了 SPICE 仿真的复杂内容，这样使用者无需懂得深入的 SPICE 技术就可以很快地进行捕获、仿真和分析新的设计，这也使其更适合电子学教育。通过 Multisim 和虚拟仪器技术，使用者可以完成从理论到原理图捕获与仿真，再到原型设计和测试这样一个完整的综合设计流程。为适应不同的应用场合，Multisim 推出了许多版本，用户可以根据自己的需要加以选择。

EDA 软件所能提供的元器件的多少以及元器件模型的准确性都直接决定了该 EDA 软件的质量和易用性。Multisim 为用户提供了丰富的元器件，并以开放的形式管理元器件，使得用户能够自己添加所需要的元器件。Multisim 计算机仿真软件不仅提供了丰富的元器件库，而且具有多种分析仪器仪表和完备的分析功能，并且用户界面友好，整个操作界面就像一个电子实验工作台，尤其是多种可放置到设计电路中的虚拟仪表很有特色。绘制电路所需的元器件和仿真分析所需的仪器仪表，均可用鼠标直接拖动放到屏幕上，通过鼠标连线，生成完整的电路，省去了用实际元器件安装调试电路的过程。在分析调试过程中，还可以根据需要对元器件的参数随时更改。对于一些难以理解又无法实际操作来验证的教学难点，利用 Multisim 仿真软件可以很方便地演示动态过程。对于复杂的实验，如果在动手实验前，先用 Multisim 仿真验证设计的正确与否，就可以避免实验的盲目性，同时通过软件可以认识很多实验室不能提供的新器件。

"虚拟电子工作平台"（Electronic Workbench）软件简称为 EWB，是由加拿大 Interactive Image Technologies 公司开发的专门用于电路仿真与设计的软件。随着技术的发展，EWB 从最初的 EWB5.0 到 Multisim2001，经过了多个版本的演变，而 Multisim10 是目前广泛使用的版本。

Multisim10 提供了功能更强大的电子仿真设计界面，用户使用它，不仅能够完成模拟、数字等基本电路的仿真测试，而且能进行射频、PSPICE、VHDL、MCU 等方面的仿真。更重要的是，Multisim10 使电路原理图的仿真与完成 PCB 设计的 Ultiboard10 软件结合起来一起构成新一代的 EWB 软件，使电子电路的仿真与 PCB 的制作更为高效。通过将 Multisim10 电路仿真软件和 LabView 测量软件相集成，需要设计制作自定义 PCB 的工程师能够非常方便地比较仿真数据和真实数据，规避设计上的反复，减少原型错误，并缩短产品的上市时间。

Multisim10 的元器件库提供数千种电路元器件供实验选用，同时也可以新建或扩充已有的元器件库，而且可以从生产厂商的产品使用手册中查到建库所需的元器件参数，很方便地在工程设计中使用。

Multisim10 的虚拟测试仪器仪表种类齐全，有一般实验用的通用仪器，如万用表、函数信号发生器、双踪示波器、直流电源；还有一般实验室少有或没有的仪器，如波特图仪、信号发生器、逻辑分析仪、逻辑转换器、失真仪、频谱分析仪和网络分析仪等。

Multisim10 具有较为详细的电路分析功能，可以完成电路的瞬态分析和稳态分析、时域和频域分析、器件的线性和非线性分析、电路的噪声分析和失真分析、离散傅里叶分析、电路零极点分析、交直流灵敏度分析等，以帮助设计人员分析电路的性能。

Multisim10 可以设计、测试和演示各种电子电路，包括电工学、模拟电路、数字电路、射频电路及微控制器和接口电路等；可以对被仿真的电路中的元器件设置各种故障，如开路、短路和不同程度的漏电等，从而观察不同故障情况下的电路工作状况。在进行仿真的同时，软件还可以存储测试点的所有数据，列出被仿真电路的所有元器件清单、存储测试仪器的工作状态、显示波形和具体数据等。

Multisim10 有丰富的 Help 功能，其 Help 系统不仅包括软件本身的操作指南，更重要的是包含元器件的功能解说。Help 中这种元器件的功能解说有利于使用 EWB 进行 CAI 教学。

Multisim 易学易用，便于通信工程、电子信息、自动化、电气控制等专业学生学习和进行综合性的设计、实验，有利于培养综合分析能力、开发能力和创新能力。它与传统的电子电路设计与实验方法相比，具有如下特点：设计与实验可以同步进行，可以边设计边实验，修改调试方便；设计和实验用的元器件及测试仪器仪表齐全，可以完成各种类型的电路设计与实验；可方便地对电路参数进行测试和分析；可直接打印输出实验数据、测试参数、曲线和电路原理图；实验中不消耗实际的元器件，实验所需元器件的种类和数量不受限制，实验成本低，实验速度快，效率高；设计和实验成功的电路可以直接在产品中使用。只要学习和掌握了最新的、功能强大、优秀的电子仿真软件 Multisim10，就相当于拥有了一间具有世界先进水平的实验室，电子元器件种类丰富，虚拟仪器品种齐全，可以随意在虚拟仿真的电子平台上搭建电路进行实验，有这样一间属于自己的实验室，许多繁杂、抽象和枯燥的理论和概念，通过计算机的虚拟仿真将变得异常简单、直观和生动。利用计算机的虚拟仿真电子电路，已经成为新世纪学习电子技术的一种重要辅助手段，它代表着新世纪学习电子技术的时代潮流。

7.1.2 运行环境的要求

在实际电路设计仿真中，为了获得较快的软件运行速度和较好的设计环境，建议采用以下推荐的系统配置。

1）操作系统：Windows XP。

2）CPU：Pentium PC：1.2GHz 或更高。

3）内存：256KB 或更高。

4）硬盘空间：至少 40GB。

5）显卡：支持 1280×1024 像素的分辨率，32 位色，32MB 显存。

7.2 基本操作方法

学习任务

1）掌握 Multisim10 的基本操作界面、基本功能、基本操作。

2）掌握在 Multisim10 中进行原理图设计的方法。

3）掌握在 Multisim10 中进行电路功能的仿真测试的步骤。

7.2.1 基本操作界面

1. Multisim10 的主窗口

单击"开始"→"程序"→"National Instruments"→"Circuit Design Suite 10.0"→"Multisim"，启动 Multisim10，可以看到如图 7-1 所示的 Multisim 的主窗口。

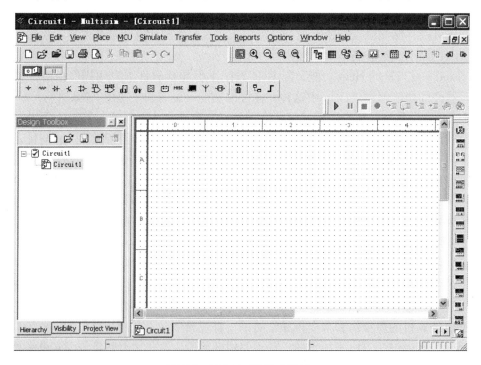

图 7-1 Multisim10 的主窗口

从图 7-1 所示可以看出，Multisim10 的主窗口如同一个实际的电子实验台。屏幕中央区域最大的窗口就是电路工作区，在电路工作区上，可将各种电子元器件和测试仪器仪表连接成实验电路。电路工作窗口上方是菜单栏、工具栏。从菜单栏可以选择电路连接和实验所需的各种命令。工具栏包含了常用的操作命令按钮。通过鼠标操作即可方便地使用各种命令和实验设备。电路工作窗口两边是元器件栏和仪器仪表栏。元器件栏存放着各种电子元器件，仪器仪表栏存放着各种测试仪器仪表，用鼠标操作可以很方便地从元器件和仪器库中提取实验所需的各种元器件，并将仪器、仪表移到电路工作窗口连接成实验电路。按下电路工作窗口的上方的"启动/停止"开关或"暂停/恢复"按钮，就可以方便地控制实验的进程。

2. 菜单栏

Multisim10 有 12 个主菜单。菜单栏如图 7-2 所示。菜单中提供了本软件几乎所有的功能命令。

| File | Edit | View | Place | MCU | Simulate | Transfer | Tools | Reports | Options | Window | Help |

图 7-2　菜单栏

（1）File（文件）菜单

File 菜单主要用于管理所建立的电路文件，如打开、保存和打印等。命令及功能如下所述。

New：建立一个新文件。

Open：打开一个已存在的文件。

Close：关闭当前电路工作区内的文件。

Close All：关闭电路工作区内的所有文件。

Save：保存当前电路工作区内的文件。

Save as：将电路工作区内的文件另存为一个文件。

Save All：将电路工作区内所有的文件存盘。

New Project：建立新的项目。

Open Project：打开原有的项目。

Save Project：保存当前的项目。

Close Project：关闭当前的项目。

Version Control：版本控制。

Print：打印电路工作区内的电原理图。

Print Preview：打印预览。

Print Options：包括 Print Setup（打印设置）和 Print Instruments（打印电路工作区内的仪表）命令。

Recent Files：选择打开最近打开过的文件。

Recent Projects：选择打开最近打开过的项目。

Exit：退出。

（2）Edit（编辑）菜单

Edit 菜单主要用在电路绘制过程中对电路和元器件进行各种技术性处理，如剪切、粘贴、旋转等操作命令。命令及功能如下所述。

Undo：取消前一次操作。

Redo：恢复前一次操作。

Cut：剪切所选择的元器件，放在剪贴板中。

Copy：将所选择的元器件复制到剪贴板中。

Paste：将剪贴板中的元器件粘贴到指定的位置。

Delete：删除所选择的元器件。

Select All：选择电路中所有的元器件、导线和仪器仪表。

Delete Multi‐Page：删除多页面。

Paste as Subcircuit：将剪贴板中的子电路粘贴到指定的位置。

Find：查找电原理图中的元器件。

Graphic Annotation：图形注释。

Order：顺序选择。

Assign to Layer：图层赋值。

Layer Settings：图层设置。

Orientation：旋转方向选择。包括 Flip Horizontal（将所选择的元器件左右旋转）、Flip Vertical（将所选择的元器件上下旋转）、90 Clockwise（将所选择的元器件顺时针旋转 90°）、90 CounterCW（将所选择的元器件逆时针旋转 90°）。

Title Block Position：工程图明细栏位置。

Edit Symbol/Title Block：编辑符号/工程明细栏。

Font：字体设置。

Comment：注释。

Forms/Questions：格式/问题。

Properties：属性编辑。

（3）View（窗口显示）菜单

View 菜单主要用于确定界面上显示的内容以及电路图的缩放和元器件的查找。命令及功能如下所述。

Full Screen：全屏。

Parent Sheet：层次。

Zoom In：放大电原理图。

Zoom Out：缩小电原理图。

Zoom Area：放大面积。

Zoom Fit to Page：放大到适合的页面。

Zoom to magnification：按比例放大到适合的页面。

Zoom Selection：放大选择。

Show Grid：显示或者关闭栅格。

Show Border：显示或者关闭边界。

Show Page Border：显示或者关闭页边界。

Ruler Bars：显示或者关闭水准尺栏。

Statusbar：显示或者关闭状态栏。

Design Toolbox：显示或者关闭设计工具箱。

Spreadsheet View：显示或者关闭电子数据表。

Circuit Description Box：显示或者关闭电路描述工具箱。

Toolbar：显示或者关闭工具箱。

Show Comment/Probe：显示或者关闭注释/标注。

Grapher：显示或者关闭图形编辑器。

（4）Place（放置）菜单

Place 菜单用于在电路工作窗口内放置元器件、连接点、总线和文字等。命令及功能如下所述。

Component：放置元器件。

Junction：放置节点。

Wire：放置导线。

Bus：放置总线。

Connectors：放置输入/输出端口连接器。

New Hierarchical Block：放置层次模块。

Replace Hierarchical Block：替换层次模块。

Hierarchical Block form File：来自文件的层次模块。

New Subcircuit：创建子电路。

Replace by Subcircuit：子电路替换。

Multi-Page：设置多页。

Merge Bus：合并总线。

Bus Vector Connect：总线矢量连接。

Comment：注释。

Text：放置文字。

Grapher：放置图形。

Title Block：放置工程标题栏。

（5）MCU（微控制器）菜单

MCU 菜单提供在电路工作窗口内 MCU 的调试操作命令。命令及功能如下所述。

No MCU Component Found：没有创建 MCU 器件。

Debug View Format：调试格式。

Show Line Numbers：显示线路数目。

MCU Windows：微控制器窗口。

Pause：暂停。

Step into：进入。

Step over：跨过。

Step out：离开。

Run to cursor：运行到指针。

Toggle breakpoint：设置断点。

Remove all breakpoint：移出所有的断点。

（6）Simulate（仿真）菜单

Simulate 菜单提供电路仿真设置与操作命令。命令及功能如下所述。

Run：开始仿真。

Pause：暂停仿真。

Stop：停止仿真。

Instruments：选择仪器仪表。

Interactive Simulation Settings...：交互式仿真设置。

Digital Simulation Settings...：数字仿真设置。

Analyses：选择仿真分析法。

Postprocess：启动后处理器。

Simulation Error Log/Audit Trail：仿真误差记录/查询索引。

XSpice Command Line Interface：XSpice 命令界面。

Load Simulation Setting：导入仿真设置。

Save Simulation Setting：保存仿真设置。

Auto Fault Option：自动故障选择。

VHDL Simlation：VHDL 仿真。

Dynamic Probe Properties：动态探针属性。

Reverse Probe Direction：反向探针方向。

Clear Instrument Data：清除仪器数据。

Use Tolerances：使用公差。

（7）Transfer（文件输出）菜单

Transfer 菜单提供将仿真结果传递给其他软件处理的命令。命令及功能如下所述。

Transfer to Ultiboard 10：将电路图传送给 Ultiboard 10。

Transfer to Ultiboard 9 or earlier：将电路图传送给 Ultiboard 9 或者其他早期版本。

Export to PCB Layout：输出 PCB 设计图。

Forward Annotate to Ultiboard 10：创建 Ultiboard 10 注释文件。

Forward Annotate to Ultiboard 9 or earlier：创建 Ultiboard 9 或者其他早期版本注释文件。

Backannotate from Ultiboard：修改 Ultiboard 注释文件。

Highlight Selection in Ultiboard：加亮所选择的 Ultiboard。

Export Netlist：输出网表。

（8）Tools（工具）菜单

Tools 菜单主要用于编辑或管理元器件和元器件库。命令及功能如下所述。

Component Wizard：元器件编辑器。

Database：数据库。

Variant Manager：变量管理器。

Set Active Variant：设置动态变量。

Circuit Wizards：电路编辑器。

Rename/Renumber Components：元器件重新命名/编号。

Replace Components...：元器件替换。

Update Circuit Components...：更新电路元器件。

Update HB/SC Symbols：更新 HB/SC 符号。

Electrical Rules Check：电气规则检验。

Clear ERC Markers：清除 ERC 标志。

Toggle NC Marker：设置 NC 标志。

Symbol Editor...：符号编辑器。

Title Block Editor...：工程图明细栏比较器。

Description Box Editor...：描述箱比较器。

Edit Labels...：编辑标签。

Capture Screen Area：抓图范围。

（9）Reports（报告）菜单

Reports 菜单提供材料清单等报告命令。命令及功能如下所述。

Bill of Report：材料清单。

Component Detail Report：元器件详细报告。

Netlist Report：网络表报告。

Cross Reference Report：参照表报告。

Schematic Statistics：统计报告。

Spare Gates Report：剩余门电路报告。

（10）Option（选项）菜单

Option 菜单用于定制电路界面和对电路的某些功能进行设定。命令及功能如下所述。

Global Preferences...：全部参数设置。

Sheet Properties：工作台界面设置。

Customize User Interface...：用户界面设置。

（11）Windows（窗口）菜单

Windows 菜单提供窗口操作命令。命令及功能如下所述。

New Window：建立新窗口。

Close：关闭窗口。

Close All：关闭所有窗口。

Cascade：窗口层叠。

Tile Horizontal：窗口水平平铺。

Tile Vertical：窗口垂直平铺。

Windows...：窗口选择。

（12）Help（帮助）菜单

Help 菜单为用户提供在线技术帮助和使用指导。命令及功能如下所述。

Multisim Help：主题目录。

Components Reference：元器件索引。

Release Notes：版本注释。

Check For Updates...：更新校验。

File Information...：文件信息。

Patents...：专利权。

About Multisim：有关 Multisim 的说明。

3. 工具栏

Multisim 常用工具栏如图 7-3 所示。工具栏各图标名称及功能从左到右依次说明如下所述。

图 7-3　常用工具栏

新建：清除电路工作区，准备生成新电路。

打开：打开电路文件。

存盘：保存电路文件。

打印：打印电路文件。

剪切：剪切至剪贴板。

复制：复制至剪贴板。

粘贴：从剪贴板粘贴。

旋转：旋转元器件。

全屏：电路工作区全屏。

放大：将电路图放大一定比例。

缩小：将电路图缩小一定比例。

放大面积：放大电路工作区面积。

适当放大：放大到合适的页面。

文件列表：显示电路文件列表。

电子表：显示电子数据表。

数据库管理：元器件数据库管理。

元器件编辑器：用以调整或增加元器件。

图形编辑/分析：选择图形编辑器和电路分析方法。

后处理器：对仿真结果进一步操作。

电气规则校验：校验电气规则。

区域选择：选择电路工作区区域。

4. 元器件工具栏

Multisim10 提供了丰富的元器件库，元器件库工具栏图标和名称如图 7-4 所示。

图 7-4　元器件库工具栏图标和名称

用鼠标左键单击元器件库栏的某一个图标即可打开该元器件库。元器件库中的各个图标所表示的元器件库从左到右分别是：电源/信号源库、基本元器件库、二极管库、晶体管库、模拟元器件库、TTL 元器件库、CMOS 元器件库、其他数字元器件库、数模混合元器件库、指示元器件库、电源元器件库、混合项元器件库、高级外设元器件库、射频元器件库、机电类元器件库、MCU 微处理器库。

5. 仪表工具栏

仪表工具栏（如图7-5所示）含有多种用来对电路工作状态进行测试的仪器仪表，通常被放置在工作窗口的右边，为了设计方便，可将其推出横向放置。

图7-5　仪表工具栏

仪表工具栏中的各个图标所表示的仪表从左到右分别是：万用表、函数发生器、功率表、双通道示波器、四通道示波器、波特图示仪、频率计数器、字发生器、逻辑分析仪、逻辑转换仪、伏安特性分析仪、失真度分析仪、频谱分析仪、网络分析仪、安捷伦函数发生器、安捷伦万用表、安捷伦示波器、泰克示波器、测量探测器、虚拟仪器、电流探测器。

6. 仿真开关

仿真开关用以控制仿真工程。将按钮 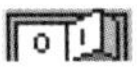 中的"1"按下，进行电路仿真，将按钮  中的"0"按下，停止电路仿真。

7.2.2　实训电路的生成方法

1. 选用元器件

当选用元器件时，首先在如图7-4所示的元器件库工具栏中用鼠标单击包含该元器件的图标，打开该元器件库窗口。然后从选中的元器件库对话框中拖动垂直滚动条查找元器件（如图7-6所示），找到后单击鼠标选择该元器件，然后单击"OK"按钮，用鼠标拖曳该元器件到电路工作区的适当地方即可。

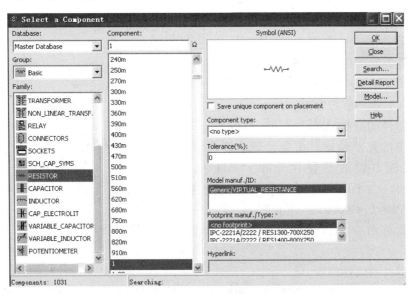

图7-6　拖动垂直滚动条查找元器件

2. 编辑元器件

在连接电路时，要对元器件进行移动、旋转、删除、设置参数等操作。

（1）元器件的选择

要选中某个元器件，可使用鼠标的左键单击该元器件，被选中的元器件的四周会出现 4 个黑色小方块（电路工作区为白底），以便于识别。要选中多个元器件，可用鼠标拖曳形成一个矩形区域，就可以同时选中在该矩形区域内包围的一组元器件。选中后的元器件如图 7-7 所示。

要取消某一个元器件的选中状态，只需单击电路工作区的空白部分即可。

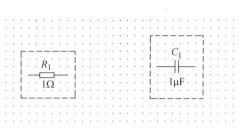

图 7-7　选中后的元器件

（2）元器件的移动

用鼠标的左键单击该元器件（左键不松手），拖曳该元器件即可移动该元器件。

要移动一组元器件，必须先用前述的矩形区域方法选中这些元器件，然后用鼠标左键拖曳其中的任意一个元器件，所有选中的部分就会一起移动。在元器件被移动后，与其相连接的导线就会自动重新排列。

在选中元器件后，也可使用箭头键使之做微小的移动。

（3）元器件的旋转与翻转

对元器件进行旋转或翻转操作，需要先选中该元器件，然后单击鼠标右键或者选择菜单"Edit"，选择菜单中的"Flip Horizontal"（将所选择的元器件左右旋转）、"Flip Vertical"（将所选择的元器件上下旋转）、"90 Clockwise"（将所选择的元器件顺时针旋转 90°）、"90 CounterCW"（将所选择的元器件逆时针旋转 90°）等菜单栏中的命令。元器件的旋转与翻转如图 7-8 所示。

也可使用 < Ctrl > 键实现旋转操作，< Ctrl > 键的定义标在菜单命令的旁边。

（4）元器件的复制与删除

当对选中的元器件进行复制、删除操作时，可以单击鼠标右键或者使用菜单"Edit"→"Cut"（剪切）、"Edit"→"Copy"（复制）和"Edit"→"Paste"（粘贴）、"Edit"→"Delete"（删除）等菜单命令实现元器件的复制、删除操作。

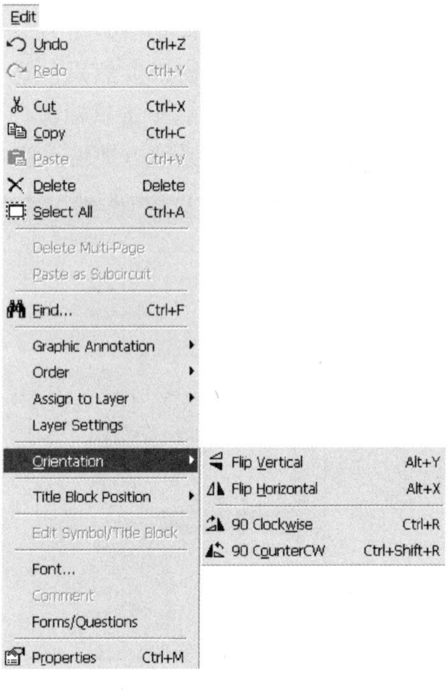

（5）元器件的属性设置

图 7-8　元器件的旋转与翻转

在选中元器件后，双击鼠标左键，或者选择菜单命令"Edit"→"Properties"（元器件特性）会弹出相关的对话框，供输入数据。

元器件特性对话框具有多种选项可供设置，包括 Label（标识）、Display（显示）、Value（数值）、Fault（故障设置）、Pins（引脚端）、Variant（变量）等内容。电容器的属性设置对话框如图 7-9 所示。

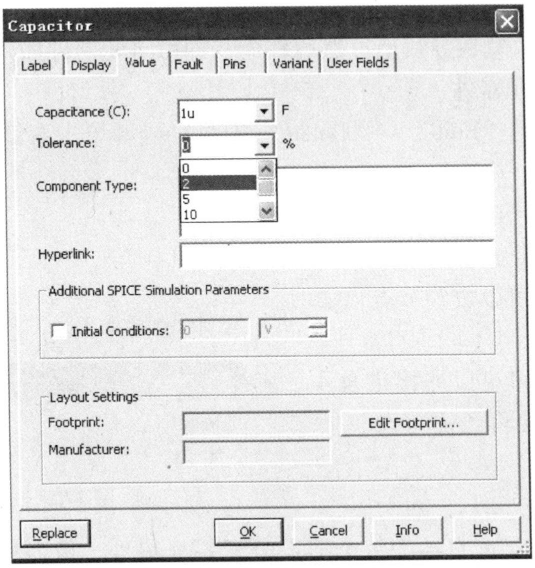

图 7-9　电容器的属性设置对话框

3. 连接电路

Multisim 提供了手工连线和自动连线两种方式。自动连线为 Multisim 系统的默认设置，自动选择引脚间最佳路径进行连线，可以避免连线通过元器件或连线重叠；手工连线时可以控制连线路径。在具体连线时，可以两种方式结合使用。

（1）导线的连接

在两个元器件之间，首先将鼠标指向一个元器件的端点使其出现一个小圆点，按下鼠标左键并拖曳出一根导线，拉住导线并指向另一个元器件的端点使其出现小圆点，释放鼠标左键，则导线连接完成。

连接完成后，导线将自动选择合适的走向，不会与其他元器件或仪器发生交叉。

（2）连线的删除与移动

若要删除导线，则可先单击鼠标左键，选中需删除的导线，然后单击鼠标右键，在出现菜单后，选择"Delete"即可。导线的删除如图 7-10 所示。

若要移动导线，则可先单击鼠标左键，选中需移动的导线，当光标变为垂直双箭头时，按住鼠标左键，拖曳将导线放到合适位置，释放左键即可。

（3）改变导线的颜色

在复杂的电路中，可以将导线设置为不同的颜色。要改变导线的颜色，用鼠标指向该导线，单击右键，在出现菜单后，选择"Change Color"选项，出现颜色选择框，然后选择合适的颜色即可。

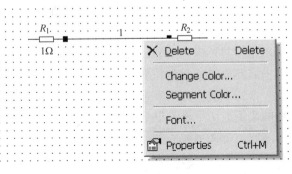

图 7-10　导线的删除

（4）在导线中插入元器件

将元器件直接拖曳放置在导线上，然后释放，即可将元器件插入在电路中。

（5）从电路中删除元器件

选中该元器件，按下"Edit"→"Delete"即可，或者单击右键，在出现菜单后，选择"Delete"即可。

（6）"连接点"的使用

"连接点"是一个小圆点，单击"Place"→"Junction"可以放置节点，如图7-11所示。

一个"连接点"最多可以连接来自4个方向的导线。可以直接将"连接点"插入连线中。

图7-11　放置节点

（7）节点编号

在连接电路时，Multisim自动为每个节点分配一个编号。是否显示节点编号可由"Options"→"Sheet Properties"对话框中的"Circuit"选项设置。选择"RefDes"选项，可以选择是否显示连接线的节点编号。

4. 注释与标题栏

Multisim允许添加标题栏与文本注释。

（1）添加注释

为加强对电路图的理解，在电路图中的某些部分添加适当的注释有时是必要的。单击"Place"→"Comment"，可以给电路添加注释描述框，输入文本可以对电路的功能、使用说明等进行详尽的描述，并且在需要查看时可打开，不需要查看时可关闭，不占用电路窗口空间；单击"Place"→"Graphics"，可以给电路添加图形注释；单击"Place"→"Text"，可以给电路添加文本注释，如图7-12所示。

在Multisim的电路工作区内可以输入中英文文字，其基本步骤如下。

单击"Place"→"Text"，然后用鼠标单击需要放置文字的位置，可以在该处放置一个文字块，在文字输入框中输入所需要的文字，文字输入框会随文字的多少自动缩放。在文字输入完毕后，用鼠标单击文字输入框以外的地方，文字输入框会自动消失。

如果需要改变文字的颜色，可以用鼠标指向该文字块，单击鼠标右键弹出快捷

图7-12　添加文本注释

菜单。选取"Pen Color"命令，在"颜色"对话框中选择文字颜色。需要注意的是，选择"Font"可改动文字的字体和大小。

如果需要移动文字，就用鼠标指针指向文字，按住鼠标左键，移动到目的地后放开左键即可完成文字移动。

如果需要删除文字，就应先选取该文字块，再单击右键打开快捷菜单，选取"Delete"命令即可删除文字。

（2）添加标题栏

单击"Place"→"Title Block"，可以给电路添加标题栏，如图7-13所示，在标题栏文件中包括10个可选择的标题栏文件。

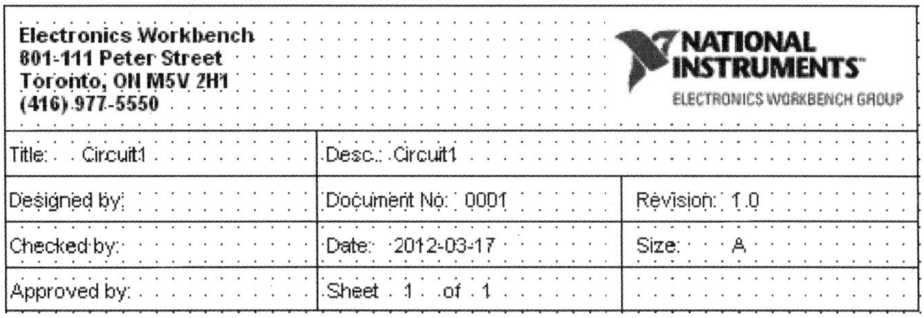

图7-13　default. tb7 所提供的标题栏

Title：当前电路图的图名，程序会自动将文件名称设定为图名。

Desc..：当前电路图的功能描述，可以用来说明该电路图。

Designed by：当前电路图的设计者姓名。

Checked by：当前电路图的检查者姓名。

Approved by：当前电路图的核准者姓名。

Document：当前电路图的图号。

Date：当前电路图的绘制日期。

Sheet：标明当前电路图为图集中的第几张图。

Of：当前电路图所属的图集，标明总共有多少张图。

Revision：当前电路图的版本号。

Size：图样尺寸。

双击鼠标可以打开标题栏设置对话框，可以编辑修改标题栏内容，编辑完毕单击"OK"按钮即可。

7.2.3　仿真电路的生成方法

Multisim的仪器库存放有数字多用表、函数信号发生器、示波器、波特图仪、字信号发生器、逻辑分析仪、逻辑转换仪、瓦特表、失真度分析仪、网络分析仪、频谱分析仪11种仪器仪表可供使用。仪器仪表以图标方式存在，每种类型有多台，仪器仪表库的图标及功能如图7-5所示。其使用步骤如下所述。

1）从仪器库中将所选用的仪器图标，用鼠标"拖放"到电路工作区中，类似元器件的拖放。

2）将仪器图标上的连接端（接线柱）与相应电路的连接点相连，连线过程类似元器件的连线。

3）双击仪器图标即可打开仪器面板。可以用鼠标操作仪器面板上的相应按钮及参数设置对话窗口设置数据。

4）在测量或观察过程中，可以根据测量或观察结果来改变仪器仪表参数的设置，如示波器、逻辑分析仪等。

在实际电路的仿真测试中，可根据测量要求选用合适的仪器仪表，可参看各章的 Multisim 仿真分析实例。

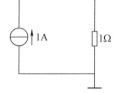

图7-14　线性元器件的伏安特性曲线测试电路原理图

下面将以一个测试实例——"电阻元件伏安特性的仿真分析"，来说明测试分析的过程。

线性元器件的伏安特性曲线测试电路原理图如图7-14 所示。这是一个由直流电流源和线性电阻组成的简单电路。在 Multisim 的环境下，利用其 DC Sweep 分析功能，可以非常容易地测出线性元器件的伏安特性曲线。

1）启动"View"菜单中的"ToolBars"→"Components"命令，在显示的多个元器件库中，挑选器件，构建测试电路，如图7-15 所示。

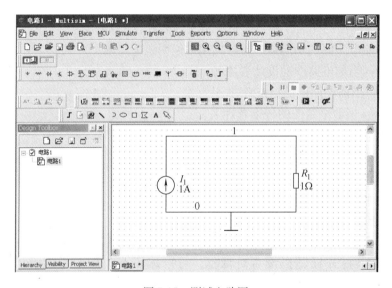

图7-15　测试电路图

2）启动"Simulate"菜单中"Analyses"→"DC Sweep"命令，出现"DC Sweep Analysis"对话框1，如图7-16 所示，在"Analysis Parameters"页的选项中进行参数设置。

3）选中"Output"选项卡进行设置，选取节点1 为输出变量。"DC Sweep Analysis"对话框2 如图7-17 所示。

4）单击"Simulate"按钮，测量得到的伏安特性曲线如图7-18 所示。

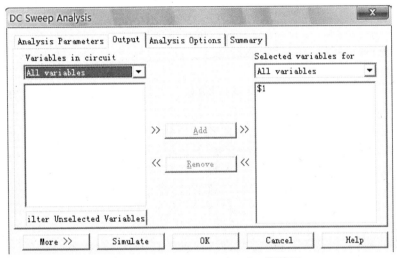

图 7-16　"DC Sweep Analysis" 对话框 1

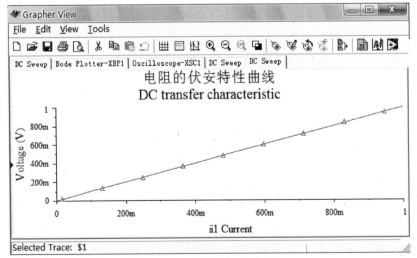

图 7-17　"DC Sweep Analysis" 对话框 2

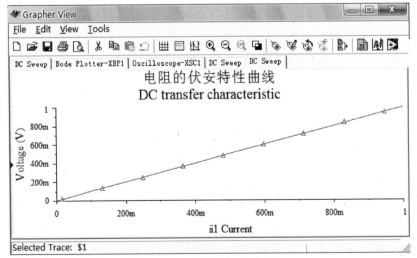

图 7-18　伏安特性曲线图

参 考 文 献

[1] 李树燕. 电路基础 [M]. 北京：高等教育出版社，1994.

[2] 王新新，包中婷，刘春华. 电工基础 [M]. 北京：电子工业出版社，2004.

[3] 韩春光. 电路基础 [M]. 北京：电子工业出版社，2004.

[4] 王慧玲. 电路基础 [M]. 2 版. 北京：高等教育出版社，2007.

[5] 陈永甫. 常用电子元件及应用 [M]. 北京：人民邮电出版社，2005.

[6] 胡斌. 电子技术三剑客之元器件 [M]. 北京：电子工业出版社，2008.

[7] 沈元隆，刘陈. 电路分析基础 [M]. 2 版. 北京：人民邮电出版社，2008.

[8] 张宇飞，史学军，周井泉. 电路分析基础 [M]. 西安：西安电子科技大学出版社，2010.

[9] 崔延. 电路分析与应用 [M]. 北京：科学出版社，2010.

[10] 俞艳. 电工技术基础与技能 [M]. 北京：人民邮电出版社，2010.

[11] 田丽洁. 电路分析基础 [M]. 北京：电子工业出版社，2009.

[12] 王雪瑜. 电路应用基础 [M]. 北京：人民邮电出版社，2009.

[13] 蒋卓勤，黄天录，邓玉元. Multisim 及其在电子设计中的应用 [M]. 2 版. 西安：西安电子科技大学出版社，2011.

[14] 吴晓娟，王书鹤，王德强，许宏吉. 电路分析基础 [M]. 北京：国防工业出版社，2009.

[15] 沈元隆，刘陈. 电路分析基础 [M]. 3 版. 北京：人民邮电出版社，2008.

[16] 范世贵. 电路基础 [M]. 3 版. 西安：西北工业大学出版社，2007.

[17] 白乃平. 电工基础 [M]. 2 版. 西安：西安电子科技大学出版社，2006.

[18] 席时达. 电工技术 [M]. 2 版. 北京：高等教育出版社，2005.

[19] 聂典，丁伟. Multisim 10 计算机仿真在电子电路设计中的应用 [M]. 北京：电子工业出版社，2009.

[20] 黄智伟. 基于 NI Multisim 的电子电路计算机仿真设计与分析 [M]. 修订版. 北京：电子工业出版社，2011.

[21] 朱彩莲. Multisim 电子电路仿真教程 [M]. 西安：西安电子科技大学出版社，2007.